新一代信息技术丛书

5G MOBILE
COMMUNICATION NETWORK

5G移动通信网络
从标准到实践

陈 鹏 主编

李南希 田树一 郭 婧 参编

乔晓瑜 杨 姗 刘胜楠

机械工业出版社
CHINA MACHINE PRESS

本书紧密结合 5G 移动通信网络演进趋势，详细介绍系统演进与 5G 标准、5G 核心网、5G 无线网等内容。其中移动通信网络演进、5G 标准进程、5G 核心网演进、5G 无线网络关键技术、5G NR 空中接口关键技术等章节系统呈现了 5G 网络架构与关键技术，并反映了 5G 国际标准的最新进展与成果。同时补充了 5G 组网部署、5G 无线资源管理及算法、5G 无线网络规划等章节，使本书兼顾前瞻性与实用性。

本书适合从事移动通信工作的技术人员及希望了解 5G 的专业人士阅读，也可作为高等院校相关专业师生的参考读物。

图书在版编目（CIP）数据

5G 移动通信网络：从标准到实践 / 陈鹏主编. —北京：机械工业出版社，2020.6

（新一代信息技术丛书）

ISBN 978-7-111-65690-6

Ⅰ. ①5… Ⅱ. ①陈… Ⅲ. ①无线电通信－移动通信－计算机通信网 Ⅳ. ①TN929.5

中国版本图书馆 CIP 数据核字（2020）第 086665 号

机械工业出版社（北京市百万庄大街 22 号　邮政编码 100037）
策划编辑：李馨馨　责任编辑：李馨馨
责任校对：王　欣　责任印制：张　博
三河市国英印务有限公司印刷
2020 年 7 月第 1 版第 1 次印刷
184mm×240mm・19.25 印张・407 千字
0001—2000 册
标准书号：ISBN 978-7-111-65690-6
定价：108.00 元

电话服务　　　　　　　　　网络服务
客服电话：010-88361066　　机　工　官　网：www.cmpbook.com
　　　　　010-88379833　　机　工　官　博：weibo.com/cmp1952
　　　　　010-68326294　　金　书　网：www.golden-book.com
封底无防伪标均为盗版　机工教育服务网：www.cmpedu.com

前　言

　　第五代移动通信（5G）承载着"万物互联"的愿景，是面向未来的关键基础设施，也是众多潜在创新、应用的重要使能平台。

　　业界关于 5G 的讨论开始于 2012 年。在许多讨论中，术语"5G"用于指代特定的第五代无线通信技术。但是，5G 还经常在更广泛的环境中使用，除了通信技术之外，还常用于指代下一代移动通信所能够提供的各种服务和创新，及其所承载的愿景。

　　本书将聚焦 5G 移动通信网络，系统介绍 5G 网络架构、关键技术、组网实践，并力求兼顾完整性、前瞻性、实用性。

　　（1）完整性：5G 移动通信网络包括核心网络、无线网络、无线空中接口等。各部分紧密配合，不可或缺。而且，相比于之前几代移动通信系统，5G 无论是核心网还是无线网均做了极大的创新。在当前的 5G 专业书籍中，系统兼顾以上各部分内容的书籍不多。为了更完整地呈现 5G 网络的系统架构与关键技术，本书将详细介绍 5G 核心网演进（第3 章）、5G 无线网络关键技术（第 5 章）、5G NR 空中接口关键技术（第 6 章）等内容，便于读者能够从更全面的视角认识 5G。

　　（2）前瞻性：国际标准是通信系统开发、部署、运营的依据与基础。作为面向未来的移动通信系统，5G 的系统设计与标准制定工作也在持续进行，使得 5G 的技术内涵日益丰富。了解 5G，需先了解标准。本书将详细介绍系统演进与 5G（第 1 章）、5G 标准进程（第 2 章）等内容。同时，本书的作者均来自于 5G 研究和标准工作的一线。在本书相关章节的编写过程中，均紧密结合 5G 标准进展，力求全面反映 5G 系统设计的最新成果。

　　（3）实用性：5G 移动通信网络已走向部署和商用。5G 核心网组网部署、5G 无线资源管理及算法、5G 无线网络规划等内容与 5G 组网实践紧密相关，但在标准中较少涉及。因此，本书在第 4、7、8 章中，分别介绍了 5G 独立组网（SA）/非独立组网（NSA）需重点考虑的问题、5G 语音解决方案、无线资源调度、功率控制、无线信道资源管理、5G 无线网络规划等内容，希望对读者有所助益。

　　5G 架构设计、技术研究、标准制定由业界合力完成，凝聚着全行业的智慧与努力。在此基础之上，我们做了进一步的分析、梳理，既是对我们工作的总结，也希望能够对5G 产业做出一份绵薄的贡献。

　　在本书的编写过程中，特别感谢刘胜楠对于第 5 章内容的支持，感谢赵嵩对于核心网部分提出的建设性建议。同时，对佘小明、蒋峥、朱剑驰、刘博、刘家祥、杨蓓、刘洋等同事表达诚挚的谢意。各位同事的技术积累、专业精神与无私支持对于本书的完成至关重要。

　　由于作者的知识视野有一定的局限性，书中如有不准确、不完善之处，也敬请广大读者与同行专家批评指正。

编　者

目　录

前　言

第一部分　系统演进与5G标准

第1章　系统演进与5G ……………………………………………………………… 2

1.1　移动通信演进 …………………………………………………………………… 2

1.1.1　从1G到4G ……………………………………………………………… 2

1.1.2　通信标准与3GPP ……………………………………………………… 3

1.2　第五代移动通信（5G）………………………………………………………… 3

1.2.1　5G应用场景 ……………………………………………………………… 4

1.2.2　LTE向5G的演进 ……………………………………………………… 4

1.2.3　5G NR与5GC …………………………………………………………… 5

1.3　5G能力和技术要求 ……………………………………………………………… 5

1.3.1　5G用例研究 ……………………………………………………………… 5

1.3.2　5G典型能力 ……………………………………………………………… 6

1.3.3　5G技术要求 ……………………………………………………………… 8

参考文献 …………………………………………………………………………… 11

第2章　5G标准进程 ……………………………………………………………… 13

2.1　3GPP 5G标准概述 ……………………………………………………………… 13

2.2　5G系统设计准则 ………………………………………………………………… 14

2.2.1　前向兼容 ………………………………………………………………… 14

2.2.2　高速率 …………………………………………………………………… 16

2.2.3　低时延 …………………………………………………………………… 17

2.2.4　高可靠 …………………………………………………………………… 19

2.2.5　与LTE的互操作和共存 ……………………………………………… 20

参考文献 …………………………………………………………………………… 21

第二部分   5G 核心网

第 3 章   5G 核心网演进 23

3.1   5G 核心网网络架构 23

3.1.1   5G 网络架构 23

3.1.2   5G 网络功能 28

3.1.3   NF 服务框架 32

3.1.4   5G 网络接口及协议栈 37

3.2   5G 核心网基本概念 41

3.2.1   移动性管理（MM） 41

3.2.2   会话管理（SM） 50

3.2.3   网络切片 60

3.2.4   网络功能选择 64

3.3   5G 核心网基本流程 66

3.3.1   移动性管理流程 66

3.3.2   会话管理流程 71

参考文献 78

第 4 章   5G 组网部署 80

4.1   NSA 与 SA 80

4.1.1   5G 组网架构 80

4.1.2   不同架构对比 88

4.2   NSA 组网部署 90

4.2.1   NSA 对现网升级改造的需求 90

4.2.2   NSA 部署方案 91

4.3   SA 组网部署 93

4.3.1   5GC 控制面部署 94

4.3.2   5GC 用户面部署 98

4.4   5G 语音解决方案 100

4.4.1   NSA 组网语音解决方案 101

4.4.2   SA 组网语音解决方案 101

参考文献 104

第三部分   5G 无线网

第 5 章   5G 无线网络关键技术 106

5.1   5G 频谱 106

5.1.1 概述 ·· 106

5.1.2 5G 频谱 ·· 107

5.2 5G 无线网架构 ·· 111

5.2.1 5G 无线网架构概述 ··· 111

5.2.2 无线接口 ·· 113

5.3 5G 空口协议与处理流程 ·· 118

5.3.1 空口协议概述 ·· 118

5.3.2 物理层协议与处理流程 ··· 120

5.3.3 数据链路层协议与处理流程 ·· 122

5.3.4 网络层协议与处理流程 ··· 136

5.4 5G 无线组网技术 ·· 141

5.4.1 CU/DU 分离 ·· 141

5.4.2 eCPRI ··· 145

5.4.3 上/下行解耦 ·· 150

参考文献 ··· 155

第 6 章 5G NR 空中接口及关键技术 ······································ 158

6.1 空口时频资源 ·· 158

6.1.1 时域结构 ·· 158

6.1.2 频域结构 ·· 162

6.1.3 BWP ··· 164

6.2 空口信道与信号 ·· 166

6.2.1 概述 ·· 166

6.2.2 物理层处理流程 ·· 167

6.2.3 下行物理信道与信号 ·· 171

6.2.4 上行物理信道与信号 ·· 207

6.3 大规模天线技术 ·· 240

6.3.1 概述 ·· 240

6.3.2 大规模天线背景介绍 ·· 242

6.3.3 多天线传输方案 ·· 248

6.4 波束管理 ··· 250

6.4.1 波束管理过程概述 ·· 251

6.4.2 初始波束对的建立 ·· 252

6.4.3 波束调整 ·· 252

6.4.4 波束指示 ·· 254

6.4.5 波束恢复 ··· 255

参考文献 ··· 256

第 7 章 5G 特性原理及算法 ·· 259

7.1 资源调度 ·· 259

7.1.1 调度的基本概念 ·· 259

7.1.2 下行调度 ··· 260

7.1.3 上行调度 ··· 264

7.2 功率控制 ·· 266

7.2.1 上行功率控制 ·· 266

7.2.2 下行功率控制 ·· 271

7.3 无线信道资源管理 ·· 272

7.3.1 PDCCH 资源管理 ··· 272

7.3.2 PUCCH 资源管理 ··· 273

7.3.3 SRS 资源管理 ·· 273

7.3.4 上行定时管理 ·· 274

7.3.5 随机接入管理 ·· 274

参考文献 ··· 277

第 8 章 5G 无线网络规划 ··· 278

8.1 5G 无线网络规划整体流程 ··· 278

8.2 5G 无线网络估算与仿真 ··· 280

8.3 5G 射频参数规划 ·· 283

8.3.1 5G 广播波束规划 ·· 284

8.3.2 方位角规划 ·· 284

8.3.3 下倾角规划 ·· 284

8.4 5G 小区参数规划 ·· 286

8.4.1 邻区规划 ··· 286

8.4.2 PCI 规划 ·· 286

8.4.3 PRACH 规划 ·· 287

参考文献 ··· 288

附录 缩略语 ·· 289

第一部分

系统演进与 5G 标准

第1章 系统演进与5G

本章主要介绍第五代移动通信（5G）的演进、系统能力和性能指标，其中 1.1 小节介绍移动通信系统的演进；1.2 小节介绍 5G 的应用场景和标准演进；1.3 小节介绍 5G 的关键用例、典型能力和技术要求。

1.1 移动通信演进

1.1.1 从 1G 到 4G

在过去 40 年中，移动通信经历了从模拟到数字、从低速到高速、从语音到移动宽带的演进。大致以 10 年为一代，世界见证了移动通信技术与产业的飞速发展。

第一代移动通信（1G）出现于 1980 年左右，典型代表主要有美国移动电话系统（AMPS）、全接入通信系统（TACS）、北欧移动电话（NMT）系统等。AMPS 基于模拟蜂窝传输，占用 800MHz 频带，在美洲及部分环太平洋国家广泛使用。TACS 是欧洲的模拟移动通信制式，也是我国 20 世纪 80 年代所采用的移动通信制式，占用 900MHz 频带。而北欧也开通了位于瑞典的 NMT 系统以及德国的 C-450 系统等。第一代移动通信系统都是以频分多址接入（FDMA）技术为基础的模拟制式，仅限于语音服务，并首次使得面向公众服务的移动通信成为可能。

第二代移动通信（2G）出现于 20 世纪 90 年代初，引入了数字传输技术。尽管目标服务依然以语音为主，但是数字传输的使用使得第二代移动通信系统也可以提供有限的数据服务。典型的系统有全球移动通信（GSM）系统、数字先进移动电话服务（D-AMPS）、个人数字蜂窝（PDC），以及基于码分多址接入（CDMA）技术的 IS-95。其中 GSM 在全球商用部署中占据主导地位。第二代移动通信系统使得移动电话从仅有少数人使用转变为普遍的通信方式。

第三代移动通信（3G）于 2000 年初推出，它使得移动通信产业向高质量移动宽带迈出了真正的一步，实现了快速的无线互联网访问。第三代移动通信基于 CDMA 和分组交换技术，技术标准主要有三个：欧洲提出的宽带码分多址（WCDMA）、美国提出的 CDMA2000 以及中国的 TD-SCDMA。第三代移动通信系统演进称为高速分组接入（HSPA）。

以 LTE 为代表的第四代移动通信（4G）提供了更高的速率，并进一步提升了移动宽带服务的用户体验。其核心技术包括正交频分复用（OFDM）、更宽的传输带宽、更先进的多天线技术。LTE 及其演进 LTE-A 在全球得到了广泛的部署，并取得了巨大的产业上的成功。

1.1.2 通信标准与 3GPP

移动通信全程全网的特性，使得国际技术规范与标准成为产业成功的重要基础。通信标准使得来自不同供应商的终端与系统可以进行互通和互操作，并使不同运营商间的服务漫游成为可能。

第一代移动通信系统只实现了通信设备在部分区域的互通，并没有全球统一的国际标准。

在第二代移动通信中，以 GSM 为代表的系统在全球范围内实现了广泛的覆盖，并实现了庞大的共同市场，从而导致前所未有的终端设备类型以及系统设备成本的大幅降低。

第三代移动通信真正实现了全球移动通信标准化。3G 技术的标准工作最初也是在各地区范围内进行的，如欧洲电信标准化协会（ETSI）、美国的通信工业协会（TIA）、日本的无线工业及商贸联合会（ARIB）。各地区移动通信系统存在差异，但均基于相似的基础技术，即 CDMA 技术。

1998 年，不同区域的标准化组织进行合作，共同创建了第三代合作伙伴计划（3GPP），其任务是制定面向 WCDMA 的 3G 技术标准。此后，又成立了并行的标准组织（3GPP2），其目标是面向 IS-95 演进的 CDMA2000 标准制定。在这之后，3GPP 和 3GPP2 及其各自的 3G 技术并行存在。随着产业的发展，3GPP 逐渐占据了主导地位。目前，在移动通信标准制定方面，3GPP 是最主要的国际标准组织。

在 3G 标准完成后，3GPP 又陆续开始了 4G 和 5G 国际标准的制定，但其名称（3GPP）得到了保留，并没有改变。

1.2 第五代移动通信（5G）

业界关于第五代移动通信系统的讨论开始于 2012 年。在许多讨论中，术语"5G"用于指代特定的第五代无线通信技术。但是，5G 还经常在更广泛的环境中使用，除了通信技术之外，还常用于指代下一代移动通信能够提供的各种新型服务。

在本书中，5G 主要是指由 3GPP 制定的、面向第五代移动通信系统的无线通信技术。

1.2.1 5G 应用场景

2015 年 9 月，国际电信联盟（ITU）发布了 ITU-R M.2083《IMT 愿景：5G 架构和总体目标》，正式明确了 5G 的愿景是"万物互联"。

在该愿景之下，5G 主要包括三大类应用场景，即增强移动宽带（eMBB）、低时延高可靠通信（URLLC）、海量机器类通信（mMTC）。

- eMBB 对应于移动宽带服务的增强，如通过支持更高的用户数据速率来传输更大的数据量并进一步增强用户体验。
- URLLC 服务要求非常低的时延和极高的可靠性，如交通安全、自动控制和智能工厂。一般认为，这是对系统性能要求最严格的场景。
- mMTC 对应以海量设备为特征的服务，如远程传感器、设备监控等。此类服务的关键要求包括非常低的设备成本、非常低的设备能耗、广覆盖，但对数据速率往往没有更高的要求。

目前，以上三大场景分类已被业界广泛使用。但需要指出的是，将 5G 应用场景分为这三类是人为的设定，其主要目的是简化技术标准的制定。实际上，现实社会中有许多用例并不能完全匹配以上场景。例如可能有一些服务需要非常高的可靠性，但是对于时延的要求并不高。同样，在某些场景下，设备的成本可能非常低，但对设备电池寿命的要求就没有那么高。

从更广义的角度来看，前四代移动通信主要还是面向人与人之间的通信。而 5G 的应用场景则被赋予了更丰富的内涵，得到了极大的扩展。eMBB 主要面向人与人之间的通信（当前移动宽带服务的增强），URLLC 主要面向人与物之间的通信（如远程控制等人机交互），mMTC 主要面向物与物之间的通信（如物联网设备间的通信）。人与人、人与物、物与物，三大场景的结合，共同支撑起 5G "万物互联"的愿景。

1.2.2 LTE 向 5G 的演进

LTE 第一版技术标准（3GPP Rel-8）于 2009 年完成。从 3GPP Rel-9 开始，LTE 经历了持续的演进，用于进行系统的增强和功能的扩展，包括实现更高的用户体验速率以及更高效的频谱应用、更高的频谱效率。此外，LTE 也进一步扩展了应用场景，包括实现更低成本的设备以及更长的电池使用寿命，这方面的典型演进包括窄带物联网（NB-IoT）以及基于 LTE 的增强型机器通信（eMTC）。

通过这些演进，LTE 可进一步支持 5G 的部分场景，如通过 NB-IoT 的演进支持 mMTC 的部分用例。因此，LTE 演进也被视为 5G 方案的一部分。LTE 演进和 5G 新空口（NR）共同组成了 5G 无线通信解决方案。

当然，业界一般认为 5G 技术的主体部分仍是 NR，即 5G 愿景主要基于 5G NR 实现。5G NR 也是本书介绍的重点。

1.2.3 5G NR 与 5GC

LTE 的标准与产业在全球范围内取得了巨大的成功。但 LTE 的最初版本 3GPP Rel-8 推出距今已有十余年的时间。为了满足更广泛的业务需求，同时更好地发挥新技术的潜力，3GPP 启动了 5G NR 的研究与标准制定工作。

2015 年 9 月，3GPP 就面向 5G NR 的潜在技术与工作路标展开正式讨论。相关技术研究工作于 2016 年春季开始。NR 第一版标准（3GPP Rel-15）于 2018 年中正式完成，以满足 5G 早期商用部署的需求。NR 第二版标准（3GPP Rel-16）于 2020 年完成，以实现对更广泛应用场景的支持。

显然，5G NR 的设计与标准化是一项浩大的工程，搭建 5G NR 不可能也不必从零开始。实际上，5G NR 也在很大程度上以 4G LTE 为基础，并充分引入潜在的先进技术。从技术层面，NR 重用了 LTE 的许多架构与特性。但是，作为一种新的无线接入技术，与 LTE 演进不同，NR 并不受后向兼容性的限制，对 NR 的要求也比 LTE 更广泛、更高，从而使得更多、更深层次的技术创新成为可能。

与 NR 标准制定工作并行，3GPP 也在研究并实现 5GC 的标准定义，即新的 5G 核心网。NR 将可连接到 5GC，同时，5GC 也能够为 LTE 演进提供连接。当在所谓的非独立组网模式（NSA）下与 LTE 一起组网时，NR 也可实现与 4G 核心网（EPC）的连接。

NR 与 5GC 均是 5G 网络的重要组成部分，并将在本书中做详细的介绍。

1.3 5G 能力和技术要求

1.3.1 5G 用例研究

2015 年，3GPP 启动 5G 用例研究。研究的主要目的是明确 5G 的潜在用例，以及相关用例对 5G 的功能要求，从而作为对 5G 系统设计和标准制定的指引。

在此前后，由运营商发起的下一代移动通信网（NGMN）平台、全球移动通信系统协会（GSMA）、欧洲的 5G 研究计划 5G-PPP、中国的 IMT-2020、日本的 ARIB 等也就 5G 的愿景、用例展开了研究与预测。

相关研究表明，5G 的关键推动力之一是移动数据的快速增长，而移动数据的增长在很大程度上与视频应用的普及有关。随着技术的进步和社会的发展，视频应用越发普及，对带宽的要求也越来越高。3D、虚拟现实（VR）或是超高清的视频服务，都将更广泛地通过无线方式进行连接，从而使得 5G 相比 4G 提出了更高的数据速率需求。

根据 ARIB 等提出的移动数据增长预测，2020 年至 2025 年之间，移动数据流量将比

2010 年 4G 初期增长 1000 倍，5G 技术必须能够有效应对这种增长。显然，以 1000 倍的资源消耗来支持 1000 倍的数据量增长是不现实的。因此，相比于前几代移动通信系统，5G 必须实现更高的效率。

除了快速增长的数据量，设备数量也在持续增长。业界对物联网中连接设备数量的预期存在差异。但所有预测都表明，5G 时代将实现数十亿个设备的连接。

此外，在数字社会中，政府、企业和相关行业将利用移动通信来改善生产效率，从而从垂直行业的层面对 5G 产生新的需求。

垂直行业应用的一个共同特征是它们对可靠性、可用性和网络覆盖有更高的要求。对于个体消费者而言，当他们无法使用移动通信网络来观看高清视频或访问社交媒体时，用户满意度将会降低。但是，当支付、交通、远程医疗或电力网络依赖于移动网络时，移动通信的中断将在社会层面产生更为严重的影响。

5G 为满足垂直行业应用而提升的另一个重要方面是端到端时延。如果传感器、控制器和终端器件之间的数据通信等待时间过长，许多服务实际上是难以提供的。对于当前的 4G 网络，在拥塞的情况下，端到端时延可能长达 1s。显然，对于电力控制等服务而言，这样的时延是难以接受的。

3GPP 将 5G 用例的研究结果合并至 4 个应用场景[1-4]。除可分别对应到 eMBB、URLLC、mMTC 三大场景外，还有一类"网络操作"（Network Operations）场景，主要面向 5G 网络运营的性能要求。

1.3.2 5G 典型能力

相比前几代移动通信系统，5G 在技术层面做了大量的创新，这在本书中将做详细的介绍。相应的，5G 所能提供的能力也有了广泛的扩展。

以下简要介绍 5G 的四种典型能力：网络切片、网络能力开放、多系统接入和性能与能效优化。

1. 网络切片

5G 的重要目标之一是在单个网络上支持来自多个服务的需求，而不是为每个服务单独设计、部署特定的无线网络。网络切片是实现该目标的关键能力。

基于网络切片的概念，运营商可以为不同的服务和客户定制其网络。切片的功能（例如优先级、策略控制和安全性）、性能要求（例如时延、可用性、可靠性和数据速率）可以不同，每个切片可以服务于特定的用户（例如公共安全用户、公司用户、工业用户）。网络切片可以提供完整的网络功能，包括无线接入网和核心网功能。一个网络可以支持一个或多个网络切片。

2．网络能力开放

网络能力开放的目的在于向第三方服务提供商提供所需的网络能力。其基础在于移动网络中各个网元所能提供的网络能力，包括用户位置信息、网元负载信息、网络状态信息和运营商组网资源等，而运营商网络需要将上述信息根据具体的需求适配，提供给第三方使用。

通过网络能力开放，第三方服务提供商可以实现服务与网络的更优匹配。同时，第三方服务还可以向网络提供上下文信息，例如通知网络有关服务的特征（如时间与预期流量的关系），从而优化无线资源管理。

3．多系统接入

除3GPP系统（包括5G NR、4G LTE）外，5G还支持非3GPP系统（如WIFI）的接入。

各种接入系统间的互操作至关重要。5G将考虑服务、业务特性，无线信道特性和终端移动性等因素，为服务选择最合适的3GPP或非3GPP接入技术。单个设备可以同时使用多种接入技术，并在适当的时候添加或删除相应无线连接。

5G也支持固定宽带接入。固定接入家庭网关可以是中继设备，负责将5G连接转发给相应的终端用户。

4．性能与能效优化

5G可提供的能力很多，后续会做详细的介绍，在这里不一一赘述。还需重点提及的一点是5G对于不同服务的性能优化和能效优化。

5G将支持具有不同性能要求（例如高吞吐量、低时延和海量连接）和数据流量模型（例如IP数据流量、非IP数据流量和短数据突发）的各种设备和服务。为了有效地做到这一点，需要针对不同的服务进行性能优化。

对于基于物联网的应用，需要进行优化以处理海量设备。物联网传感器发送的数据包大小不一，从小的状态更新到大的流媒体视频。因此，与4G主要考虑大块数据不同，5G还必须有效地支持短数据突发。同时，考虑5G网络中的云应用，在发送数据之前和之后不能有冗长的信令过程，以有效降低端到端时延。

能源效率是5G面临的直接挑战，也是5G的重要优化目标。目前，在许多国家，移动运营商已经是最重要的电力客户之一。对系统设备而言，移动数据流量从4G到5G的1000倍增长虽不意味着能耗的等比例增加，但能源消耗无疑将是5G部署与运营所面临的关键挑战。对于终端设备，能效直接转化为电池待机时间，与用户体验直接相关。

1.3.3　5G 技术要求

什么样的标准或系统可以被称为"5G"？这就涉及 5G 的技术要求问题。而 5G 的技术要求由国际电信联盟（ITU）定义。

ITU 是联合国的专门机构之一，主管信息通信技术事务。从 2012 年开始，ITU 组织全球业界开展 5G 标准化前期研究工作。2015 年 6 月，ITU 正式确定"IMT-2020"为 5G 系统的官方命名。

相应的，ITU 也制定了 IMT-2020 的工作时间表，如图 1-1 所示。其中有几个时间节点与 5G 技术要求相关：

- 2017 年 2 月，ITU 5D 第 26 次会议，完成《IMT-2020 技术性能指标（Technical Performance Requirements）》，包括 13 项技术指标的详细定义。
- 2017 年 6 月，ITU 5D 第 27 次会议，完成《IMT-2020 无线接口技术评估指南（Evaluation criteria & method）》、《开发 IMT-2020 的要求、评估准则和提交模板（Requirements, Evaluation Criteria, & Submission Templates）》。
- 2017 年 10 月到 2019 年 7 月，ITU 接收各成员国/单位的 5G 提案（Proposals IMT-2020），提案需包括：无线接口技术方案、以及完整的自评估结果。

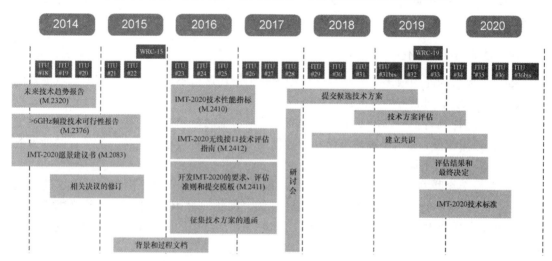

图 1-1　ITU IMT-2020 工作时间表[5]

以上提到了 ITU 的三份文件：《IMT-2020 技术性能指标》、《IMT-2020 无线接口技术评估指南》、《开发 IMT-2020 的要求、评估准则和提交模板》，分别对应于"满足什么样的要求可以称为 5G？""怎么证明满足了这些要求？""证明如何提交？"的问题。

1.《IMT-2020 技术性能指标》

2015 年 9 月，ITU 发布了 ITU-R M.2083《IMT 愿景：5G 架构和总体目标》，定义了 eMBB、mMTC、URLLC 三大业务场景，以及峰值速率、业务容量等八大关键指标。

基于这八大关键指标，2017 年 2 月发布的《IMT-2020 技术性能指标》定义了 13 项技术性能指标，包括每项指标的详细定义、适用场景、最小指标值等，如表 1-1 所示。换言之，只有满足这 13 项指标的移动通信标准/系统，才可以被称为"5G"或"IMT-2020"。

表 1-1 IMT-2020 技术性能指标

指标		适用场景	性能要求	备注
峰值数据速率		eMBB	下行 20Gbit/s，上行 10Gbit/s	
峰值频谱效率		eMBB	下行 30bit/（s·Hz），上行 15bit/（s·Hz）	下行 8 流，上行 4 流
用户体验速率		eMBB - Dense Urban	下行 100Mbit/s，上行 50Mbit/s	
5%边缘用户频谱效率		eMBB	室内热点：下行 0.3bit/（s·Hz），上行 0.21bit/（s·Hz）；密集城区：下行 0.225bit/（s·Hz），上行 0.15bit/（s·Hz）；农村：下行 0.12bit/（s·Hz），上行 0.045bit/（s·Hz）	
平均频谱效率		eMBB	室内热点：下行 9bit/（s·Hz），上行 6.75bit/（s·Hz）；密集城区：下行 7.8bit/（s·Hz），上行 5.4bit/（s·Hz）；农村：下行 3.3bit/（s·Hz），上行 1.6bit/（s·Hz）	5G 平均频谱效率需达到 4G 的 3 倍[6]
业务容量		市内热点-eMBB	10Mbit/（s·m²）	
时延	用户面时延	eMBB - URLLC	eMBB 4ms，URLLC 1ms	层 2/3 SDU 包从发端到收端的单向时间
	控制面时延	eMBB - URLLC	20ms	从终端发起随机接入到 RRC 重配完成的时间
连接密度		mMTC	1 000 000/km²	
能量效率		eMBB	没有数据时，支持高睡眠比例/时间	有数据时的能量效率，用平均频谱效率衡量
可靠性		URLLC	$1 \sim 10^{-5}$	32B PDU 包；1ms 以内；覆盖边缘
移动性		eMBB	农村-eMBB 下支持最高 500km/h	
移动中断时间		eMBB - URLLC	0ms	
带宽			至少 100MHz；高频（6GHz 以上）支持 1GHz；支持可扩展带宽	

2．《IMT-2020 无线接口技术评估指南》

对于相应的移动通信标准/系统，怎样才能证明它满足了 5G 的技术性能指标呢？这就需要根据《IMT-2020 无线接口技术评估指南》开展评估工作。

该指南于 2017 年 6 月底完成，提供了评估指南、准则、详细的场景和参数。

首先介绍其定义的 5 个测试场景和 3 种评估方法。

（1）5 个测试场景

- 室内热点-eMBB（Indoor Hotspot-eMBB）。
- 密集城区-eMBB（Dense Urban-eMBB）。
- 农村-eMBB（Rural-eMBB）。
- 城区宏站-mMTC（UMa-mMTC）。
- 城区宏站-URLLC（UMa-URLLC）。

（2）3 种评估方法

- 仿真：链路级/系统级仿真。
- 分析：计算或数学分析。
- 检查：审阅候选标准/系统的功能和参数。

表 1-2 总结了 eMBB、mMTC 和 URLLC 对应的测试场景、需满足的技术指标。

表 1-2　三大应用场景对应的测试场景及技术指标

5G 应用场景	测试场景	需满足的技术指标
eMBB	室内热点、密集城区、农村	峰值数据速率、峰值频谱效率、用户体验速率、边缘用户频谱效率、平均频谱效率、业务容量、时延、能量效率、移动性、移动中断时间、带宽
URLLC	城市宏站	时延、可靠性、移动中断时间
mMTC	城市宏站	连接密度

表 1-3 总结了各项指标应采用的评估方法。

表 1-3　IMT-2020 评估方法及对应的技术指标

评估方法	对应的技术指标
仿真	平均频谱效率、边缘频谱效率、连接密度、移动性、可靠性
分析	峰值数据速率、峰值频谱效率、用户体验速率、业务容量、时延、移动中断时间
检查	能量效率、带宽、支持多种业务、支持的频谱

《IMT-2020 无线接口技术评估指南》中还提供了 5 个测试场景的拓扑、频点、天线配置、站间距等详细的参数，在这里不再赘述。

3.《开发 IMT-2020 的要求、评估准则和提交模板》

该文件主要定义了 5G 应支持的业务、频谱，以及详细的 ITU IMT-2020 提交指南、模板。

4. 3GPP 面向 ITU 的 5G 自评估工作

5G 取得成功的重要基础之一，是形成全球统一的标准。业界普遍认为，统一的 5G 标准将在 3GPP 产生。

然而，3GPP 毕竟是"非官方"的标准组织。其制定的 5G 标准，能否被称为"5G"或"IMT-2020"，还需要一个认证的过程，即 ITU 的官方认证。有了这个认证，才能真正将 3GPP Rel-15/16 标准称作 5G，运营商才允许将 IMT 频谱用于部署 3GPP Rel-15/16 系统。

基于 ITU 设定的时间点和以上要求，3GPP 也及时启动了"面向 ITU 的 Rel-15 技术方案自评估（Rel-15 自评估）"立项，周期为 2017 年 9 月至 2018 年 9 月。这也是 3GPP 5G 标准从"民间"走向"官方"的重要一步。

3GPP 的 5G 自评估工作总结起来是：基于 ITU 的《IMT-2020 技术性能指标》→采用 ITU 的《IMT-2020 无线接口技术评估指南》→根据 ITU 的《开发 IMT-2020 的要求、评估准则和提交模板》要求，提交 3GPP 的技术提案和完整的自评估结果。

基于 ITU 时间表，3GPP 在 2018 年 10 月（ITU 5D #31 会议）完成向 ITU 的第一次提交，在 2019 年 7 月（ITU 5D #32 会议）完成第二次提交。这两次提交分别包含 Rel-15 和 Rel-16 的功能。不仅 3GPP，ITU 各国家/成员也积极地提交了 5G 的技术提案。在 4G 时代，我国也独立向 ITU 提交了基于 TD-LTE-Advanced 的 4G 提案。

基于收到的提案，ITU 会根据一系列流程，来决定哪些技术/标准可以被称为"5G"或"IMT-2020"系统，从而正式完成移动通信向 5G 演进的"官方"认证过程。

参 考 文 献

[1] 3GPP TR 22.861. Feasibility Study on New Services and Markets Technology Enablers for Massive Internet of Things; Stage 1.

[2] 3GPP TR 22.862. Feasibility Study on New Services and Markets Technology Enablers – Critical Communications; Stage 1.

[3] 3GPP TR 22.863. Feasibility Study on New Services and Markets Technology Enablers – Enhanced Mobile Broadband; Stage 1.

[4] 3GPP TR 22.864. Feasibility Study on New Services and Markets Technology Enablers – Network Operation; Stage 1.

[5] ITU. Workplan, timeline, process and deliverables for the future development of IMT.

[6] ITU-R M.2083. IMT Vision – Framework and overall objectives of the future development of IMT for 2020 and beyond.

第 2 章 5G 标准进程

本章主要介绍 5G 的国际标准制定工作，其中 2.1 节对 3GPP 5G 的工作做了总体介绍；2.2 节结合 5G 标准介绍了 5G 系统设计的基本准则。

2.1 3GPP 5G 标准概述

第三代合作伙伴计划（3GPP）在 2015 年 9 月的 5G 无线网研讨（RAN workshop on 5G）会议上讨论并初步确定了面向国际电信联盟（ITU）的 5G 标准化时间表，并计划根据 ITU 制定的时间节点提交相应候选技术方案和自评估结果。

ITU 和 3GPP 5G 标准制定的整体时间表如图 2-1 所示。

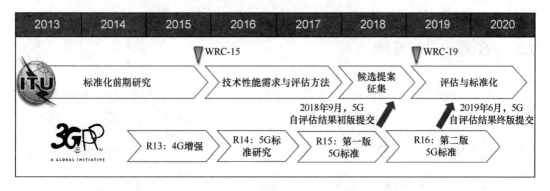

图 2-1　ITU 和 3GPP 5G 时间表

2016 年 10 月，3GPP 项目协调组（PCG）会议选择将"5G"作为 R15 和后续版本的品牌，包含新空口（NR）与 LTE 演进。3GPP Rel-15 为 5G 标准第一版，Rel-16 及后续版本作为 5G 标准的演进版本。基于 3GPP 的定义，Rel-15 及后续的 NR 和 LTE 标准都属于 5G 的范畴。但在 5G 商用过程中，运营商把重点放在了 NR 的部署。因此，本书将 5G NR 标准作为介绍的重点。

为满足不同国家和区域的部署需求，3GPP 分阶段完成了非独立组网（NSA）架构和独立组网架构（SA）的第一版 5G 标准（Rel-15）（5G 组网架构的详细介绍参见第 4.1 节）。其中，2017 年 12 月，3GPP 完成第一版 5G NSA 的 Option 3 架构标准；2018 年 6

月，完成第一版 5G SA 标准；2019 年 3 月，完成第一版 Late Drop 标准（包括 Option 4 和 Option 7 架构，及 NR 双连接功能）。第二版 5G 标准（Rel-16）计划于 2020 年完成。

Rel-15 是 5G 第一版标准，也是前期商用部署最重要的版本。在无线接入网物理层方面，Rel-15 引入了新型信道编码、大规模天线、大带宽、灵活帧结构等重要特性，是实现中高频点部署、高速率、低时延等 5G 关键指标的重要基础。在业务场景方面，Rel-15 在设计时主要针对增强移动宽带（eMBB）和低时延高可靠通信（URLLC）场景，海量机器类通信（mMTC）主要通过 LTE 的增强机器类通信（eMTC）或窄带物联网（NB-IoT）来支持。但通过后期的自评估发现，实际上，NR 也能满足 mMTC 的相关指标[1]。

5G 的接入网协议栈参考 4G 协议栈，同时支持 5G 服务质量（QoS）、时延、可靠性等新的需求。另外，Rel-15 在用户面增加了服务数据适配协议（SDAP）层，并对分组数据汇聚协议（PDCP）层、无线链路控制（RLC）层等功能进行了一些调整；在控制面的无线资源控制（RRC）层引入了 RRC 非激活态，以实现降低时延和节能的目的。

5G 的核心网引入了服务化架构、网络切片、移动边缘计算等新特性。服务化架构考虑网络控制面的模块化和开放性；网络切片提供特定网络能力和特性的逻辑网络，以实现按需定制等新功能；移动边缘计算（MEC）将计算、存储等能力更加靠近用户部署，以有效提升用户体验。

2.2 5G 系统设计准则

结合 4G 系统设计的经验和 5G 实际部署的需求，3GPP 在最初的 5G 设计时，就设定了几个重要的设计准则，包括前向兼容性、高数据速率、低时延、高可靠性和广覆盖。

2.2.1 前向兼容

在 3GPP 技术报告 TR 38.802[2]中指出，NR 设计时要保持前向兼容性，即将来的版本引入新的特性和功能时，当前版本的业务和终端能在相同的频谱资源进行工作。

由于在当前版本设计时并不确定将来版本会具体引入哪些新的特性，所以从某种程度上来说，前向兼容性比后向兼容性⊖更难以保证。但基于 LTE 系统设计的经验，NR 甄别出了前向兼容性的基本准则：尽量避免引入时频域资源位置固定的公共信号。这一准则具体落实在广播信道、导频信号、控制信道和 HARQ 时序的设计。

NR 将同步信号和广播信道打包成同步信息块（SSB），SSB 在频域占用 20 个物理资源块（PRB），在时域占用 4 个 OFDM 符号。SSB 的周期、时域和频域位置都是可配置的，关于 SSB 的详细介绍可参见第 6.2.3 小节。对比 LTE，在不同双工方式下，其同步和

⊖ 后向兼容性是指，在当前的版本引入新的特性和功能时，以前旧版本的业务和终端能在相同的频谱资源进行工作。

广播信道都固定于信道带宽最中间的 6 个 PRB，且时域占用的 OFDM 符号也是固定的。LTE 和 NR 系统的广播和同步信道频域位置示意图如图 2-2 所示。

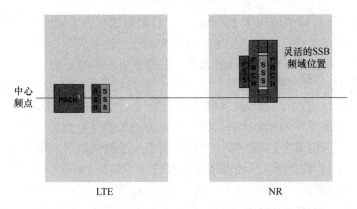

图 2-2 LTE 和 NR 系统的广播和同步信道频域位置示意图

NR 通过下行解调参考信号（DMRS）进行广播信道、控制信道和数据信道的信道估计和相干检测，DMRS 总伴随着物理信道一起传输，不会单独传输；通过信道状态信息参考信号（CSI-RS）和/或 SSB 进行下行信道探测和测量，CSI-RS 和 SSB 的时频域位置都是可配置的。从上述参考信号的设计上可以看出，NR 没有设计位置固定且一直发送的参考信号。对比 LTE，其 Rel-8 和 Rel-9 版本中的很多基本功能都基于小区公共参考信号（CRS），例如：广播信道和控制信道的解调、数据信道传输模式 1～6 的解调、信道质量测量等，而 CRS 需在整个带宽中一直发送。LTE Rel-10 引入了 DMRS 和 CSI-RS。

NR 控制信道的时频域位置也是灵活可配置的。时域上可占用 1、2 或 3 个连续的 OFDM 符号，起始 OFDM 符号和频域上占用的 PRB 通过高层配置。相比之下，LTE 的控制信道在时域上从每个传输时间间隔（TTI）的第一个 OFDM 符号开始发送，在频域上则为全带宽发送。

NR 下行和上行数据信道都采用异步混合自动重传请求（HARQ）技术。HARQ 重传通过下行控制信令进行动态调度，可以发生在不同时刻。此外，调度数据（包括初传和重传）的控制信道传输与被调度的数据信道传输的时间差、数据信道传输与 HARQ 的确认应答/否认应答（ACK/NACK）反馈的时间差都是灵活可配的。相比之下，LTE 的下行数据信道采用异步 HARQ；而上行数据信道采用同步 HARQ，重传是发生在已知的固定时刻。而且，LTE 调度数据的控制信道与数据信道的时间差、数据信道与 HARQ ACK/NACK 反馈的时间差也都是固定的。

通过上述 NR 的 SSB、参考信号、控制信道和 HARQ 设计可以看出，NR 各物理信道和信号的时频域资源都是可配置的，这不仅对于将来版本引入新的功能十分重要，对 NR 与其他制式的共存和互操作也有重要意义。

2.2.2　高速率

ITU 定义 5G 下行峰值速率为 20Gbit/s，上行峰值速率为 10Gbit/s。NR 主要通过大带宽、高频谱效率、多天线、高阶调制来实现相应的峰值速率目标。

在频谱方面，NR 通过中高频点的大带宽获得更多的频谱资源。4G LTE 授权频谱的频点最高为 3.5GHz，非授权频段最高为 5GHz，单载波最大带宽为 20MHz。而 NR 不仅可以使用小于 6GHz 的中、低频段（FR1），还可用于 24～52.6GHz$^{\ominus}$的高频段（FR2）。FR1 单载波最大信道带宽为 100MHz，FR2 单载波最大信道带宽为 400MHz，且可通过载波聚合进一步扩展可用带宽。NR 第一个版本就引入了载波聚合，最大支持 16 个载波单元的聚合，这些载波单元可以在相同或不同频段，可以是相同或不同的双工方式。在各国/区域分配的 5G 频谱中（见图 2-3），可以看到 3.5/4.9GHz 中频段和 28/40GHz 高频段是主流的 NR 频段，中高频段的新频谱使得更多的可用带宽成为可能。

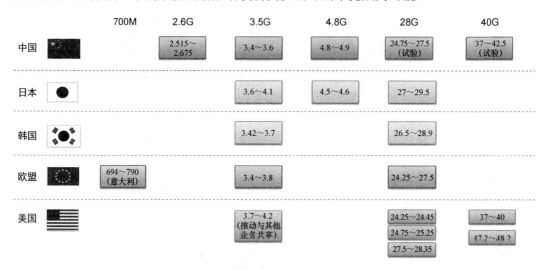

图 2-3　部分主要国家 5G 频谱分配情况

在频谱利用率方面，LTE 频谱利用率为 90%，例如 20MHz 信道带宽时，最多可用 100 个资源块，每个资源块占 180kHz 带宽。NR 可通过基带加窗（时域）和滤波（时域/频域）技术，实现大于 90%的频谱利用率，例如，在 3.5GHz 频点、30kHz 子载波时，可利用 273 个资源块，实现高达 98.3%的频谱利用率。NR 中，不同子载波间隔（SCS）下 FR1 和 FR2 的信道带宽、可用 PRB 数和频谱利用率分别如表 2-1 和表 2-2 所示。

$\ominus$ 在 NR 演进版本中，还会将频段范围进一步扩展。

表 2-1　FR1 不同子载波间隔（SCS）和信道带宽的可用 PRB 数和频谱利用率

		5MHz	10MHz	15MHz	20MHz	25MHz	30MHz	40MHz	50MHz	60MHz	80MHz	100MHz
15kHz SCS	PRB 数	25	52	79	106	133	160	216	270	N/A	N/A	N/A
	频谱利用率	90%	93.6%	94.8%	95.4%	95.8%	96%	97.2%	97.2%	N/A	N/A	N/A
30kHz SCS	PRB 数	11	24	38	51	65	78	106	133	162	217	273
	频谱利用率	79.2%	86.4%	91.2%	91.8%	93.6%	93.6%	95.4%	95.8%	97.2%	97.7%	98.3%
60kHz SCS	PRB 数	N/A	11	18	24	31	38	51	65	79	107	135
	频谱利用率	N/A	79.2%	86.4%	86.4%	89.3%	91.2%	91.8%	93.6%	94.8%	96.3%	97.2%

表 2-2　FR2 不同子载波间隔和信道带宽的可用 PRB 数和频谱利用率

		50MHz	100MHz	200MHz	400MHz
60kHz SCS	PRB 数	66	132	264	N/A
	频谱利用率	95.0%	95.0%	95.0%	N/A
120kHz SCS	PRB 数	32	66	132	264
	频谱利用率	92.2%	95.0%	95.0%	95.0%

多天线指基站和终端配备多根天线，并利用这些天线同时进行数据传输。NR Rel-15 定义了大规模天线基本协议框架。通过大规模天线技术，一方面可以增加同时传输的数据流的数目，例如，对于数据信道，通过多用户多输入多输出（MU-MIMO）技术在下行和上行都可实现最多 12 个正交流的并行传输；另一方面可以通过波束赋形技术增强有用信号功率、降低用户间干扰。NR 的数据信道和广播信道都可以采用多波束进行传输。

值得一提的是，大规模天线技术不仅在标准层面得到了支持，在 5G 基站的商用产品中也得到了广泛应用，16、32 和 64 通道的大规模天线将被应用于 5G 不同的业务场景。而且，终端的典型天线配置也从 LTE 时代的"1 发 2 收"演进到 NR 时代的"2 发 4 收"。

高阶调制能直接提升数据传输速率。NR 在第一个版本就引入 256QAM 高阶调制，相比 64QAM 能提升 33%的峰值速率。虽然 LTE 的后续演进中也引入了 256QAM，但由于引入版本靠后，产业链的支持度相对不足。LTE Rel-8 和 NR Rel-15 的调制方式对比如表 2-3 所示。

表 2-3　LTE 和 NR 调制方式

	LTE Rel-8	NR Rel-15
下行	QPSK, 16QAM, 64QAM	QPSK, 16QAM, 64QAM, 256QAM
上行	QPSK, 16QAM, 64QAM	Pi/2 BPSK, QPSK, 16QAM, 64QAM, 256QAM

2.2.3　低时延

在时延方面，NR Rel-15 定义了灵活子载波间隔配置、微时隙、终端快速处理能力、自包含帧结构和上行免调度传输等技术，实现 0.5ms 用户面单程空口时延。

在子载波间隔方面，对于 FR1 6GHz 以下载频，NR 可支持 15kHz、30kHz 和 60kHz 的子载波间隔配置；对于 FR2 6GHz 以上载频，NR 可支持 60kHz、120kHz 的子载波间隔配置。增加子载波间隔可以减少符号长度，从而减少单个时隙的时长，降低时延。LTE 的子载波间隔为 15kHz，TTI 长度为 1 个子帧，即 1ms。

在调度单元方面，与 LTE 最小调度单元为 1 个子帧不同，NR 的最小调度单元为 1 个时隙或微时隙。NR 在 Rel-15 就引入了微时隙，用以进一步降低传输时延。普通循环前缀（CP）时，一个完整的下/上行时隙包含 14 个 OFDM 符号；一个下行微时隙包含 2、4 或 7 个 OFDM 符号；一个上行微时隙包含 1-14 个符号。时隙与微时隙的示意图如图 2-4 所示。

终端处理时间包括两个方面：一是终端收到下行数据信道到反馈 HARQ ACK/NACK 的时间，二是终端收到上行调度的控制信令到发送上行数据的时间。NR Rel-15 定义了两种终端处理能力，终端能力 1 为普通处理能力，终端能力 2 为快速处理能力。相比于 LTE，这两种 NR 终端的处理时间都显著降低。以收到下行数据信道到反馈 HARQ ACK/NACK 的时间为例，LTE 定义的处理

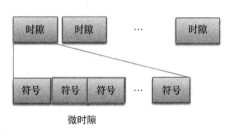

图 2-4　长度为 2 个 OFDM 符号的微时隙

时间为 4ms；而 NR 子载波间隔为 30kHz 时，能力 1 终端的处理时间为 0.36～0.46ms，能力 2 终端的处理时间仅为 0.16ms[3]。

基于微时隙和终端快速处理能力，可以实现自包含帧结构。自包含帧结构中，一个时隙中有下行 OFDM 符号、GP 和上行 OFDM 符号。下行为主的自包含帧中，调度下行数据的控制信令、下行数据和上行 HARQ ACK/NACK 反馈在同一时隙完成。上行为主的自包含帧中，调度上行数据的下行控制信令、上行数据传输在同一时隙完成。自包含帧结构示意图如图 2-5 和图 2-6 所示。

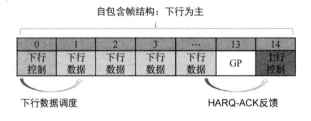

图 2-5　传输下行数据的自包含帧示意图

上行免调度传输可减少上行调度请求和调度信令的时延，从而降低空口时延。NR Rel-15 支持基站配置用户上行免调度传输，用户在没有收到上行调度信令时，可在配置

的资源上发起上行数据传输。上行免调度传输示意图如图 2-7 所示。

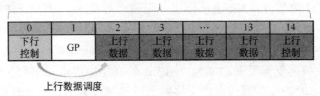

图 2-6 传输上行数据的自包含帧示意图

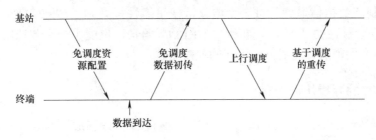

图 2-7 上行免调度传输示意图

2.2.4 高可靠

NR Rel-15 可实现 99.999%的高可靠性，主要通过物理信道重复传输、目标误块率（BLER）为 10^{-5} 的新信道质量指示（CQI）和调制与编码方案（MCS）表格、增大控制信道的聚合等级等技术实现。

为提升可靠性，NR 支持物理下行共享信道（PDSCH）、物理上行控制信道（PUCCH）和物理上行共享信道（PUSCH）的多时隙重复传输，可在 2、4 或 8 个时隙上重复传输。

新的 CQI/MCS 表格在目标 BLER 为 10%的 CQI/MCS 表格的基础上，增加了目标 BLER 为 10^{-5} 的新的条目，通过降低码率提升可靠性。表 2-4 中列出了新 MCS 表格中新增的低码率 MCS。

表 2-4 新 MCS 表格中新增的低码率 MCS [3]

MCS 等级	调制方式	目标码率	频谱效率
0	QPSK	30/1024	0.0586
1	QPSK	40/1024	0.0781
2	QPSK	50/1024	0.0977
3	QPSK	64/1024	0.1250
4	QPSK	78/1024	0.1523
5	QPSK	99/1024	0.1934

物理下行控制信道（PDCCH）的聚合等级代表了用于 PDCCH 传输的物理资源量。聚合等级越大，则分配的物理资源越多。LTE PDCCH 的聚合等级为 1，2，4 和 8。为了进一步提升 PDCCH 可靠性，NR 进一步引入了聚合等级 16，其用于 PDCCH 的物理资源数为聚合等级 8 的 2 倍。

上述提升可靠性的手段都是基于增加传输资源、降低码率实现的。除此之外，NR 时分双工（TDD）系统还支持发射功率为 26dBm 的高功率终端以增强传输的可靠性。相比发送功率为 23dBm 的普通终端，高功率终端可以显著改善上行传输性能。

面向增强现实/虚拟现实（AR/VR）、工业自动化、智能交通、智能电网等场景，NR Rel-16 对控制和数据信道做了进一步增强，使可靠性提升到了 99.9999%。需要说明的是，上述提升可靠性的技术不仅能用于 URLLC 场景，也能十分有效地用于 eMBB 场景，以弥补 NR 的部署频点提升后引起的覆盖问题。

2.2.5　与 LTE 的互操作和共存

如前文所述，2.6GHz、3.5GHz 和 4.9GHz 等 TDD 频段已成为 NR 的主流频段。相比于 1.8GHz 和 2.1GHz 等主流 LTE 频分双工（FDD）频段，这些 TDD 频段在提供大带宽的同时，也会面临覆盖方面的挑战。特别地，由于在上行链路中，终端发送功率较低，并且如果 TDD 上行时隙占比较低，上行覆盖的压力尤为显著。在中频 NR 系统的基础上补充低频系统是提升上行覆盖的有效手段，低频系统可以为 LTE 或 NR 系统，如图 2-8 所示。

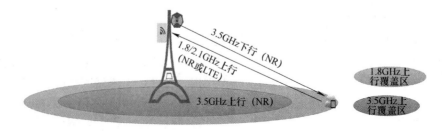

图 2-8　TDD 频段（3.5GHz）上行覆盖瓶颈

利用低频 FDD 提供覆盖的典型方式包括以下 3 种。

1）LTE 和 NR 双连接，利用低频 FDD (e)LTE 提供覆盖和控制面锚点，包括 Option 3 和 Option 7 架构，如图 2-9 所示。

2）在低频 FDD 实现 LTE 与 NR 上行/下行的频谱共享，包括静态频谱共享或动态频谱共享（DSS），如图 2-10 所示。其中，DSS 能根据业务负载，提升 4G 与 5G 资源调度的灵活性。此外，考虑低频 FDD 的频谱资源有限，可进一步通过低频 FDD NR 和中频 TDD NR 的载波聚合提高 NR 系统的容量。

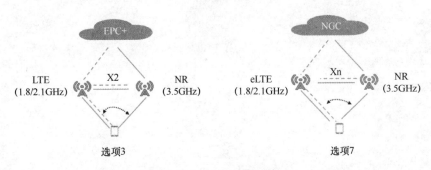

选项3   选项7

图 2-9 低频(e)LTE FDD 和中频 NR TDD 双连接

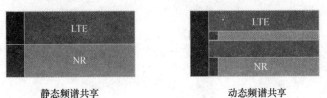

静态频谱共享   动态频谱共享

图 2-10 低频 FDD LTE 与 NR 上行和下行频谱共享

3）在低频 FDD 实现 LTE 与 NR 的上行频谱共享，即补充上行（SUL），而 FDD 下行仍全部用于 LTE，如图 2-11 所示。

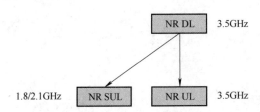

图 2-11 低频 FDD 用于 NR SUL

参 考 文 献

[1] 3GPP TR 37.910. Study on Self Evaluation towards IMT-2020 Submission.

[2] 3GPP TR 38.802. Study on New Radio Access Technology Physical Layer Aspects.

[3] 3GPP TS 38.214. NR Physical layer procedures for data.

第二部分

5G 核心网

第 3 章　5G 核心网演进

本章主要介绍 5G 核心网的演进，其中 3.1 节主要介绍 5G 核心网的架构；3.2 节主要介绍 5G 核心网的基本概念，包括移动性管理、会话管理、网络切片和网络功能选择；3.3 节主要介绍 5G 核心网的基本流程，包括移动性和会话管理流程。

3.1　5G 核心网网络架构

核心网是移动通信网络的重要组成部分，它位于接入网和外部网络之间，主要负责提供用户连接、用户管理以及作为承载网络提供到外部网络的接口。5G 核心网相比于 4G 核心网有较大的演进，例如：引入了服务化架构、网络切片等，这些演进能够帮助 5G 网络更加灵活高效地运作以及适应不同场景的需求[1]。

5G 核心网在设计时遵循了以下关键原则和概念[2-3]：

- 用户平面功能与控制平面功能分离，允许独立的可扩展性、演进和灵活部署，例如，用户面功能（UPF）下沉部署。
- 模块化功能设计，例如，实现灵活高效的网络切片。
- 在适用的情况下，将过程（即网络功能之间的交互）定义为服务，以便可以重复使用它们。
- 如果需要，允许每个网络功能（NF）直接与其他任一 NF 交互。
- 接入网和核心网之间解耦，使得核心网与接入网间的接口支持不同的接入网类型，例如 3GPP 接入和 non-3GPP 接入。
- 支持统一的认证架构。
- 支持"无状态"NF，其中"计算"资源与"存储"资源解耦。
- 支持能力开放。
- 支持对本地服务（边缘计算）和集中服务的并发访问。
- 支持漫游，包括用户面归属地路由和本地疏导路由。

3.1.1　5G 网络架构

本小节首先简述 5G 网络架构的两种表述方式，然后分别介绍 5G 网络的非漫游架构和漫游架构以及 5G 核心网重要的设计理念——服务化架构，并在本小节的最后对比 4G/5G 网络架构的异同。

1. 概述

5G 网络架构中，NF 间的交互可以通过两种方式表述：

- 服务化表述：控制平面的 NF，例如接入和移动性管理功能（AMF），允许其他授权的 NF 接入自身的服务。这种表述方式在必要时也可以包含参考点的表述方式。
- 参考点表述：通过任意两个 NF，例如 AMF 和会话管理功能（SMF），间的参考点（例如 N11）来描述 NF 间的服务交互。

2. 非漫游架构

用户终端（UE）处在归属地运营商网络中时，以非漫游的方式获取网络的服务。图 3-1 和图 3-2 分别为基于服务化接口和基于参考点的 5G 非漫游网络架构。UE 通过接入网（AN）接入 5G 核心网（CN），其中(R)AN 可以是 NG-RAN，也可以是协议支持的其他类型接入网，不同类型的接入网与 5G 核心网间具有共同 AN-CN 接口。当 UE 没有漫游时，UE 的信令及媒体流数据均由归属网络传输，所有 NF 由归属网络提供。

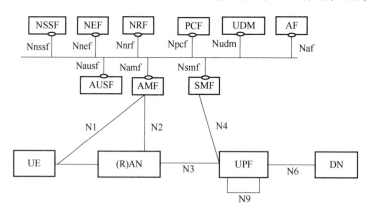

图 3-1　基于服务化接口的 5G 非漫游网络架构

3. 漫游架构

当 UE 处在非归属运营商网络中时，将以漫游的方式获取网络的服务。5G 有本地疏导（LBO）和归属地路由（HR）两种漫游架构。图 3-3 和图 3-4 分别为基于服务化接口和基于参考点的 5G 本地疏导漫游架构。在本地疏导漫游架构中，漫游用户的用户面由拜访运营商网络（VPLMN）疏导。

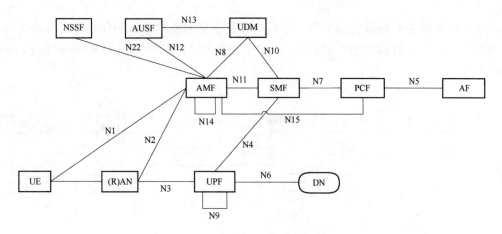

图 3-2　基于参考点的 5G 非漫游网络架构

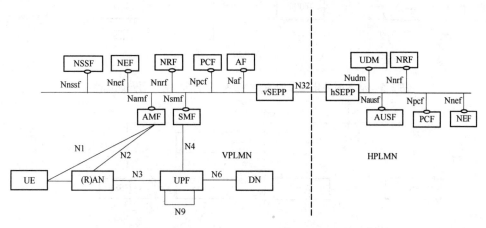

图 3-3　基于服务化接口的 5G 漫游网络架构，本地疏导

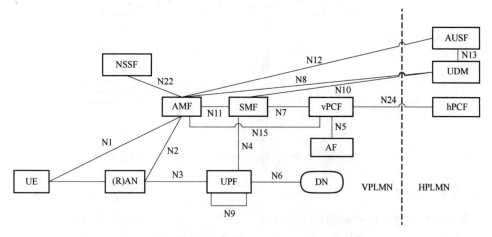

图 3-4　基于参考点的 5G 漫游网络架构，本地疏导

图 3-5 和图 3-6 分别为基于服务化接口和基于参考点的 5G 归属地路由漫游架构。在归属地路由漫游架构中，漫游用户的用户面数据要回归到归属运营商网络（HPLMN）中。

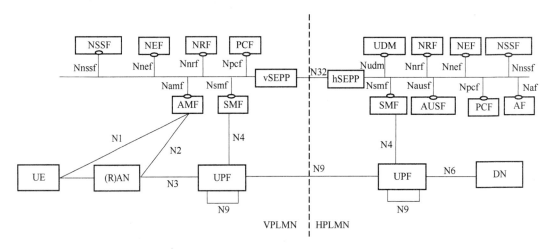

图 3-5　基于服务化接口的 5G 漫游网络架构，用户面归属地路由

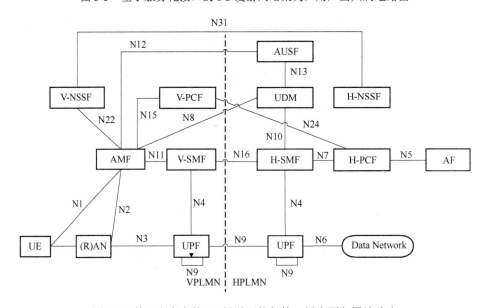

图 3-6　基于参考点的 5G 漫游网络架构，用户面归属地路由

4. 服务化架构

服务化架构是 5G 核心网相较于传统核心网的重要演进，主要具有以下特征：

● 网络设备（NE）重构为 NF：5G 核心网运用虚拟化技术，将传统核心网的 NE 进行了软硬件解耦，软件部分称为 NF。借鉴 IT 系统服务化/微服务化架构的成功经验，5G 服务化架构进一步地将一个 NF 拆分成若干个自包含、自管理、可重用的 NF 服务，通过模块化实现了 NF 间的解耦和整合，各解耦后的 NF 独立扩容、独立演进、按需部署。

- NF 服务自动化管理：5G 核心网定义了网络存储库功能（NRF），能够支持 NF 服务的动态注册与发现，实现了 NF 服务的自动化管理。
- 网络通信路径优化：传统核心网的 NE 间具有固定的通信链路，而在 5G 核心网服务化架构下，各 NF 间可以通过消息总线根据需求任意通信，极大地优化了通信路径。
- NF 间的交互解耦：控制面所有 NF 之间的交互采用服务化接口，同一种 NF 服务可以被多种 NF 调用，降低了接口与其两端连接的 NF 之间的耦合度，最终实现整网功能的按需定制，灵活支持不同的业务场景和需求。

5．4G/5G 网络架构对比

5G 核心网采用了服务化架构的设计理念，使得 5G 核心网在网络架构上与 4G 核心网存在诸多不同。4G 网络架构是基于 NE 的网络架构，每个 NE 具有固定的功能，NE 之间连接固定、信令交互固化。5G 网络架构是基于服务的网络架构，通过架构和功能重构，5G 核心网可以实现软件定义、能够独立升级的 NF 以及动态的网络连接，NF 采用服务化的接口，使其可以重用而无须针对不同 NF 定义不同接口。

同时，5G 核心网与 4G 核心网在网络架构上也存在相同点。如图 3-7 所示，5G 核心网在 NF 划分上借鉴了 4G 核心网对于 NE 的划分，这使得 5G 核心网中的很多 NF 都可以在 4G 核心网中找到功能对应的 NE。5G NF 与 4G NE 的对应关系见表 3-1。

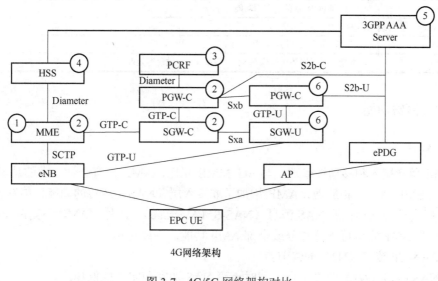

4G网络架构

图 3-7　4G/5G 网络架构对比

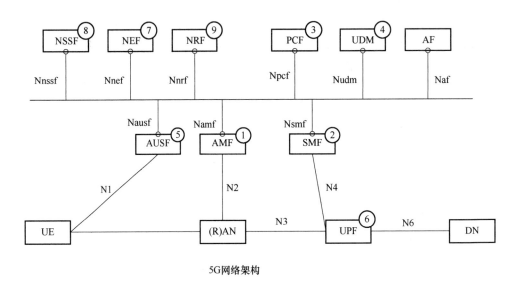

5G网络架构

图 3-7　4G/5G 网络架构对比（续）

表 3-1　5G NF 与 4G NE 对应关系

5G NF	对标 4G NE
AMF	MME 的接入控制和移动性管理功能
SMF	MME、SGW-C、PGW-C 的会话管理功能
PCF	PCRF
UDM	HSS
AUSF	3GPP AAA Server
UPF	SGW-U 和 PGW-U 的用户面功能
NEF	SCEF
NSSF	5G 新增，用于网络切片选择
NRF	5G 新增，用于服务化架构下 NF 的服务注册、发现等处理

3.1.2　5G 网络功能

1．AMF

AMF 负责接入和移动性管理。与 4G MME 相比，AMF 没有会话管理的功能，会话管理交由 SMF 负责。相应地，AMF 增加了非接入层（NAS）透传的功能，能够转发 UE 与 SMF 间会话管理相关的 NAS 消息（NAS-SM Message）。此外，AMF 还支持 non-3GPP 接入。一个 AMF 实例可支持部分或全部 AMF 功能，主要包括：

- RAN CP 接口（N2）的终节点。
- NAS 接口（N1）的终节点，同时负责 NAS 加密和完整性保护。

- 注册管理。
- 连接性管理。
- 可达性管理。
- 移动性管理。
- 合法侦听（对于 AMF 事件和 LI 系统的接口）。
- 转发 UE 和 SMF 之间的 SM 消息。
- 用于路由 SM 消息的透明代理。
- 接入认证。
- 接入鉴权。
- 转发 UE 和 SMSF 之间的 SMS 消息。
- 安全锚点功能（SEAF）。
- 用于监管服务的定位业务管理。
- 用于与 EPS 交互时分配 EPS 承载 ID。
- UE 移动性事件通知。
- 支持 non-3GPP 接入。

2．SMF

SMF 负责会话管理。4G 网络中会话管理由 MME、SGW-C 以及 PGW-C 三个 NE 负责，而 5G 网络中的会话管理统一由 SMF 负责。相比于 4G MME/SGW-C/PGW-C，SMF 可以选择性地激活/去激活 PDU 会话以及负责确定 PDU 会话的业务和会话连续性（SSC）模式。一个 SMF 实例可支持部分或全部 SMF 功能，主要包括：

- 会话管理，例如，会话建立、修改和释放，包括 UPF 和 AN 节点之间的隧道维护。
- UE IP 地址分配和管理。
- DHCPv4 和 DHCPv6 功能。
- 用于以太网 PDU 的地址解析协议代理，或 IPv6 邻居请求代理。SMF 通过提供与请求中发送的 IP 地址相对应的 MAC 地址，来响应地址解析协议和/或 IPv6 邻居请求。
- UPF 的选择和控制。
- 配置 UPF 的业务流定向，将业务流路由到合适的目的地。
- 面向 PCF 接口的终节点。
- 合法侦听（针对 SM 事件和 LI 系统的接口）。
- 计费数据收集和计费接口的支持。
- 控制和协调 UPF 计费数据的采集。
- NAS 消息的 SM 部分的终节点。
- 下行链路数据通知。

- 面向 AN 侧的 SM 消息发起端，经由 AMF 通过 N2 发送给 AN。
- 确定会话的 SSC 模式。
- 漫游相关功能。

3. UPF

UPF 是用户面的 NF，负责用户面数据的处理。4G 网络中核心网用户面数据由 SGW-U 和 PGW-U 两个 NE 负责，而 5G 网络中的核心网用户面数据统一由 UPF 负责处理。相比于 4G PGW-U/SGW-U，UPF 新增了对上行分类器（UL CL）和分支点（Branching Point）功能的支持。一个 UPF 实例可支持部分或全部 UPF 功能，主要包括：

- 无线接入技术（RAT）内/RAT 间移动性的锚点。
- 与数据网络（DN）互连的 PDU 会话节点。
- 分组路由和转发。
- 数据包检测。
- 用户平面的策略规则执行。
- 合法侦听（UP 采集）。
- 流量使用情况报告。
- 上行链路分类器功能，用于支持业务流到不同数据网的路由。
- 分支点功能，用于支持 IPv6 多归属 PDU 会话。
- 用户平面的服务质量（QoS）处理，例如，分组过滤，UL/DL 速率执行。
- 上行链路流量验证，例如业务数据流（SDF）到 QoS Flow 的映射。
- 上行链路和下行链路中的传输层数据包标记。
- 下行链路分组缓存和下行链路数据通知触发。
- 向源 NG-RAN 节点发送和转发一个或多个"结束标记"。
- 用于以太网 PDU 的地址解析协议代理，或 IPv6 邻居请求代理。UPF 通过提供与请求中发送的 IP 地址相对应的 MAC 地址，来响应地址解析协议和/或 IPv6 邻居请求。

4. UDM

UDM 负责统一数据的管理。5G 核心网允许 UDM、PCF 和 NEF 仅保留数据处理能力而将结构化数据存储在 UDR 中，从而使得计算资源和存储资源解耦。UDM 和 UDR 配合可提供相当于 4G HSS 的功能。UDM 支持以下功能：

- 产生 3GPP 认证与密钥协商协议（AKA）参数。
- 用户标识处理，例如，存储和管理签约永久标识符（SUPI）。
- 支持解析签约加密标识符（SUCI）。
- 基于签约数据的接入授权，例如，漫游限制。

- 针对为 UE 服务的 NF 的注册管理，例如，存储服务于 UE 的 AMF，服务于 UE PDU 会话的 SMF。
- 支持业务/会话连续性。
- 支持被叫短消息业务（SMS）数据传输。
- 合法侦听功能。
- 签约管理。
- 短信管理。

5. AUSF

AUSF 配合 UDM 负责用户鉴权数据相关的处理，支持的功能为对 3GPP 接入和非授信 non-3GPP 接入的鉴权。

6. PCF

PCF 负责策略控制，支持以下功能：
- 支持统一的策略框架来管理网络行为。
- 为控制平面功能提供策略规则。
- 访问 UDR 中的签约数据用于策略决策。

7. NEF

NEF 负责网络能力的开放。一个 NEF 实例可支持部分或全部 NEF 功能，主要包括：
- 能力和事件的开放：NF 的能力和事件可以通过 NEF 安全地向第三方应用功能及边缘计算功能开放。NEF 通过标准化接口 Nudr 向 UDR 存储结构化数据并检索。
- 从外部应用向 3GPP 网络安全地提供信息：它为应用功能提供了一种向 3GPP 网络安全地提供信息的手段，例如，预期的 UE 行为。
- 内部-外部信息翻译：为与应用功能交换的信息和与内部网络功能交换的信息提供转换。根据网络策略，NEF 负责向外部 AF 屏蔽网络和用户敏感信息。
- NEF 从其他网络功能（基于其他网络功能的开放功能）接收信息并存储在 UDR 中。
- NEF 也可支持 PFD 功能：NEF 中的 PFD 功能可在 UDR 中存储和检索 PFD，并根据 SMF 请求或 NEF 的 PFD 管理请求向 SMF 提供 PFD。

8. NSSF

NSSF 是 5G 核心网新增的 NF，负责网络切片的选择，支持以下功能：
- 选择为 UE 提供服务的一组网络切片实例。

- 确定允许的 NSSAI，如果有需要将其映射为签约的 S-NSSAI。
- 确定配置的 NSSAI，如果有需要将其映射为签约的 S-NSSAI。
- 确定服务于 UE 的 AMF 集合，或可基于配置，通过查询 NRF 确定候选 AMF 的列表。

9. NRF

NRF 负责存储 5G 核心网中的 NF 信息，还负责针对 NF 以及 NF 服务的自动化管理，支持以下功能：

- 支持服务发现功能。接收来自 NF 实例的 NF 发现请求，并将发现的 NF 实例的信息提供给 NF 实例。
- 维护可用 NF 实例的 NF 配置文件及其支持的服务。

在考虑网络切片情况下，基于网络的具体实现，运营商可以部署多层次的 NRF。

- 针对 PLMN：NRF 配置了整个 PLMN 上关于 NF/NF 服务的信息。
- 针对共享的多个切片：NRF 配置了属于一组网络切片的 NF/NF 服务的信息。
- 针对特定切片：NRF 配置了属于某一特定切片的 NF/NF 服务的信息。

10. UDR

UDR 负责存储来自 UDM、PCF 和 NEF 的结构化数据，支持以下功能：

- 支持由 UDM 存储和检索签约数据。
- 支持 PCF 存储和检索策略数据。
- 支持 NEF 存储和检索用于能力开放的结构化数据。
- 应用数据（包括用于应用检测的 PFD 和来自多个 UE 的应用请求信息）。

11. UDSF

UDSF 是一个可选的 NF，负责存储非结构化数据，支持的功能为存储和检索任何 NF 的非结构化数据信息。

3.1.3 NF 服务框架

1. NF 间的交互

在 NF 服务框架中，控制面中各个 NF 之间的交互由调用 NF 服务实现，其中，NF 服务可以理解为一个 NF 服务生产者（NF Service Producer）通过服务化接口向其他授权的 NF 服务消费者（NF Service Consumer）开放的一种能力。每个 NF 对外暴露通用的服务化接口，以便其他授权的 NF 调用其 NF 服务。为了提供 NF 服务，NF 服务生产者可能还会调用其他 NF 的服务。位于 NF 服务框架中的两个 NF 之间的交互（服务消费者和服务生产者之间的服务调用）通过以下两种机制实现：

（1）"请求-响应"机制

一个控制面 NF_B 接收到另一个控制面 NF_A 发来的请求（Request）消息，请求控制面 NF_B 提供某一个 NF 服务。该服务可以是执行一个操作或者是提供某些信息或者二者皆有，如图 3-8 所示。NF_B 基于 NF_A 的请求来提供 NF 服务。在请求-响应机制里，两个 NF（服务消费者和服务生产者）之间的通信是一对一的，并且生产者需要在一定时间内对来自消费者的请求进行一次响应（Response）。

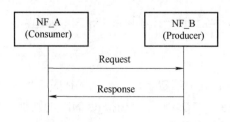

图 3-8　"请求-响应" NF 服务示例图

（2）"订阅-通知"机制

一个控制面 NF_A 向另一个控制面 NF_B 发送订阅（Subscribe）请求消息，订阅其 NF 服务，如图 3-9 所示。多个控制面 NF 可以订阅同一个控制面的 NF 服务。NF_B 将 NF 服务的结果通知（Notify）给订阅该服务的各个 NF。订阅请求应包括 NF 服务消费者的通知端点，以便 NF 服务生产者向 NF 服务消费者发送事件通知消息。此外，订阅请求还可以包括周期性更新的通知请求或通过某些事件触发的通知请求（例如，所请求的信息发生变化或达到某个阈值等）。订阅通知可以通过以下方式之一实现：

- 显式订阅：NF 服务消费者和 NF 服务生产者之间进行独立的请求/响应。
- 隐式订阅：通知订阅包含在同一个 NF 服务的另一个 NF 服务操作中。
- 默认通知端点：在 NF 和 NF 服务注册过程中，将 NF 消费者希望接收的每种通知类型的通知端点注册为 NRF 的 NF 服务参数。

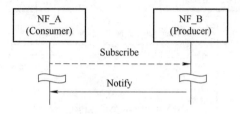

图 3-9　"订阅-通知" NF 服务示例图-1

"订阅-通知"机制中，控制面 NF_A 也可以控制面 NF_C 的名义向控制面 NF_B 订阅服务，也就是控制面 NF_A 向服务生产者发送订阅请求消息，服务生产者将事件通知消息发送给其他服务消费者，如图 3-10 所示。在这种情况下，控制面 NF_A 向服务生产者发送订阅请求消息时，携带控制面 NF_C 的通知端点。

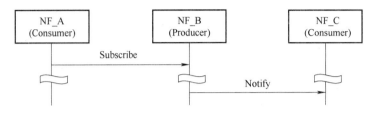

图 3-10 "订阅-通知" NF 服务示例图-2

2．NRF 提供的服务

在 NF 服务框架中，NF 服务消费者可以调用 NF 服务生产者的 NF 服务。为此 5G 核心网新增了 NRF，NRF 通过 NF 服务架构提供 NF 的注册、发现、服务上线通知等功能，实现 NF 和 NF 服务的按需配置，使 NF 服务消费者知道 NF 服务生产者有其需要的 NF 服务。需要说明的是，在 3GPP R15 标准中，NF 服务和 NF 总是相关联的，即 NF 服务的发现是通过 NF 的发现过程实现的。

（1）NF/NF 服务注册/更新/去注册

NF 实例在其首次上线时可以在 NRF 中进行注册，通知 NRF 其支持的 NF 服务列表，以便 NRF 能够正确地维护可用的 NF 实例及其支持的服务的信息。此外，NF 实例还可以更新或删除 NF 服务的相关参数。

图 3-11 和图 3-12 分别为 NF 服务注册流程图和 NF 服务更新流程图，其中的 NF 服务消费者是针对 NRF 而言的。NF 服务消费者在注册/更新时会向 NRF 提供 NF 配置文件（NF profile），NF 配置文件内容包括：NF 类型、NF 实例 ID、NF 服务的名称（如果有的话）、PLMN ID、NF 实例的 IP 地址或 FQDN、切片标识等。对于保存数据的 NF，如 UDR，NF 服务消费者还会向 NRF 还提供 SUPI 范围、数据组标识。

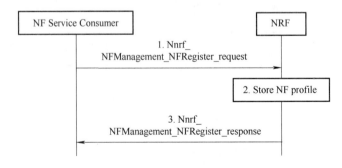

图 3-11 NF 服务注册流程图

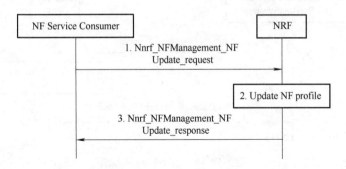

图 3-12　NF 服务更新流程图

当 NF 以正常的方式关闭或断开网络前，NF 实例可以从 NRF 中去注册。如果 NF 实例由于 NF 宕机或网络连接失败等错误原因导致其不可用或无法访问，则可以由另一个授权实体（例如 OAM 功能）从 NRF 中注销 NF 实例。图 3-13 为 NF 服务去注册流程图。

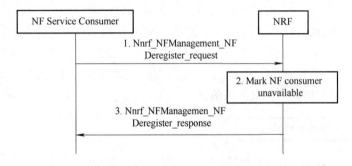

图 3-13　NF 服务去注册流程图

（2）NF/NF 服务发现

NRF 维护着一定区域内所有可用的 NF 实例及其支持的服务的信息。通常情况下，NF 实例在首次想要使用某一特定 NF 服务时，需向相应的 NRF 请求该 NF/NF 服务的相关信息即可完成 NF/NF 服务发现。

图 3-14 为 NF 服务发现流程图，其中的 NF 服务消费者是针对 NRF 而言的。NF 服务消费者向 NRF 发送 NF 发现请求消息，消息中包含目标 NF 类型、目标 NF 服务名称、NF 服务消费者的类型（用于 NRF 对该请求进行授权）。此外，消息中可以可选地包含 S-NSSAI（例如用于选择 AMF、SMF）、目标 NF 的 PLMN ID、服务 PLMN ID、DNN（例如用于选择 SMF）、NF 服务消费者 ID（用于对请求进行授权）、SUPI（用于发现 UDR）等。NRF 在对该请求授权之后，回应 NF 服务消费者的请求消息，回应消息中包含满足 NF 发现条件的 NF 实例的列表、每个 NF 实例的 FQDN 或 IP 地址以及满足条件的 NF 服务实例信息等，还可以包含 UDR 支持的 SUPI 范围、数据组标识等可选信息。

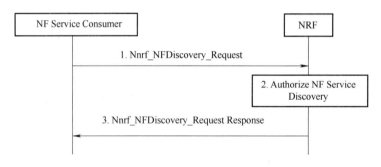

图 3-14　NF 服务发现流程图

（3）NF/NF 服务状态通知

NF 实例可以向 NRF 订阅或取消订阅其感兴趣的 NF、NF 实例、NF 服务的状态信息更新。通过订阅 NRF 将在这些状态信息发生改变时，给 NF 实例发送通知消息。

图 3-15 为 NF 服务状态订阅/通知流程图，其中的 NF 服务消费者是针对 NRF 而言的。NF 服务消费者向 NRF 发送 NF 状态订阅请求消息，消息中可以包含感兴趣的 NF 类型、感兴趣的 NF 实例 ID、感兴趣的 NF 服务。NRF 在给 NF 服务消费者授权之后，向其返回确认信息。当 NF 服务消费者感兴趣的 NF 实例首次注册、注册更新或者去注册时，NRF 向其发送 NF 状态通知，通知内容包括 NF 实例 ID、NF 状态（如注册、取消注册）、新注册的 NF 实例的 NF 服务等信息。

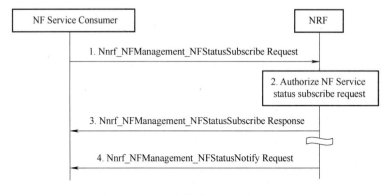

图 3-15　NF 服务状态订阅/通知流程图

（4）NF 服务授权

NF 服务授权是指 NF 服务消费者具备发现 NF 实例以及使用其提供的 NF 服务的授权。NF 服务授权的检查由 NRF 与 NF 服务生产者共同完成，授权信息基于 NF 的策略信息、运营商的策略信息、运营商之间的协议等等。

授权过程可以分为两个步骤：首先，在 NF 服务发现过程中，NRF 基于 NF 实例的粒度，针对每个符合发现条件的 NF 实例，确认 NF 服务消费者是否允许发现所请求的 NF

服务生产者实例。然后，NF 服务生产者根据 UE 签约信息或漫游协议以及 NF 类型，按照 NF 服务类型的粒度，检查 NF 服务消费者是否允许访问所请求的 NF 服务生产者提供的 NF 服务。

3.1.4　5G 网络接口及协议栈

1. 5G 接入网和 5G 核心网之间控制面接口及协议栈

5G-AN 和 5GC 之间的 N2 接口上定义了如下两类流程：

- N2 接口的管理流程，这些流程不与特定的 UE 相关，例如配置或者重置 N2 接口。
- 与单个 UE 相关的流程，例如：NAS 传输相关的流程、UE 上下文管理相关的流程、PDU 会话资源相关的流程、切换管理相关的流程。

5G-AN 和 5GC 之间的控制面接口具有如下特性：

- 无论何种类型的 5G-AN（例如，3GPP RAN、通过 N3IWF 接入 5GC 的不可信 non-3GPP 接入），5G-AN 和 5GC 间采用统一的 NG-AP 协议。
- AMF 对于一个 UE 有唯一的 N2 终节点。
- AMF 和其他网络功能（例如 SMF）解耦。为此，NG-AP 支持 AMF 负责在 5G 接入网和 SMF 之间传递 N2 SM 信息，AMF 对该信息进行透传。

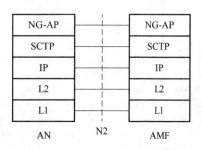

图 3-16　AN-AMF 接口及协议栈

AN-AMF 和 AN-SMF 之间的控制面接口和协议栈分别如图 3-16 和图 3-17 所示。其中 NG-AP 是 5G-AN 和 AMF 之间的应用层协议，SCTP 保证 5G-AN 和 AMF 之间的信令传输，N2 SM 信息是 NG-AP 信息的一部分，包含在 NG-AP 消息和 N11 相关的消息中。

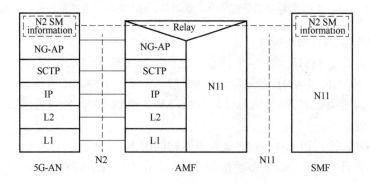

图 3-17　AN-SMF 接口及协议栈

2．UE 和 5G 核心网之间控制面接口及协议栈

针对 UE 使用的每种接入方式（3GPP 接入、non-3GPP 接入），UE 都有一个 N1 NAS 连接，该连接唯一的 N1 终节点位于 AMF。N1 NAS 连接可以用于 UE 的注册管理、连接管理、会话管理相关的消息和流程。

N1 接口上的 NAS 协议包括 NAS-MM 部分和 NAS-SM 部分。诸如会话管理信令、短消息、UE 策略、位置服务等场景下的协议可以承载在 N1 NAS-MM 协议上，用于 UE 与除 AMF 外的其他 NF 交互。NAS-MM 消息包括注册管理和连接管理的 NAS 消息，这些 NAS 消息和其他类型的 NAS 消息（例如会话管理）是解耦的，对应的流程也是解耦的。NAS 传输会话管理信令、短消息、UE 策略、位置服务的协议栈如图 3-18 所示。

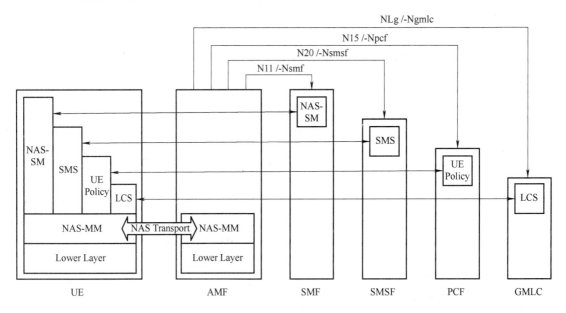

图 3-18　NAS 传输会话管理信令、短消息、UE 策略、位置服务的协议栈

NAS-MM 协议具备如下特性：

● 适用于终结于 AMF 的 NAS 流程，包括处理 UE 的注册管理（RM）和连接管理（CM）、在 UE 和 AMF 之间提供安全的 NAS 信令连接、接入控制。

● 适用于其他类型的 NAS 消息（如 NAS-SM、SMS 等），并且可以和 RM/CM NAS 消息同时传输。

● 针对 3GPP 接入和 non-3GPP 接入采用相同的 NAS 协议。当只有一个 AMF 为 UE 服务，并且 UE 同时具备多种接入方式（3GPP 和 non-3GPP 接入）时，UE 针对其每种接入方式，都有一个 N1 NAS 连接。

UE-AMF 之间的控制面接口和协议栈如图 3-19 所示。

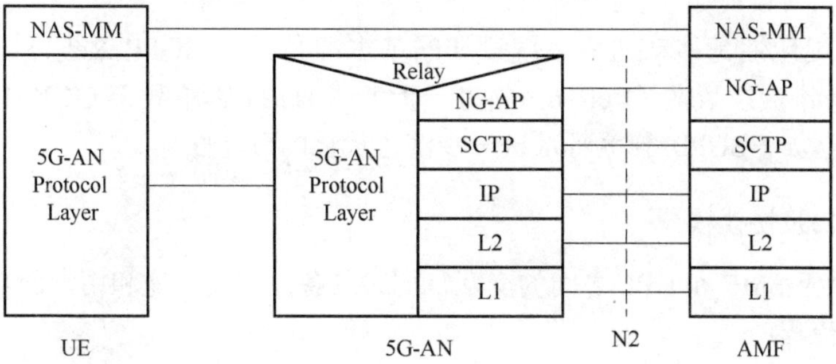

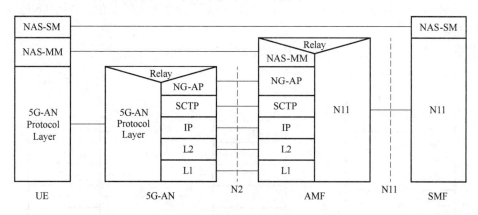

图 3-19　UE-AMF 接口及协议栈

NAS-SM 支持 UE 和 SMF 之间的会话管理，例如 PDU 会话用户面的建立、修改和释放。SM 信令消息的创建和处理都是在 NAS-SM 层完成的，其内容不会被 AMF 解析。NAS-MM 层负责 UE 和 AMF 之间 SM 信令的收发，提供必要的安全保护（完整性保护）能力，并为 AMF 如何转发以及向何处转发 SM 信令消息提供指示。

UE-SMF 之间的控制面接口和协议栈如图 3-20 所示。

图 3-20　UE-SMF 接口及协议栈

3．5G 核心网 NF 之间控制面接口及协议栈

5G 核心网 NF 之间基于服务化架构进行交互。NF 服务生产者通过服务化接口向 NF 服务消费者开放 NF 服务。5G 核心网中的以下控制面接口被定义为服务化接口：Namf，Nsmf，Nudm，Nnrf，Nnssf，Nausf，Nnef，Nsmsf，Nudr，Npcf，N5g-eir，Nlmf。

5G 基于服务化的接口使用 HTTP/2 协议，JSON 作为应用层系列协议。关于传输层的安全保护，所有的 3GPP 网络功能都必须支持 TLS 协议，如果一个 PLMN 中没有提供

其他的网络安全方案，那么 TLS 必须得到使用。传输层采用的协议是 TCP[4]。

服务化接口协议栈如图 3-21 所示。

高性能、灵活性是移动通信系统设计的基本准则。在 3GPP Rel-15 完成的同时，3GPP 也指出标准后续版本（Rel-16）将进一步考虑 HTTP/2 承载于 QUIC/UDP 和采用二进制编码方法（如 CBOR）作为标准进一步演进优化的可能性。

4. N4 接口及协议栈

N4 接口用于 SMF 和 UPF 之间的交互，同时具备控制面功能和用户面功能。N4 接口上定义了如下流程：

- N4 会话管理流程，用于 SMF 建立、更新、移除 UPF 上的 N4 会话上下文。
- N4 报告流程，用于 UPF 向 SMF 报告 N4 会话相关的事件（例如，流量使用情况）。
- N4 节点级别流程，包括 SMF 和 UPF 之间 N4 联结的建立、更新、释放，UPF 向 SMF 报告 N4 节点级别的事件，N4 PFD 管理流程。
- SMF 暂停计费流程。

N4 接口的用户面功能，用于在 SMF 和 UPF 之间转发数据。当用户处于 CM-IDLE 态时，UPF 可以转发下行数据给 SMF，SMF 根据不同数据流特征值（DSCP）触发不同的寻呼策略。

控制面和用户面功能的 N4 接口协议栈如图 3-22 所示。

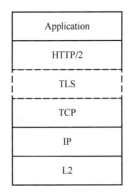

图 3-21　服务化接口协议栈　　　　图 3-22　N4 接口协议栈

5. 用户面接口及协议栈

N3 接口和 N9 接口分别用于接入网和 UPF、UPF 和 UPF 之间的用户面数据传输。用户面协议栈（N3 和 N9 接口）如图 3-23 所示，其中：

- PDU 层：该层负责在 UE 和 DN 之间的 PDU 会话上传输 PDU。当 PDU 会话类型为 IPv4、IPv6 或 IPv4v6 时，对应数据包为 IPv4 数据包、IPv6 数据包，或二者都有；当 PDU 会话类型为以太网时，对应的数据包是以太网帧。

- GPRS 隧道的用户面隧道协议（GTP-U）：该协议用于在骨干网中对 N3 接口和 N9 接口上的用户数据进行隧道传输。GTP 负责为用户所有的 PDU 提供 PDU 会话级别的封装。该层同时携带与 QoS Flow 相关联的标识。

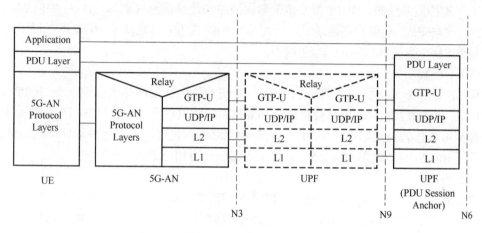

图 3-23　用户面协议栈

3.2　5G 核心网基本概念

3.2.1　移动性管理（MM）

1．用户标识及位置标识

用户标识分为永久标识和非永久标识两类。永久标识包括：SUPI、通用公共订阅标识符（GPSI）、永久设备标识符（PEI）等。永久标识符一旦与用户绑定，便不会再修改，因此具有一定的隐私性。非永久标识包括：5G 全球唯一临时标识符（5G-GUTI）、SUCI 等。非永久标识符用于临时标识用户，3GPP 系统会不定期更新这些标识符。此外，本小节还将介绍小区位置标识跟踪区标识（TAI）以及跟踪区编码（TAC）。

（1）SUPI

SUPI 是一个永久标识。5G 系统中的每个签约用户都会被分配一个 5G SUPI，用于在 3GPP 系统中标识该签约用户。该标识存储在 UDM/UDR 中，功能类似于 4G 中的 IMSI。SUPI 可以包含 IMSI[5]或用于私有网络的特定网络标识（network-specific identifier），其中 IMSI 的结构如图 3-24 所示。包含了特定网络标识的 SUPI 需要采用基于用户标识生成的 NAI 的格式[6]。

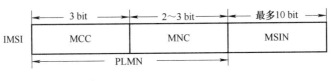

图 3-24 IMSI 结构

为了支持漫游场景，SUPI 需要携带归属网络的地址信息（例如，IMSI 中的 MCC 和 MNC）。在与 EPC 网络的互通场景，分配给 UE 的 SUPI 总是基于 IMSI 的，以使得 UE 可以根据 SUPI 生成 IMSI 并发送给 EPC。

（2）GPSI

GPSI 是一个永久标识，用于在 3GPP 系统之外的数据网络中标识一个 3GPP 的签约。GPSI 和 SUPI 的对应关系会存储在 3GPP 系统的签约数据中。GPSI 在系统内部和系统外部都可以作为公共标识。GPSI 可以是 MSISDN，也可以是其他外部标识。如果签约中使用了 MSISDN，则在 4G 和 5G 系统中都需要使用相同的 MSISDN 值。

（3）PEI

PEI 是一个针对接入 5G 系统的 3GPP UE 的永久标识。对于不同类型的 UE 和不同的使用场景，PEI 可能采用不同格式。UE 在向网络侧发送 PEI 的同时，可以携带对于 PEI 所使用的格式的指示信息。如果 UE 支持至少一种 3GPP 接入技术，那么 UE 的 PEI 必须为 IMEI 或 IMEISV 格式。IMEI 和 IMEISV 结构如图 3-25 所示。

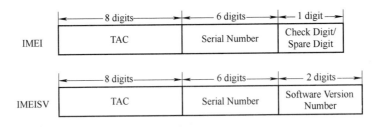

图 3-25 IMSI 和 IMEISV 结构

（4）5G-GUTI

5G-GUTI 是一个非永久标识，由 AMF 为 UE 分配，用于临时标识该 UE。UE 采用 3GPP 接入和 non-3GPP 接入时，使用相同的 5G-GUTI。AMF 可以在注册流程中为 UE 分配 5G-GUTI，也可以在任何时候重新为 UE 分配 5G-GUTI。

5G-GUTI 的结构如下：

<5G-GUTI> := <GUAMI> <5G-TMSI>

其中，GUAMI 用于标识一个或者多个 AMF。当 GUAMI 只标识一个 AMF 时，5G-TMSI 在 AMF 中唯一标识一个 UE。当 GUAMI 标识多个 AMF 时，为 UE 分配 5G-GUTI 的 AMF 需要确保 5G-TMSI 没有被其他共享 GUMAI 的 AMF 使用。

GUAMI 的结构如下：

<GUAMI> := <MCC> <MNC> <AMF Region ID> <AMF Set ID> <AMF Pointer>

其中，AMF Region ID 标识一个区域，AMF Set ID 在 AMF 区域中唯一标识一组 AMF，而 AMF 指针则在 AMF 组中唯一标识一个 AMF。

5G-S-TMSI 是 GUTI 的缩短形式，主要用于无线信令流程中（例如寻呼和业务请求流程），以提升传输效率。5G-S-TMSI 的结构如下：

<5G-S-TMSI> := <AMF Set ID> <AMF Pointer> <5G-TMSI>

5G-TMSI 的 10 位最低有效比特被 NG-RAN 用来决定 UE 的寻呼时机，因此 AMF 需要保证 5G-TMSI 的 10 位最低有效比特是均匀分布的，从而使得不同 UE 的寻呼时机均匀分布。

5G-GUTI 的结构如图 3-26 所示。5G-GUTI 的设计理念继承自 4G-GUTI，使得其结构与 4G-GUTI 相似：5G <MCC>对应 EPS <MCC>、5G <MNC>对应 EPS <MNC>、5G <AMF Region ID>对应<MMEGI>、5G <AMF Set ID>和 5G <AMF Pointer>对应 EPS <MMEC>、5G <5G-TMSI>对应 EPS <TMSI>。这种对应关系使得 UE 在 4G 系统和 5G 系统间切换时，4G-GUTI 和 5G-GUTI 可以相互映射。

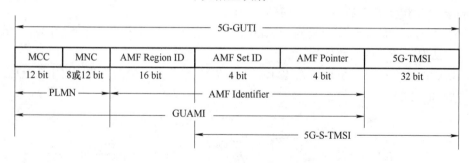

图 3-26　5G-GUTI 结构

（5）SUCI

SUCI 是一个非永久标识，是基于 SUPI 加密形式构成的用于保护隐私的标识。由于每个签约用户的 SUPI 是永久且唯一的，直接传输 SUPI 有泄露用户的隐私的风险，SUCI 可以用于在一些流程（例如初始注册）中替代 SUPI 以保护 SUPI 信息。UE（USIM 或 ME）可以根据 ECIES、甚至是 Null-Scheme[7]生成 SUCI，AMF/SEAF 收到 SUCI 后可以触发鉴权流程，之后在 UDM/SIDF 中使用解密算法（SIDF）将 SUCI 解码为 SUPI，进而完成后续的鉴权工作。

（6）TAI&TAC

TAI 和 TAC 都是位置区标识，TAI 是跟踪区标识，TAC 是跟踪区编码。5G 基本沿用了 4G 基于 TA 的移动性管理机制。TAI 和 TAC 的结构如图 3-27 所示。TAI 由 MCC、MNC 和 TAC 组成。其中 MCC 由 3 个十进制数组成，长度为 12bit。MNC 由 2 或 3 个十进制数组成，长度为 8 或 12bit。TAC 长度为 20bit（4G 中为 16bit）。

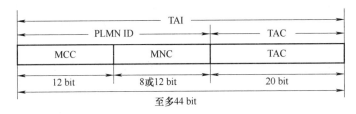

图 3-27 TAI 和 TAC 结构

2. 安全架构及流程

UE 在接入网络或在网络间移动时，需要与网络进行相互认证，以便 UE 和网络确认对方的可信性。UE 与网络的相互认证需要 5G 安全架构和相应流程的支持。5G 安全架构和相应流程能够缓解和降低攻击、支持验证和授权以及支持密钥相关的功能，这些功能需要 UE、接入网设备以及核心网 NF 协作配合完成[7]。

（1）安全架构

5G 安全架构如图 3-28 所示，具有以下几个特点：

- 与接入无关的统一安全架构。无论 UE 采用何种接入方式，都能使用统一的验证方法以及统一的密钥架构。
- 增强的安全能力。例如，相比 4G 的 IMSI 存在泄露的风险，5G 使用了 SUCI 以保护 SUPI 的安全。

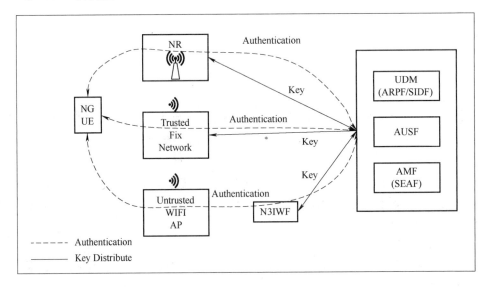

图 3-28 5G 安全架构

- 差异化认证。5G 支持 USIM、证书以及账号密码等多种认证方式。
- 服务化架构和能力开放接口安全。

5G 安全架构在核心网侧涉及 ARPF、AUSF、SEAF 以及 SIDF 四个 NF。ARPF 与 UDM 合一部署，在漫游场景下部署在归属网络，负责存储用户的根密钥 Ki 以及认证的相关签约数据，计算 5G 认证鉴权向量等功能。AUSF 是独立的 NF，在漫游场景下部署在归属网络，AUSF 提供 EAP 认证服务器的功能，进行 EAP 认证，推导锚点密钥。SEAF 与 AMF 合一部署，在漫游场景下部署在拜访网络，负责根据锚点密钥推导下层的 NAS 和 AS 密钥，5G AKA 完成鉴权结果比较功能。SIDF 与 UDM 合一部署，在漫游场景下部署在归属网络，负责将 SUCI 解密为 SUPI。

相比于 4G，5G 构建了与接入无关的统一安全架构，增强了安全能力，4G/5G 安全架构及能力对比如表 3-2 所示。

表 3-2 4G/5G 安全架构及能力对比

		EPC	5G (phase1 eMBB)
架构	认证框架	3GPP: UE-MME-HSS; Non3GPP: UE-ePDG(untrusted)/TGW/HSGW(trusted)-AAA-HSS	ALL: UE-AMF-AUSF-UDM
	认证算法	3GPP: EPS-AKA; Non3GPP: EAP-AKA, EAP-AKA'	ALL: EAP-AKA'和 5G AKA，增加归属网络确认认证结果
	安全锚点	3GPP: MME; Non3GPP: 3GPP AAA server 3GPP 和 non-3GPP 切换时需要重新认证和建立安全上下文	ALL: AMF 切换无须重新认证，共享锚点密钥
能力	用户面安全	机密性安全	机密性安全/完整性保护
	用户隐私	IMSI 明文在空口上传输（安全上下文建立前）	使用归属网络的公钥加密 IMSI，IMSI 不在空口明文传输
	加密算法	128 位 Snow3G，AES，ZuC	128 位或 256 位，Snow3G，AES，ZuC

（2）安全流程

5G 的身份验证流程支持 UE 和网络之间进行相互认证，并生成安全密钥以便在后续的流程中使用。如图 3-29 所示，该流程的启动由 UE 发起，UE 上报 SUCI 或 5G-GUTI 给 SEAF，SEAF 将 SUCI 或 SUPI（若 5G-GUTI 有效）发送至归属地网络 AUSF，再由其发送至归属地 UDM。若 UDM 收到 SUCI，则会通过 SIDF 将其解码为 SUPI。UDM 会根据用户数据选择认证算法，并通过后续相应的认证流程完成身份验证。

目前 5G 支持的认证算法包括 EAP-AKA' 和 5G AKA 两种，对这两种认证算法的认证流程感兴趣的读者可以参考 3GPP TS 33.501[7]。

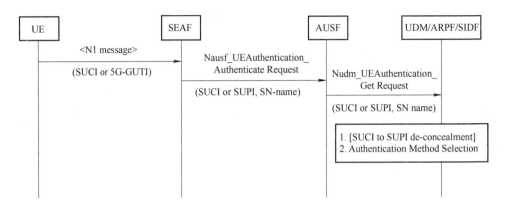

图 3-29 启动验证流程以及选择验证方法

3. 用户状态

5G 基本沿用了 4G 基于 TA 的移动性管理机制，最大的改变来自 MM 和 SM 分离。5G 中与 MM 相关的状态是 RM 状态和 CM 状态。RM 状态标识 UE 是否注册到网络，CM 状态标识 UE 和核心网（AMF）之间的信令连接是否存在，RM 状态和 CM 状态独立。针对 CM 状态，5G 在 RAN 侧新引入了 RRC Inactive 状态，该状态下 UE 对于核心网而言处于连接态，对 RAN 而言处于空闲态。5G 的 SM 状态（PDU 会话状态）分为激活和非激活两种状态，通过每个 PDU 会话的激活流程和去激活流程隐式定义。此外，5G 还引入了新的移动性管理状态，通过移动性模式（Mobility Pattern）实现按需的移动性管理等。

（1）注册管理

由于 5G 网络提供的大部分服务都需要 UE 注册，UE 若想获取这些服务，需要先注册到网络中。UE 和 AMF 中的两种 RM 状态反映了 UE 在 PLMN 中的注册状态，即 RM-DEREGISTERED 状态和 RM-REGISTERED 状态。

当 UE 和 AMF 处在 RM-DEREGISTERED 状态时，UE 没有注册到网络，AMF 保存的 UE 上下文中没有有效的 UE 位置或者路由信息，即对于 AMF 来说，UE 是不可达的。但是部分 UE 上下文可能仍保存在 UE 和 AMF 中，在一些场合，这可以用于避免每次注册流程中都要执行认证流程。在 RM-DEREGISTERED 状态下，UE 和 AMF 可以执行以下操作：

- 如果 UE 需要注册到网络以接收服务，则 UE 采用初始注册流程尝试注册到选择的 PLMN。若 AMF 接受注册流程，则 UE 和 AMF 变为 RM-REGISTERED 状态。
- AMF 可以选择拒绝 UE 的初始注册，维持当前 RM-DEREGISTERED 状态。

当 UE 和 AMF 处在 RM-REGISTERED 状态时，UE 是注册到网络的，UE 能够接收注册的网络提供的服务。在 RM-REGISTERED 状态下，UE 可以执行以下流程：

- 移动性注册更新流程。如果当前服务小区的 TAI 不在 TAI 列表中，UE 执行此流程以保持注册态并确保 AMF 能寻呼到 UE。UE 还可以通过该流程更新自身能力信息或者与网络重新协商协议参数。
- 周期注册更新流程。该流程由周期更新定时器超时触发，用于通知网络该 UE 仍是激活的。
- 去注册流程。当 UE 不需要注册到 PLMN 时，执行此流程，而后进入 RM-DEREGISTERED 态。UE 可以随时决定从网络中去注册。

在 RM-REGISTERED 状态下，AMF 可以执行以下操作：

- 去注册流程。当 UE 不再需要注册到 PLMN 中时，AMF 执行该流程并设置 UE 的状态为 RM-DEREGISTERED 态。网络可能随时决定对 UE 执行去注册流程。
- 隐式去注册流程。当隐式去注册定时器超时时，AMF 随时执行该流程并设置 UE 的状态为 RM-DEREGISTERED 态。

UE 和 AMF 中的 RM 状态模型分别如图 3-30 和图 3-31 所示。

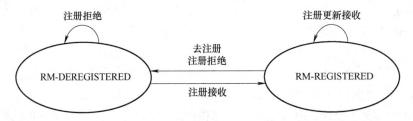

图 3-30 UE 中的 RM 状态模型

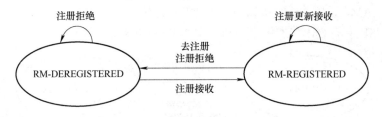

图 3-31 AMF 中的 RM 状态模型

（2）连接管理

连接管理用于建立和释放 UE 和 AMF 间 N1 接口上的 NAS 信令连接。该连接包括 UE 和 AN 之间的 AN 信令连接，以及 AN 与 AMF 之间为此 UE 搭建的 N2 连接。两种 CM 状态用于反映 UE 和 AMF 之间的 NAS 信令连接，即 CM-IDLE 状态和 CM-CONNECTED 状态。

当 UE 处在 CM-IDLE 状态时，UE 在 N1 接口上没有与 AMF 之间的 NAS 信令连接，也没有 AN 信令连接、N2 连接和 N3 连接。此时，UE 在 AMF 中可达位置的信息为跟踪区列表。当 UE 的状态为 CM-IDLE 状态和 RM-REGISTERED 状态时，UE 可以执行以下操作：

- 在 UE 有上行信令或者数据要发送时，UE 执行服务请求流程。
- 如果 UE 不处于 MICO 模式，则 UE 可以执行服务请求流程以响应网络寻呼请求。

如果 AMF 中的 UE 状态为 RM-REGISTERED，AMF 需要保存用于初始化与 UE 间通信的 UE 信息。AMF 可以在需要的时候，通过 5G-GUTI 取回这些信息。

在 UE 与 AN 之间的 AN 信令连接被建立起来后，UE 进入 CM-CONNECTED 状态。初始 NAS 信息（注册请求、服务请求或者去注册请求）的传输触发 UE 从 CM-IDLE 状态迁移到 CM-CONNECTED 状态。

当 AMF 中的 UE 状态为 CM-IDLE 状态和 RM-REGISTERED 状态时，AMF 可以在网络有信令或者移动终端数据发送给 UE 时，执行网络触发的服务请求流程，发送寻呼请求给 UE。

在 AN 与 AMF 之间针对 UE 的 N2 连接建立后，AMF 设置 UE 的状态为 CM-CONNECTED 状态。接收到初始 N2 消息（N2 INITIAL UE MESSAGE）触发 AMF 中 UE 的状态从 CM-IDLE 状态转变为 CM-CONNECTED 状态。

当 UE 处在 CM-CONNECTED 状态时，UE 在 N1 接口上存在与 AMF 之间的 NAS 信令连接。此时，UE 在 AMF 可达的位置信息为 UE 的服务（无线）接入小区粒度。当 UE 的状态为 CM-CONNECTED 状态时，UE 和 AMF 可以执行以下操作：

- 在 AN 信令连接释放掉（进入 RRC 空闲态）时，UE 进入 CM-IDLE 状态。
- 在 AN 释放流程完成后，只要该 UE 的逻辑 NGAP 信令连接和 N3 用户面连接被释放，AMF 设置 UE 的状态为 CM-IDLE 状态。

UE 和 AMF 中的 CM 状态模型分别如图 3-32 和图 3-33 所示。

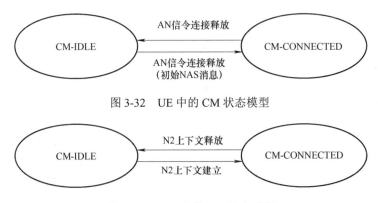

图 3-32 UE 中的 CM 状态模型

图 3-33 AMF 中的 CM 状态模型

UE 从 CM-IDLE 状态转变为 CM-CONNECTED 状态需要 UE 发起业务请求流程或注册流程（TAU），会消耗较多的信令。为了能快速恢复连接的同时又能兼顾省电、节省空口资源等需求，5G 引入了 RRC Inactive 状态。如图 3-34 所示，在 RRC Inactive 状态下，UE 的上下文保存在 RAN 中，RAN 与核心网间的 N2 接口不释放，但 UE 与基站间的 RRC 连接释放。当 UE 处在 RRC Inactive 状态下，UE 的核心网状态是 CM-CONNECTED 状态。

图 3-34　RRC Inactive 状态

UE 是否进入 RRC Inactive 状态由 RAN 决定，核心网（AMF）为 RAN 提供辅助信息，包括：
- UE 特定的 DRX 值。
- 提供给 UE 的注册区域。
- 周期注册更新定时器。
- 如果 AMF 有 UE 的使能 MICO 模式，则包括 UE 处于 MICO 模式的标识。
- UE 标识的相关信息，用于 RAN 计算寻呼时机。

当 UE 处在 RRC Inactive 状态时，UE 可以在以下情况下恢复 RRC 连接：
- 有待发送的上行数据。
- 移动触发的 NAS 信令流程。
- 作为 RAN 寻呼的响应。
- 通知网络 UE 已经离开了寻呼区域（RNA）。
- 周期寻呼区域更新定时器超时。

若 UE 在同一 PLMN 中的其他 NG-RAN 节点上恢复了连接，则该 NG-RAN 节点从原来 NG-RAN 节点获取 UE AS 上下文并触发到 CN 的流程（通知核心网 N2、N3 接口改变）。

（3）移动性管理的增强

移动性模式是 5G 核心网中 AMF 用来描述和优化 UE 移动性的概念。AMF 根据 UE 的签约信息、移动性统计数据、网络策略、UE 提供的辅助信息或以上信息的某种组合，制定并更新 UE 的移动性模式。UE 移动性的统计信息可以是历史的或者预测的 UE 移动轨迹。移动性模式可以被 AMF 用来优化对 UE 的移动性管理，如生成注册区域。

此外，5G 还引入了移动性限制（Mobility Restrictions）机制，用于限制 UE 的移动性处理和业务接入。移动性限制包括：

1）RAT 限制：定义 UE 不能接入的 RAT 类型。

2）禁止区域：在该区域禁止 UE 的接入，UE 不能发任何消息给网络。

3）服务区域限制：主要定义 UE 能或不能发起通信的区域。一个服务区域限制会包含一个或多个完整的跟踪区。

- 允许区域：UE 可正常发起通信。
- 不允许区域：UE 可以发起周期性更新、注册请求，但不能发起服务请求以及任何会话相关信令。

4）核心网类型限制：定义 UE 是否允许接入该 PLMN 的 5GC。

3.2.2 会话管理（SM）

1. 概述

5G 相比 4G 对会话管理模型进行了较多的优化和扩展，包括隧道模型从承载粒度改为会话粒度、增加对以太网和非结构化报文等协议类型的支持、引入 SSC 模式、定义优化的小包传输方案、支持本地流量卸载、支持不同接入技术等。

2. PDU 会话

PDU 会话是在 UE 与数据网络之间的提供 PDU 交换的连接，其中 UE 由 UE 的 IP 地址标识，数据网络由 DNN 标识。UE 的 IP 地址可以是静态 IP 地址，也可以是动态 IP 地址。静态 IP 地址在 UDM 存储的签约信息中。动态 IP 地址可以由 SMF（HR 场景由 H-SMF，LBO 场景由 V-SMF）分配，或由 DHCP 分配，或由 AAA 分配。当存在多种 IP 地址分配方式时，PCF 可指导 SMF 选择一种分配方式。DNN 标识相当于 4G 的 APN。

一个 PDU 会话支持一种 PDU 会话类型，也就是说，UE 请求建立的一个 PDU 会话只支持一种 PDU 类型的数据交换。目前支持的类型包括：IPv4、IPv6、IPv4v6、以太网、无结构。

PDU 会话的建立由 UE 发起。此外，PDU 会话可以被 UE 或者 5GC 修改或释放。PDU 会话的建立、修改、释放由 UE 和 SMF 通过 N1 接口上透传的 NAS-SM 信令交互来实现。

为解决不同应用或者业务的连续性需求，5G 为 PDU 会话设置了不同的会话和业务连续性模式。与一个 PDU 会话相关的 SSC 模式在 PDU 会话的生存期内不会改变。如图 3-35 所示（从上到下依次是 SSC 模式 1、SSC 模式 2、SSC 模式 3），目前 5G 支持 3 种 SSC 模式：

- SSC 模式 1：网络对 UE 维持连续的业务。对于 PDU 会话类型是 IPv4、IPv6 或者 IPv4v6 的 PDU 会话，网络为其保留 IP 地址。此模式提供 IP 连续性，适用于 IMS 语音等强连续性需求应用。
- SSC 模式 2：网络可以释放与 UE 之间的业务连接，并且释放对应的 PDU 会话。对于 IPv4、IPv6 或者 IPv4v6 类型的 PDU 会话，网络可以释放其为 UE 分配的 IP

地址。该模式不提供 IP 连续性，适用于网页浏览等无连续性需求应用。

- SSC 模式 3：网络允许在用户和 PDU 会话锚点（PSA）间的连接释放前，建立与指向相同 DN 的新的 PSA 之间的连接。用户面的改变对 UE 可以是可见的，网络需要保证 UE 不会失去连接。对于 IPv4、IPv6 或者 IPv4v6 类型的 PDU 会话，当 PDU 会话锚点变化时，IP 地址不被保留。此模式提供短期 IP 连续性，适用于支持多径传输（如 MPTCP）的应用。SSC 模式 3 仅针对 IP 类型的 PDU 会话。

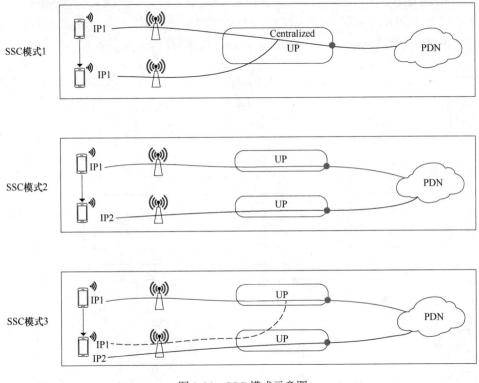

图 3-35　SSC 模式示意图

3．QoS Flow

（1）QoS Flow 概述

QoS Flow（QoS 流）的概念是 5G 核心网中 QoS 模型的基础。QoS Flow 是 5G 核心网中针对 QoS 进行讨论和处理的最小粒度。在一个 PDU 会话中，映射到相同 QoS Flow 的所有数据包，其转发处理策略（如：调度策略、队列管理策略、速率整形策略、RLC 配置等）是相同的。如果需要进行不同的 QoS 转发处理，需使用不同的 QoS Flow。5G 系统中和 QoS Flow 相关的描述内容包括：

- QoS 配置文件（QoS profile），由 SMF 提供给 AN 或者预配置在 AN 中。

- 一个或多个 QoS 规则（QoS rule），由 SMF 提供给 UE 或基于反射 QoS（Reflective QoS）生成。
- 一个或多个针对上行和下行数据的数据包检测规则（PDR），由 SMF 提供给 UPF。

QoS Flow 依照其 QoS 配置文件中的描述，可以分为两种不同的类型，一种是保障流比特速率的 GBR QoS Flow，另一种是不保障流比特速率的 Non-GBR QoS Flow。

图 3-36 是 QoS Flow 的示意图。一个 PDU 会话中可以有一个或多个 QoS Flow。在核心网侧，同一个 PDU 会话中的所有 QoS Flow 使用相同的 N3 隧道。在接入网侧，RAN 可以根据策略，让多个 QoS Flow 共用一个数据无线承载。

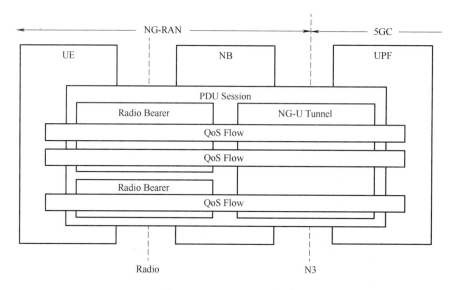

图 3-36　QoS Flow 示意图

5G 系统中，通过 QoS Flow 标识符（QFI）标识一个 QoS Flow。在一个 PDU 会话中 QFI 是唯一的。每个 QoS 配置文件都有一个可与之对应的 QFI，但是 QFI 并不包含在 QoS 配置文件中。QFI 被封装在 N3 和 N9 的隧道包头中，即不改变 e2e 包头。QFI 可以动态分配，也可以与 5QI 相同。

（2）QoS Flow 映射

具有不同 QoS 转发需求的业务数据流可以根据业务数据流模板（SDF Template）映射到不同 QoS Flow 上以获取相应的 QoS 转发待遇。SMF 负责指示 UPF 以及 UE 将业务数据流映射到相应的 QoS Flow 上[8]。SMF 为新的 QoS Flow 分配 QFI，并从 PCC 规则和 PCF 提供的其他信息中导出 QoS 配置文件、对 UPF 的指令和 QoS 规则。

SMF 通过 N1 接口将 QFI 和 QoS 配置文件（包含 5QI、ARP、RQA、GFBR、

MFBR、QNC、MPLR 等参数）发给 AN（QoS 配置文件也可以预配置在 AN 中），AN 根据 QoS Flow 的 QFI 找到相应的 QoS 配置文件，并根据 QoS 配置文件中的参数为 QoS Flow 中的业务数据流提供相应 QoS 转发。

　　SMF 向 UPF 提供的指令中包含上行和下行的 PDR，其作为业务数据流模板对业务数据流中的数据包进行分类，并进一步映射为 QoS Flow。此外，SMF 向 UPF 提供的指令中还包含 QoS 相关的信息。

　　SMF 通过 AMF 的 N1 接口给 UE 发送用于上行业务数据流分类和标记的 QoS 规则，QoS 规则中包含了业务数据流的匹配信息。QoS 规则可以在 PDU 会话建立或修改流程中由 SMF 提供给 UE，也可以预先配置在 UE 中或者 UE 根据 Reflective QoS 导出。

　　图 3-37 为 QoS Flow 的映射示意图。

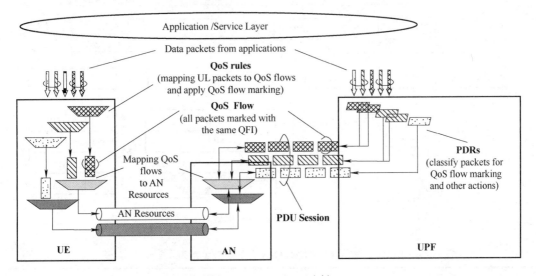

图 3-37　QoS Flow 映射

　　下行数据包首先到达 UPF，UPF 根据 PDR（作为业务数据流模板）将数据包映射到相应 QoS Flow 上，并在 N3 隧道包头标记 QFI，然后发送给 AN。AN 根据 QFI 将数据包映射到 DRB 上发送给 UE。

　　上行数据包由 UE 产生，UE 的 NAS 层根据 QoS 规则将上行数据包映射到相应 QoS Flow 上，再由 AS 层完成 QoS Flow 到 DRB 的映射，将数据包发送给 AN。AN 根据 DRB 上接收到的数据包的 QFI，在 N3 隧道头标记 QFI。UPF 接收 AN 发送的数据包，并执行验证。

4. 5G QoS

4G 网络的 QoS 主要由三类关键参数控制，即 ARP、QCI、xBR（MBR、GBR）。其中 ARP 控制承载的建立和抢占，QCI 指示转发过程（优先级、延迟、丢包率），xBR 指示带宽[9-10]。打个比方，如果把数据包比作汽车，承载比作公路，那么 ARP 控制的是有没有路，QCI 控制的是车跑得好不好，xBR 控制的是路够不够宽（能容纳多少车同时跑）。

5G QoS 参数继承了 4G QoS 的基本架构，在其基础上修改了部分参数的名称及含义，并增加了通知控制（Notification Control）、MPLR、反射 QoS 属性（RQA），以及针对 SDF 的 MBR 这四个可选参数。5G QoS 模型和 4G/5G QoS 参数对应关系分别如图 3-38 和表 3-3 所示。

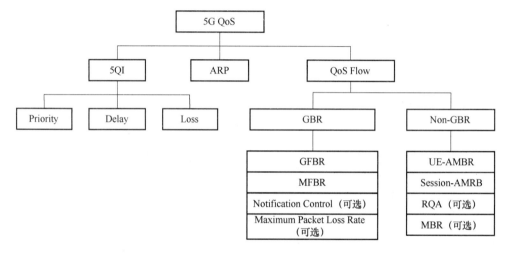

图 3-38　5G QoS 模型

表 3-3　4G/5G QoS 参数对应关系表

4G QoS 参数	5G QoS 参数
QCI	5QI
ARP	ARP
APN-AMBR	Session-AMBR
UE-AMBR	UE-AMBR
GBR	GFBR
MBR	MFBR
	5G 新增 QoS 参数：Notification Control, RQA, Maximum Packet Loss Rate，MBR

（1）5QI

5QI 是 5G 网络中用来与一组 QoS 指标组合相对应的标量，用于指示 QoS Flow 的转发处理（例如调度权重、准入阈值、队列管理阈值、链路层协议配置等）。标准的 5QI 与标准化的 5G QoS 指标参数组合一一对应。这些 5G QoS 指标参数包括：默认优先级、数据包延迟预算、数据包错误率、默认最大数据突发量、默认平均窗口。与标准 5QI 对应的 5G QoS 指标参数组合可以预先配置在接入网中，使用时可以通过 5QI 进行指示，而不必传输众多的 5G QoS 指标参数组合。非标准 5QI 及其对应的一组 QoS 指标参数组合作为 QoS 配置文件的一部分，随信令下发。5G 的 QoS 指标参数组合分为三类：时延敏感 GBR、GBR、non-GBR，其中时延敏感 GBR 为 5G 新引入的 QoS 类型。标准 5QI 与 5G QoS 指标参数的对应关系如表 3-4 所示[3]。

表 3-4　标准 5QI 与 QoS 指标参数映射表

5QI 值	资源类型	默认优先级	数据包延迟预算/ms	数据包错误率	默认最大数据突发量	默认平均窗口/ms	示例
1	GBR	20	100	10～2	N/A	2000	会话语音
2		40	150	10～3	N/A	2000	会话视频（直播）
3		30	50	10～3	N/A	2000	实时游戏，V2X 消息，配电-中压，过程自动化-监控
4		50	300	10～6	N/A	2000	非会话视频（缓存流媒体）
65		7	75	10～2	N/A	2000	紧急业务用户平面 Push To Talk 语音（例如，MCPTT）
66		20	100	10～2	N/A	2000	非紧急业务用户平面 Push To Talk 语音
67		15	100	10～3	N/A	2000	紧急视频业务用户平面
75							
5	Non-GBR	10	100	10～6	N/A	N/A	IMS 信令
6		60	300	10～6	N/A	N/A	基于 TCP 视频（缓存流媒体）（例如，www、电子邮件、聊天、ftp、p2p 文件共享、渐进式视频等）
7		70	100	10～3	N/A	N/A	语音，视频（直播）互动游戏
8		80	300	10～6	N/A	N/A	基于 TCP 视频（缓存流媒体）（例如，www、电子邮件、聊天、ftp、p2p 文件共享、渐进式视频等）
9		90					
69		5	60	10～6	N/A	N/A	时延敏感紧急业务信令（例如，MCPTT 信令）
70		55	200	10～6	N/A	N/A	紧急数据业务
79		65	50	10～2	N/A	N/A	V2X 消息
80		68	10	10～6	N/A	N/A	低时延 eMBB 应用增强现实
82	时延敏感 GBR	19	10	10～4	255B	2000	离散自动化
83		22	10	10～4	1354B	2000	离散自动化
84		24	30	10～5	1354B	2000	智能运输系统
85		21	5	10～5	255B	2000	高压电配送

（2）ARP

ARP 包含优先级、允许抢占其他资源、允许被抢占三个信息。优先级定义了资源请求的相对重要性。在资源受限（通常用于 GRB 业务的接纳控制）的情况下，优先级决定是否允许接受新的 QoS Flow。它也可以在资源受限期间，用来决定哪个现有 QoS Flow 可以被抢占。ARP 优先级的范围从 1～15，其中 1 是最高优先级。允许抢占其他资源指允许业务数据流占用已经分配给其他业务数据流的资源；允许被抢占指业务数据流允许其资源被其他业务数据流占用，这两个参数的设置为"是"或"否"。

（3）其他参数

除了上述的 5QI 与 ARP，5G 针对 GBR QoS Flow 还定义了 GFBR、MFBR、通知控制、最大丢包率四个参数，针对 non-GBR QoS Flow 还定义了 Session-AMBR、UE-AMBR、RQA、MBR 四个参数。

GFBR 和 MFBR 分别为保障流比特率和最大流比特率。GFBR 为网络在平均时间窗口内保证提供给 QoS Flow 的比特率。MFBR 是 QoS Flow 预期的比特率的上限，超出该速率的业务可以被速率整形或策略功能丢弃。对于每个单独的 QoS Flow，GFBR 和 MFBR 包含在 QoS 配置文件中通知接入网络。同时，它们也作为 QoS Flow 级别的 QoS 参数，通知给 UE。

通知控制参数是只适用于 GBR QoS Flow 的可选参数，用于指示 NG-RAN 是否需要在其无法满足 GFBR 时通知 5GC。对于给定的 GBR QoS Flow，如果启用通知控制并且 NG-RAN 确定 GFBR 无法被满足，NG-RAN 需要发送通知消息给 SMF。除非 NG-RAN 因为某些原因（比如无线链路故障、内部拥塞等）必须释放 QoS Flow，否则在启用通知控制的情况下，NG-RAN 在无法为该 QoS Flow 保障 GFBR 时仍然需要保留该 QoS Flow。当收到 NG-RAN 发送的不能满足 GFBR 的通知后，5GC 可以继续通过 N2 信令通知 NG-RAN 修改或移除 QoS Flow。当 NG-RAN 确定可以再次为 QoS Flow 保证 GFBR 时，NG-RAN 也会发送新的通知给 SMF。只有在 QoS Flow 绑定的 PCC 规则中设置了通知控制参数，SMF 才会启用通知控制。通知控制参数作为 QoS 配置文件的一部分，通知给 NG-RAN。

最大丢包率（上行、下行）指示，是指在上行链路和下行链路上，可以容忍的 QoS Flow 最大丢包率。

Session-AMBR 是每个会话的聚合最大比特率，限制了一个 PDU 会话的所有 non-GBR QoS Flow 提供的聚合速率。SMF 从 UDM 获取用户签约的 Session-AMBR。SMF 可以使用签约 Session-AMBR，或者基于本地策略或 PCF 策略修改 Session-AMBR，然后通过信令发送给合适的 UPF（或多个 UPF）以及(R)AN 侧（用于计算 UE-AMBR）。上行 Session-AMBR 由 UE 和 UPF 执行，下行 Session-AMBR 由 UPF 执行。

UE-AMBR 是每个 UE 的聚合最大比特率，限制了 UE 的所有 non-GBR QoS Flow 提供的聚合速率。(R)AN 应将其 UE-AMBR 设置为连接到它的所有激活的 PDU 会话的

Session-AMBR 总和与签约 UE-AMBR 之间的一个值。签约 UE-AMBR 由 AMF 从 UDM 获取并提供给(R)AN。UE-AMBR 由(R)AN 负责执行。

RQA 是可选参数,用于指示 QoS Flow 上的一些业务数据流量(不一定是全部)是否可以使用反射 QoS 的功能。如果启用了该功能,UE 侧可以根据启用 RQA 的下行数据包推演出上行数据包的 QoS Rule,从而无须 SMF 提供 QoS Rule。RQA 可以在 UE 上下文建立、QoS 流建立或修改时,通过 N2 接口告知 NG-RAN。NG-RAN 收到 RQA 之后,在相应 QoS Flow 的 AN 资源上发送反射 QoS 指示,以通知 UE 启动反射 QoS 的功能。

5. DNN

DNN 相当于 4G EPS 网络中的 APN,这两个标识符具有相同的含义,并携带相同的信息。DNN 可以用于为 PDU 会话选择 SMF 和 UPF、为 PDU 会话选择 N6 接口以及决定应用于此 PDU 会话的策略。

6. MEC

3GPP 从 4G 起引入了控制面和用户面分离(CUPS)特性,用户面简化后促进了部署位置下移,伴随而来的是业务部署到网络边缘靠近用户的位置。边缘计算一方面可以降低端到端时延,提升用户体验,另一方面可以减小回传网络开销,降低网络成本。5G 核心网可以根据 UE 的签约数据、UE 位置、AF 数据、策略等信息,选择靠近网络边缘的 UPF,并通过 N6 接口将流量导向本地数据网络。

3GPP TS 23.501[2]中规定边缘计算可以通过以下一个或多个功能支持:

- 用户平面(重新)选择:5G 核心网(重新)选择 UPF 用于将用户流量路由到本地数据网络。
- 本地路由和流量导向:5G 核心网选择要路由到本地数据网络的应用程序的流量,包括使用具有多个 PDU 会话锚点的单个 PDU 会话(基于 UL CL 或 IPv6 多归属)。
- 会话和业务连续性以支持 UE 和应用程序的移动性。
- AF 可能会通过 PCF 或 NEF 影响 UPF(重新)选择和流量路由。
- 网络能力开放:5G 核心网和 AF 通过 NEF 相互提供信息。
- QoS 和计费:PCF 为路由到本地数据网络的流量提供 QoS 控制和计费规则。
- 支持局域数据网络:5G 核心网支持在特定区域内部署应用程序时,提供到 LADN 的连接。

具有 N6 接口的 UPF 被称为 PDU 会话锚点。5G 核心网支持单个 PDU 会话包含多个 PDU 会话锚点。这些不同的 PDU 会话锚点提供到同一个 DN(例如,具备相同 DNN 的多个 DN)的不同路由。具体有两类实现方案,即 UL CL 和 IPv6 多归属。

（1）UL CL

UL CL 即上行分类器，通过在用户面插入/使用支持 UL CL 功能的 UPF，可以实现上行数据的本地分流。对于 IPv4、IPv6、IPv4v6 或以太网类型的 PDU 会话，SMF 可以决定在 PDU 会话的数据路径中插入支持"UL CL"的 UPF。UPF 根据 SMF 下发的数据过滤器，转移符合要求的数据流。支持 UL CL 的 UPF 可以用于上行数据分流和下行数据合并，并可用于流量测量和计费、Session-AMBR 执行。一个 UPF 可以同时支持 UL CL 和 PDU 会话锚点的功能。

UL CL 的插入和移除由 SMF 决定，相关信令通过 N4 接口下发给 UPF 执行。SMF 可以决定在 PDU 会话建立过程中或之后在 PDU 会话的数据路径中插入支持 UL CL 功能的 UPF，或者在 PDU 会话建立之后从 PDU 会话的数据路径移除 UL CL 功能的 UPF。SMF 可以在 PDU 会话的数据路径中插入一个或多个支持 UL CL 功能的 UPF。在 UL CL 方案中，UE 不感知数据分流，也不参与 UL CL 的插入和删除。

当支持 UL CL 的 UPF 被插入到 PDU 会话的数据路径中时，对于该 PDU 会话有多个 PDU 会话锚点。这些 PDU 会话锚点提供对同一 DN（例如，具有相同 DNN 的多个 DN）的不同访问，但一个 IP 类型的 PDU 会话只有一个 IP 锚点。当一个 PDU 会话的数据路径中有多个 UPF 时，只有一个 UPF 能提供 N3 接口。

图 3-39 为在 UL CL 方案架构图。

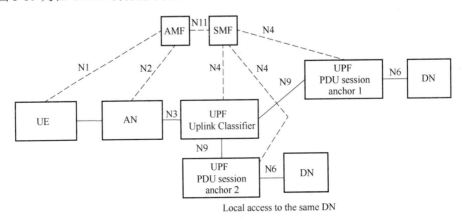

图 3-39　UL CL 方案架构图

（2）IPv6 多归属

IPv6 支持一个 PDU 会话有多个 IPv6 前缀。关联多个 IPv6 前缀的 PDU 会话称为多归属 PDU 会话，它可以通过多个 PDU 会话锚点访问数据网络。这些 PDU 会话锚点对应不同用户面路径，用户面的汇合处的 UPF 称为分支点 UPF。分支点 UPF 可以根据不同的 UE IPv6 前缀来将数据分流到不同的 PDU 会话锚点，实现上行数据分流。此外，分支点

UPF 还可以用于下行数据合并、流量测量和计费、Session-AMBR 执行。一个 UPF 可以同时支持分支点和 PDU 会话锚点的功能。

分支点 UPF 的插入和移除由 SMF 决定,通过 N4 接口下发。SMF 可以决定在 PDU 会话建立过程中或之后在 PDU 会话的数据路径中插入分支点 UPF,或者在 PDU 会话建立之后从 PDU 会话的数据路径移除分支点 UPF。在 IPv6 多归属方案中,UE 需要根据路由信息和优先级选择不同的 IPv6 前缀用于不同的业务,UE 获取路由信息和优先级的方式参考 RFC 4191[11]。

IPv6 多归属方案仅适用于 IPv6 类型的 PDU 会话。当 UE 请求建立 IPv6 或 IPv4v6 类型的 PDU 会话时,UE 同时指示其是否支持 IPv6 多归属功能。

多归属 PDU 会话可用于支持 SSC 模式 3 的 make-before-break 业务连续性。如图 3-40 所示,由于多归属 PDU 会话支持多 PDU 会话锚点,在原 PDU 会话锚点断开之前,可以建立与另一个 PDU 会话的锚点,UE 与 DN 之间的连接一直存在,从而支持业务连续性。多归属 PDU 会话也可用于 UE 需要同时接入本地业务(如本地服务器)和集中业务(如 Internet)的场景,如图 3-41 所示。

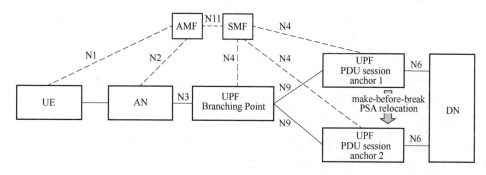

图 3-40　多归属 PDU 会话支持业务连续性

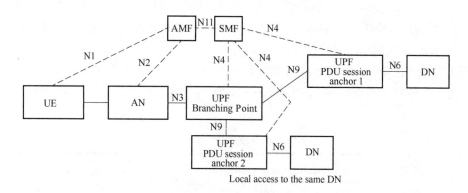

图 3-41　多归属 PDU 会话支持本地接入访问数据网络

3.2.3 网络切片

网络切片是一种按需组网的方式，可以让运营商在统一的基础设施上分离出多个虚拟的逻辑上隔离的端到端网络，有利于运营商根据特定需求对网络进行定制，从而优化网络性能。每个网络切片由无线网子切片、承载网子切片和核心网子切片三部分组成，目前 3GPP 仅标准化了核心网子切片，因此本小节主要从核心网的角度出发介绍网络切片。

1．概述

不同网络切片在逻辑上相互隔离，在基础设施上可以共享。标准规定服务于同一个用户的不同网络切片实例可以同时使用一个 5G 接入网（3GPP 接入或者 non-3GPP 接入），同时，对于这个用户，AMF 实例只有一个，即服务该用户的所有网络切片实例包含一个共同的 AMF 实例。但是该用户的每一个 PDU 会话是只属于某个 PLMN 下的某一个特定切片实例的。

不同切片可以支持不同的网络特征，例如提供不同类型的服务，其中不同 S-NSSAI 拥有不同 SST。不同切片也支持相同的网络特征但服务于不同的用户组，例如针对不同用户组提供不同的服务质量保障，其中不同 S-NSSAI 拥有相同 SST。

2．网络切片类型和标识

（1）S-NSSAI

3GPP 中用一个 S-NSSAI 标识一个网络切片。S-NSSAI 有切片/业务类型（SST）和切片区分符（SD）两部分。SST 代表了特征和业务方面的预期的网络切片行为，SD 是用于区分同一 SST 的多个网络切片的可选信息。

一个 S-NSSAI 可以采用标准值（标准值的 S-NSSAI 只包含 SST 不包含 SD，且 SST 是标准值）或者非标准值（非标准值的 S-NSSAI 要么同时包含 SST 和 SD，或者只包含 SST 不包含 SD 且 SST 是非标准值）。采用标准值的 S-NSSAI 可以被所有 PLMN 识别，能够有效地支持 PLMN 之间的漫游。

SST 标准值如表 3-5 所示，目前仅有三个 SST 值，分别代表 eMBB、URLLC 和 MIoT 三种切片/业务类型。非标准值的 S-NSSAI 用于标识与其相关联的 PLMN 内的网络切片。

表 3-5　标准化的 SST 值

切片/业务类型	SST 值	特征
eMBB	1	切片适用于处理 5G 增强型移动宽带
URLLC	2	切片适用于处理高可靠、低时延通信
MIoT	3	可高效、经济地支持大量高密度的物联网设备

（2）NSSAI

NSSAI 是一组 S-NSSAI 的集合。NSSAI 可以是配置的 NSSAI、请求的 NSSAI 或允许的 NSSAI，下面分别介绍这些 NSSAI。

- 配置的 NSSAI（Configured NSSAI）即网络配置给 UE 的 S-NSSAI 的集合。配置的 NSSAI 可以由 Serving PLMN 配置并应用于 Serving PLMN，或者可以是由 HPLMN 默认配置的 NSSAI，适用于没有向 UE 提供特定配置的 NSSAI 的任何 PLMN。每个 PLMN 最多有一个配置的 NSSAI。配置的 NSSAI 除了包括一个或多个用于 Serving PLMN 的 S-NSSAI 之外，还可以包括配置的 NSSAI 中到 HPLMN 的 S-NSSAI 的映射关系，其中配置的 NSSAI 以及映射关系可以由 AMF 或 NSSF 决定。默认配置的 NSSAI 可以预配置在 UE 上，HPLMN 能够通过 UE 参数更新流程更新该信息。
- 请求的 NSSAI（Requested NSSAI）即 UE 向网络请求的 S-NSSAI 的集合，在 UE 和网络之间的信令消息中传递的请求的 NSSAI 中最多可以有 8 个 S-NSSAI。如果 UE 有配置的 NSSAI 和/或允许的 NSSAI，那么请求的 NSSAI 可以是配置的 NSSAI 和/或允许的 NSSAI 的子集。如果 UE 没有配置的 NSSAI 以及允许的 NSSAI，那么请求的 NSSAI 可以是默认配置的 NSSAI。UE 向网络提供的请求的 NSSAI 仅能包含适用于 Serving PLMN 的 S-NSSAI 和/或请求的 NSSAI 到 HPLMN S-NSSAI 的映射关系。
- 允许的 NSSAI（Allowed NSSAI）即网络允许 UE 使用的 S-NSSAI 的集合，在 UE 和网络之间的信令消息中传递的允许的 NSSAI 中最多可以有 8 个 S-NSSAI。当 UE 成功注册在一个 PLMN 中时，UE 从 AMF 获得其接入类型对应的允许的 NSSAI，包括一个或多个 S-NSSAI 和/或允许的 NSSAI 到 HPLMN S-NSSAI 的映射关系。

（3）网络切片签约信息

UE 的签约信息中包含一个或者多个签约的 S-NSSAI。基于运营商的策略，一个或多个签约的 S-NSSAI 可以被标记为默认的 S-NSSAI，当 UE 在注册请求消息中没有向网络发送任何有效的请求的 NSSAI 时，网络将通过默认 S-NSSAI 对应的网络切片实例服务 UE。

（4）网络切片实例

网络切片实例是网络实际部署时对网络切片的具体实现。一个网络切片实例包括了实现网络切片用到的控制面和用户面网络功能实例和相关资源。基于运营商的操作或部署需求，一个网络切片实例可以与一个或多个 S-NSSAI 相关联，一个 S-NSSAI 也可以与一个或多个网络切片实例相关联。在 PLMN 中，当一个 S-NSSAI 与多个网络切片实例相关联时，可以用网络切片实例标识符（NSI ID）区分不同网络切片实例的核心网部分，5GC 可以根据请求的 NSSAI，使用网络切片实例选择过程选择其中一个网络切片实例为

UE 服务。

3．网络切片选择

通过网络切片实例建立到数据网络用户面的连接包括两个步骤，第一步为通过用户注册流程选择支持所需网络切片的 AMF，第二步为通过网络切片实例建立到所需数据网络的一个或多个 PDU 会话。

（1）用户注册过程中的切片选择

图 3-42 是用户注册过程中的切片选择流程示意图，具体流程描述如下。

步骤 1：当 UE 想要注册到 PLMN 中时，UE 将根据其接入类型以及 PLMN，在 AS 层和 NAS 层消息中携带相应的请求的 NSSAI 发送给(R)AN。

步骤 2：(R)AN 收到请求的 NSSAI 后，将 UE 携带有请求的 NSSAI 的 NAS 消息转发给相应的 AMF。如果(R)AN 不能根据从 UE 处获得的信息选择 AMF，那么(R)AN 就从默认的 AMF 集合中选择一个 AMF 将 UE 的 NAS 消息发送给该 AMF。在 NAS 信令中，UE 提供请求的 NSSAI 到 HPLMN 的 S-NSSAI 的映射关系。

步骤 3：当 AMF 收到(R)AN 发来的 UE 注册请求后，AMF 将查询 UDM 以获取 UE 签约的 S-NSSAI，并验证请求的 NSSAI 中的 S-NSSAI 是否符合签约的 S-NSSAI。

步骤 4：当 AMF 中的 UE 上下文已经包括用于对应的接入类型的允许的 NSSAI 时，基于 AMF 的配置，可以允许 AMF 确定它是否可以为 UE 服务。当 AMF 中的 UE 上下文不包括用于对应的接入类型的允许的 NSSAI 时，AMF 将向 NSSF 查询 UE 允许的 NSSAI，或者基于 AMF 的配置自行决定它是否可以为 UE 服务。AMF 向 NSSF 发送的查询消息中携带请求的 NSSAI、签约的 S-NSSAI、UE 位置等信息。

步骤 5：NSSF 根据收到的信息、本地配置和其他本地可用信息（包括 UE 当前跟踪区域中的 RAN 功能，或 NWDAF 提供的网络切片实例的负载级别信息），验证请求的 NSSAI 中的 S-NSSAI 是否可用并形成允许的 NSSAI 和/或允许的 NSSAI 到 HPLMN S-NSSAI 的映射关系，确定能够服务于 UE 的 AMF 集合、NRF、网络切片实例等信息，然后把上述信息发送给 AMF。

步骤 6：AMF 可以根据获得的信息以及自身配置信息，查询 NRF 以确定能够为 UE 服务的 AMF 集合的地址。

步骤 7：如果需要重新路由到能够服务于 UE 的 AMF，则当前 AMF 可以将注册请求直接发送给能够服务于 UE 的 AMF，或者先发送给(R)AN，再由 RAN 发送给能够服务于 UE 的 AMF。

步骤 8 至步骤 9：最后 AMF 将允许的 NSSAI 和/或允许的 NSSAI 到 HPLMN S-NSSAI 的映射关系通过(R)AN 发送给 UE。

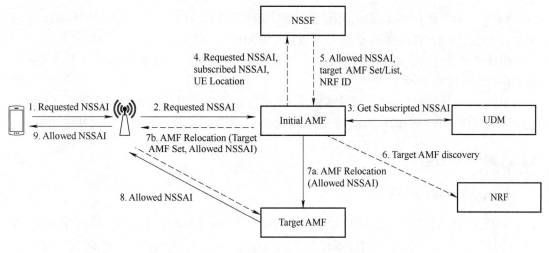

图 3-42　用户注册过程中的切片选择流程示意图

（2）会话建立过程中的切片选择

PDU 会话是和 S-NSSAI 以及 DNN 相关联的。在网络切片实例中创建的 PDU 会话，可以使用该网络切片进行数据传输。图 3-43 是会话建立过程中的切片选择流程示意图，具体流程描述如下。

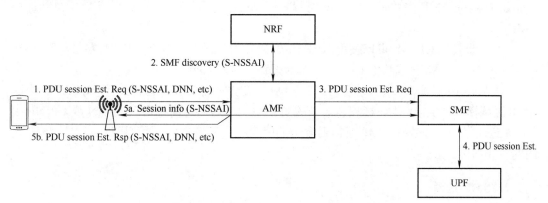

图 3-43　会话建立过程中的切片选择流程示意图

步骤 1：在 PDU 会话建立过程中，UE 将根据 URSP 规则中的 NSSP（网络切片选择策略）从注册过程中获得的允许的 NSSAI 中选出符合要求的 S-NSSAI 用于建立 PDU 会话，并将携带了该 S-NSSAI 和/或该 S-NSSAI 到 HPLMN S-NSSAI 的映射关系以及 DNN 的 PDU 会话建立请求发送给 AMF。

步骤 2：当从 UE 处接收到建立 PDU 会话的 SM 消息时，AMF 可以发起所选网络切片实例内的 SMF 发现和选择流程。AMF 通过查询 NRF 并提供 S-NSSAI、DNN、NSI-ID

（如果可用）和其他信息（例如，UE 签约和本地运营商策略）以供 NRF 在网络切片实例中选择 SMF。NRF 将选择的 SMF 信息发送给 AMF。

步骤 3 至步骤 4：AMF 通过 NRF 反馈的信息选择 SMF，进而由 SMF 基于 S-NSSAI 和 DNN 建立 PDU 会话。

步骤 5：当使用特定网络切片实例建立用于给定 S-NSSAI 的 PDU 会话时，AMF 将向(R)AN 提供与该网络切片实例对应的 S-NSSAI，以使(R)AN 能够执行接入特定功能。

3.2.4 网络功能选择

1. AMF 选择

AMF 选择功能用来为给定的 UE 选择 AMF。5G-AN（例如 RAN）、AMF 和其他 CP NF（例如 SMF）均支持 AMF 选择功能。当 UE 没有向 5G-AN 提供 5G-S-TMSI 和 GUAMI、5G-AN 无法根据 UE 提供的 5G-S-TMSI 或 GUAMI 找到 AMF、AMF 指示 AN（由 GUAMI 标识的）AMF 不可用并且没有提供目标 AMF 或 AN 探测到 AMF 失效时，5G AN 执行 AMF 选择功能从 AMF 集合中选择一个 AMF 集合和一个 AMF。当初始选择的 AMF 不适合于为该 UE 提供服务或需要 AMF 重定位时，AMF 可以执行 AMF 选择功能。当 AMF 指示 CP NF（由 GUAMI 标识的）AMF 不可用并且没有提供目标 AMF，或 CP NF 探测到 AMF 失效时，CP NF 可以执行 AMF 选择功能，从 AMF 集合中重新选择 AMF。

AMF 或其他 CP NF 可以使用 NRF 来发现 AMF 实例，或者通过其他方法发现 AMF 实例（例如，在 AMF 或其他 CP NF 上本地配置），然后执行 AMF 选择。

5G-AN 中的 AMF 选择功能在选择 AMF 集合时需要参考的因素有：GUAMI 中的 AMF 区域标识和 AMF 集合标识、请求的 NSSAI、本地运营商策略。5G-AN 或 CP NF 中的 AMF 选择功能在选择 AMF 时需要参考的因素有：候选 AMF 的可用性、候选 AMF 之间的负载均衡。

2. SMF 选择

SMF 选择功能用于分配管理 PDU 会话的 SMF，该功能由 AMF 实现。AMF 可以使用 NRF 来发现 SMF 实例，或者通过其他方法发现 SMF 实例（例如，在 AMF 上本地配置），然后执行 SMF 选择。

AMF 在 SMF 选择过程中可以参考的因素有：选择的 DNN、S-NSSAI、NSI-ID、UDM 中的签约信息（例如基于 DNN：是否允许 LBO 漫游；基于 S-NSSAI：签约的 DNN(s)；基于 S-NSSAI 和签约的 DNN：是否允许 LBO 漫游和/或是否支持与 EPC 的互操作）、本地运营商策略、候选 SMF 的负载条件、UE 使用的接入技术。

3．UPF 选择

UPF 选择和重新选择由 SMF 实现。对于归属地路由漫游场景，归属地 PLMN 中的 UPF 由 HPLMN 中的 SMF 选择，拜访地 PLMN 中的 UPF 由 VPLMN 中的 SMF 选择。对于本地疏导漫游场景，拜访地 PLMN 中的 UPF 由 VPLMN 中的 SMF 选择。

UPF 的选择涉及两个步骤：一是 SMF 提供可用的 UPF，此步骤适用于不建立 PDU 会话的场景，并且随后可能进行 N4 节点级交互流程，该流程中 UPF 和 SMF 可以交换信息，例如支持某些可选功能和能力；二是为特定 PDU 会话选择 UPF，随后进行 N4 会话管理流程。

对于 SMF 提供可用的 UPF 的步骤，SMF 可以在本地配置可用的 UPF 信息（例如，当 UPF 被实例化或移除时，由 OAM 系统执行）或者利用 NRF 来发现 UPF 实例。

对于为特定 PDU 会话选择 UPF 的步骤，SMF 在选择和重新选择 UPF 的过程中可以参考的因素有：UPF 的动态负载、UPF 在支持相同 DNN 的 UPF 中的相对静态容量、SMF 提供的 UPF 位置、UE 位置信息、UPF 的能力和特定 UE 会话所需的功能、DNN、PDU 会话类型、为 PDU 会话选择的 SSC 模式、UDM 中的 UE 签约配置文件、PCC 规则中包含的 DNAI、本地运营商策略、S-NSSAI、UE 使用的接入技术、用户面接口信息等。

4．AUSF 选择

AUSF 选择功能用于选择 HPLMN 中执行认证功能的 AUSF 实例，AMF、UDM 均支持该功能。AMF/UDM 可以使用 NRF 来发现 AUSF 实例或者通过其他方法发现 AUSF 实例（例如，在 AMF/UDM 上本地配置），然后执行 AUSF 选择。

AUSF NF 消费者（AMF、UDM）在执行 AUSF 选择功能时应该考虑以下因素之一：SUCI/SUPI（由 VPLMN 中的 NF 消费者提交）中的归属网络标识符（例如，MNC 和 MCC）和路由指示符、UE 的 SUPI 所属的 AUSF 组 ID、SUPI（例如，AMF 基于 UE 的 SUPI 所属的 SUPI 范围来选择 AUSF 实例）。

5．UDM 选择

UDM NF 消费者执行 UDM 发现过程用于发现管理用户签约信息的 UDM 实例。NF 消费者可以使用 NRF 来发现 UDM 实例，或者通过其他方法发现 UDM 实例（例如，在 NF 消费者上本地配置），然后执行 UDM 选择。

UDM NF 消费者在选择 UDM 时应该考虑以下因素之一：SUCI / SUPI 的归属网络标识符（例如，MNC 和 MCC）和 UE 的路由指示标识、UE 的 SUPI 所属的 UDM 分组 ID、SUPI（例如，UDM NF 消费者基于 UE 的 SUPI 所属的 SUPI 范围来选择 UDM 实例）、GPSI 或外部组 ID。

6. PCF 选择

PCF 发现和选择过程包括 AMF 为 UE 选择 PCF，以及 SMF 为 PDU 会话选择 PCF。AMF 可以使用 NRF 来发现 UE 的候选 PCF 实例，或者通过其他方法发现 PCF 实例（例如，在 AMF 上本地配置），然后执行 PCF 选择。SMF 可以使用 NRF 来发现 PDU 会话的候选 PCF 实例，或者通过其他方法发现 PCF 实例（例如，在 SMF 上本地配置），然后执行 PCF 选择。

AMF 在选择 PCF 时可考虑的因素有：SUPI 范围（例如，AMF 基于 UE 的 SUPI 所属的 SUPI 范围来选择 PCF 实例）、S-NSSAI。

SMF 在选择 PCF 时可考虑的因素有：当地运营商策略、DNN、PDU 会话的 S-NSSAI、SUPI 范围（例如，SMF 基于 UE 的 SUPI 所属的 SUPI 范围来选择 PCF 实例）。

3.3 5G 核心网基本流程

3.3.1 移动性管理流程

1. 概述

移动性管理中的通用注册流程提供了 UE 在 5GS 中注册所需的功能[12]。注册类型分为四种，UE 通过在注册请求信令中携带不同的注册类型实现不同的注册处理流程：

- 5GS 初始注册（Initial Registration，类似 4G 中的附着）。UE 初始注册时发起此类型注册。
- 移动性注册更新（Mobility Registration Update，类似 4G 中的 TAU）。当处在 CM-CONNECTED 态或 CM-IDLE 态下的 UE 移动到了一个不属于 UE 注册区的新 TA 时，或 UE 需要向网络更新其能力或协议时，发起此类型注册。
- 周期性注册更新（Periodic Registration Update，类似 4G 中的周期性 TAU）。UE 的周期性定时器超时时，发起此类型注册。
- 紧急注册（Emergency Registration）。处在受限服务状态的 UE 可以发起此类型注册，注册成功后仅能使用紧急服务。

移动性管理中的去注册流程提供了 UE 在 5GS 中去注册所需的功能。去注册流程允许 UE 通知网络该 UE 不想再接入网络，也允许网络通知 UE 不要再继续接入网络。

2. 注册流程

注册流程如图 3-44 所示。

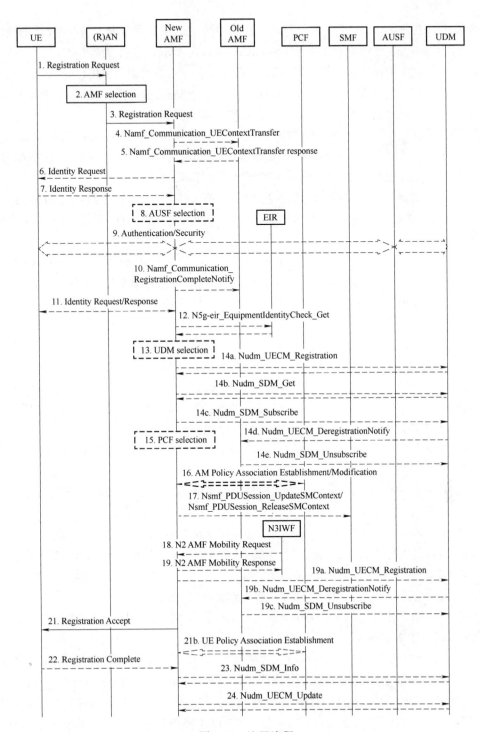

图 3-44　注册流程

步骤 1：UE 向(R)AN 发送 AN 消息，消息中携带 AN 参数以及 RM-NAS 注册请求等信息，其中 AN 参数可以包括：5G-S-TMSI 或 GUAMI、选择的 PLMN ID、请求的 NSSAI、请求建立 RRC 连接的原因，注册请求包括：注册类型、SUCI 或 SUPI 或 5G-GUTI 或 PEI、安全参数、请求的 NSSAI、请求的 NSSAI 的映射、UE 的 5GC 能力、PDU 会话状态、需要重新唤起的 PDU 会话、Follow on 请求等信息。

步骤 2：如果步骤 1 中的 AN 参数不包括 5G-S-TMSI 或 GUAMI，或者 5G-S-TMSI 或 GUAMI 指示的 AMF 无效，则(R)AN 会根据 UE 接入类型和请求的 NSSAI 选择 AMF。否则(R)AN 根据 5G-S-TMSI 或 GUAMI 找到相应的 AMF。

步骤 3：(R)AN 向 AMF 发送 N2 消息，消息中携带 N2 参数以及步骤 1 中的 RM-NAS 注册请求等信息。其中 N2 参数包括选择的 PLMN ID，UE 驻留小区的位置信息等。

步骤 4：若注册请求中包含 UE 的 5G-GUTI，且服务的 AMF 改变，则新 AMF 向旧 AMF 发送 Namf_Communication_UEContextTransfer，该服务请求包含完整的注册请求信息，以期从旧 AMF 获得 UE 的 SUPI 和移动性管理上下文。

步骤 5：旧 AMF 向新 AMF 发送响应信息，该响应信息包括 UE 的 SUPI 和移动性管理上下文。若旧 AMF 持有已激活 PDU 会话的相关信息，则响应消息中还包含 SMF 信息、DNN、S-NSSAI、PDU 会话 ID。若旧 AMF 持有 AM 策略关联信息和 UE 策略关联信息，则响应消息还应包含这些关联信息以及 PCF ID。

步骤 6：若在之前的步骤中，UE 没有提供 SUPI，并且 SUPI 不能从旧 AMF 获得，则新 AMF 向 UE 发送身份请求消息来请求 UE 的 SUCI。

步骤 7：UE 应答新 AMF 发送的身份请求消息，应答消息中包含 HPLMN 公钥加密的 SUCI。

步骤 8 至步骤 9：AMF 可以决定通过调用 AUSF 来启动 UE 鉴权。在这种情况下，AMF 需要根据 SUPI 或 SUCI 选择一个 AUSF，然后启动鉴权流程。

步骤 10：若 AMF 发生改变，新 AMF 通知旧 AMF UE 在新的 AMF 的注册已完成。

步骤 11：若 UE 没有提供 PEI，且 PEI 不能从旧 AMF 获得，则 AMF 发起身份请求流程，向 UE 发送身份请求消息获取 PEI。

步骤 12：可选地，新 AMF 执行 ME 身份验证，即 PEI 验证。

步骤 13：如果步骤 14 将要执行，则新 AMF 根据 SUPI 选择一个 UDM，然后 UDM 可以选择一个 UDR 实例。

步骤 14a 至步骤 14c：若 AMF 与上次注册的 AMF 不同，或 UE 提供的 SUPI 不能指向 AMF 中的有效上下文，或 UE 注册在已经以 non-3GPP 接入方式注册过的 AMF，则新 AMF 注册到 UDM，并订阅 UDM 去注册此 AMF 的通知。新 AMF 提供 UE 的接入类型给 UDM，并且接入类型被设置为 3GPP 接入。UDM 将关联的接入类型和服务 AMF 一起存储在 UDR 中。新 AMF 在从 UDM 获取到移动性签约上下文后建立一个 UE 的 MM 上下文。

步骤 14d：当 UDM 如步骤 14a 所述将关联的接入类型和服务 AMF 一起存储时，UDM 将发起 Nudm_UECM_DeregistrationNotification 服务操作到与 3GPP 接入相应的旧 AMF。旧 AMF 移除 UE 的 MM 上下文。若 UDM 指示的服务 NF 移除原因是初始注册，则旧 AMF 通知所有 UE 相关联的 SMF 释放 UE 关联的 PDU 会话。

步骤 14e：如果旧 AMF 没有该 UE 其他接入类型的 MM 上下文，则旧 AMF 向 UDM 取消订阅的签约信息通知。

步骤 15：若 AMF 决定发起与 PCF 的通信，则 AMF 需选择 PCF。若新 AMF 在步骤 5 从旧 AMF 获取到 PCF ID，则新 AMF 可以从由 PCF ID 标识的 PCF 处获取策略信息。若由 PCF ID 标识的 PCF 无法使用，或未从旧 AMF 获取到 PCF ID，则由 AMF 选择 PCF。

步骤 16：若在步骤 15 中，新 AMF 选择了新的 PCF，则可以执行 AM 策略关联建立流程。若使用了从旧 AMF 处获得的 PCF ID 标识的 PCF，则执行 AM 策略关联修改流程。

步骤 17：若在步骤 1 的注册请求中包含"需要重新唤起的 PDU 会话"，AMF 请求 PDU 会话相关的 SMF 来激活 PDU 会话的用户面连接。若 PDU 会话状态指示该会话在 UE 被释放，则 AMF 通知 SMF 释放 PDU 会话相关网络资源。

步骤 18 至步骤 19：如果新的 AMF 和旧的 AMF/N3IWF 在同一 PLMN 中，新 AMF 向 N3IWF 通知 AMF 变更。

步骤 20：空。

步骤 21：新 AMF 向 UE 发送注册接受信息（5G-GUTI、注册区域、移动性限制、PDU 会话状态、允许的 NSSAI、周期性注册计时器、LADN 信息和接受的 MICO 模式、IMS 语音在 PS 会话支持上指示、紧急服务支持指示）通知 UE 注册请求被接受。可选地，新 AMF 还可以执行 UE 策略关联建立流程。

步骤 22：若 AMF 分配了新的 5G-GUTI，UE 发送注册完成消息到 AMF 以告知 AMF 其接受了新的 5G-GUTI。

3．去注册流程

（1）UE 触发的去注册流程

UE 触发的去注册流程如图 3-45 所示。

步骤 1：UE 向 AMF 发送 NAS 消息，消息中携带用于网络识别该 UE 的 5G-GUTI、去注册类型（例如关机）、接入类型等信息。

步骤 2：AMF 向 SMF 发送 Nsmf_PDUSession_ReleaseSMContext 请求，消息中携带 SUPI 以及 UE 的 PDU 会话 ID，用于请求 SMF 释放该 UE 的 PDU 会话。若 UE 在去注册的接入类型上无 PDU 会话，则可以略去步骤 2 至步骤 5。

步骤 3：SMF 释放与该 UE PDU 会话相关的所有资源（例如分配给 PDU 会话的 IP 地址）以及用户面资源：

步骤 3a：SMF 发送 N4 会话释放请求给 UPF，消息中携带 N4 会话 ID。UPF 收到请求后丢弃该 N4 会话 ID 对应的 PDU 会话剩余的数据包，并且释放用户面资源。

步骤 3b：UPF 回复 SMF N4 会话释放响应。

步骤 4：SMF 回复 AMF Nsmf_PDUSession_ReleaseSMContext 响应。

步骤 5a：如果部署了动态 PCC，SMF 需执行 SM 策略关联终止流程。

步骤 5b 至 5c：如果释放的 PDU 会话是 SMF 为该 UE 服务的最后一个 PDU 会话（针对 DNN 以及 S-NSSAI），SMF 应向 UDM 取消订阅的签约信息通知，以及在 UDM 中进行去注册。

步骤 6：可选地，AMF 执行 AM 策略关联终止流程以及 UE 策略关联终止流程。

步骤 7：可选地，AMF 向 UE 回应去注册接收的 NAS 消息。若去注册类型为关机，则 AMF 不回应去注册接收消息。

步骤 8：AMF 向(R)AN 发送 N2 消息，请求(R)AN 释放与该 UE 相关的资源。

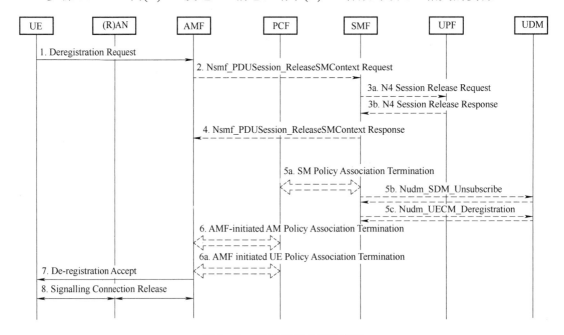

图 3-45　UE 触发的去注册流程

（2）网络触发的去注册流程

网络触发的去注册流程如图 3-46 所示。

步骤 1：如果 UDM 想要立即删除 UE 的注册信息以及 PDU 会话，那么 UDM 可以给服务于 UE 的 AMF 发送 Nudm_UECM_DeregistrationNotification，消息中包含 SUPI、接入类型、删除原因等信息，其中删除原因设置为签约信息撤回。

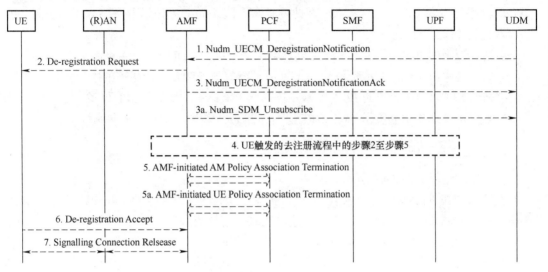

图 3-46　网络触发的去注册流程

步骤 2：如果 AMF 收到 Nudm_UECM_DeregistrationNotification，则开始执行去注册流程。AMF 可以向 UE 发送去注册请求的 NAS 消息以显示通知 UE 去注册，也可以进行隐式去注册。如果网络需要 UE 重新注册，那么 NAS 消息中携带的去注册类型可以设置为重注册。

步骤 3：AMF 回复 UDM Nudm_UECM_DeRegistrationNotification 响应，并向 UDM 取消订阅的签约信息变更通知。

步骤 4：如果 UE 在去注册的接入类型上存在 PDU 会话，则执行 UE 触发的去注册流程中的步骤 2 至步骤 5，用于释放相关 PDU 会话资源。

步骤 5：可选地，AMF 执行 AM 策略关联终止流程以及 UE 策略关联终止流程。

步骤 6：如果 UE 在第 2 步收到了 AMF 发送的去注册请求 NAS 消息，则 UE 应在收到消息后的任何时间里向 AMF 发送去注册接收 NAS 消息。

步骤 7：AMF 向(R)AN 发送 N2 消息，请求(R)AN 释放与该 UE 相关的资源。

3.3.2　会话管理流程

1．概述

会话管理中的 PDU 会话建立流程可以用于[12]：
- UE 发起的新 PDU 会话建立。在 PDU 会话创建成功后，网络为 UE 分配了 IP 地址，并且建立了 UE 到 DN 的专用通道，UE 可使用该 IP 地址访问位于 DN 上的业务。

- UE 发起的 3GPP 和 non-3GPP 间 PDU 会话切换。
- UE 发起的从 EPS 到 5GS 的会话切换。
- 网络触发的 PDU 会话建立。在此场景下，网络向 UE 发送寻呼请求，以触发 UE 侧的 PDU 会话建立流程。

会话管理中的 PDU 会话修改流程可以用于修改已建 PDU 会话的一个或多个 QoS 参数。会话管理中的 PDU 会话释放流程可以用于释放与 PDU 会话相关的所有资源，包括分配给基于 IP 的 PDU 会话的 IP 地址以及任何与 PDU 会话相关的 UPF 资源。

接下来将分别介绍非漫游场景下 PDU 会话建立、修改、释放的标准流程。

2．会话建立流程

会话建立流程如图 3-47 所示。

步骤 1：UE 向 AMF 发送 NAS 消息，消息中携带 S-NSSAI、DNN、PDU 会话 ID、请求类型、旧 PDU 会话 ID、PDU 会话建立请求。若该流程用于创建新的 PDU 会话，则 UE 产生一个新的 PDU 会话 ID。PDU 会话建立请求中包括 PDU 会话 ID、请求的 PDU 会话类型、请求的 SSC 模式等信息。请求类型可以是用于建立新会话的"Initial request"、用于 3GPP 和 non-3GPP 或 EPS 到 5GS 切换的"Existing PDU Session"、用于建立紧急会话的"Emergency Request"。

步骤 2：AMF 根据 S-NSSAI、DNN 等信息为 PDU 会话选择 SMF。若 PDU 会话建立请求的类型为"Existing PDU Session"，则 AMF 根据 UDM 中保存的与 PDU 会话 ID 关联的 SMF-ID 选择 SMF。

步骤 3：AMF 向 SMF 发送 Nsmf_PDUSession_CreateSMContext 请求（先前 AMF 没有针对 UE 请求的 PDU 会话 ID 与该 SMF 进行关联）或者 Nsmf_PDUSession_UpdateSMContext 请求（先前 AMF 已针对 UE 请求的 PDU 会话 ID 与该 SMF 进行关联）。请求消息中携带 SUPI、DNN、S-NSSAI、AMF ID、请求类型、步骤 1 中的 PDU 会话建立请求、用户位置信息、UE 接入类型等信息。Nsmf_PDUSession_UpdateSMContext 请求中还应携带 SM 上下文 ID。

步骤 4：如果 SMF 中没有与 SUPI、DNN 和 HPLMN 的 S-NSSAI 对应的会话管理相关的签约数据，SMF 需要从 UDM 中获取该数据，并且订阅 UDM 会话管理相关签约数据变更的通知。SMF 会根据收到的签约数据检查 UE 的会话建立请求是否有效。

步骤 5：SMF 针对步骤 3 中 AMF 发出的请求进行响应。SMF 可以选择接收 UE 的请求并创建/更新 SM 上下文，或者拒绝 UE 的请求并给出拒绝理由。

步骤 6：可选地，SMF 可以通过 DN-AAA 服务器进行 PDU 会话的二次鉴权/授权。

步骤 7a 至步骤 7b：如果 PDU 会话配置了动态 PCC，SMF 需要执行 PCF 选择或者选择已存在的 PDU 会话的 PCF，进行 SM 策略关联建立/修改流程以获取关于该 PDU 会话的 PCC 规则。

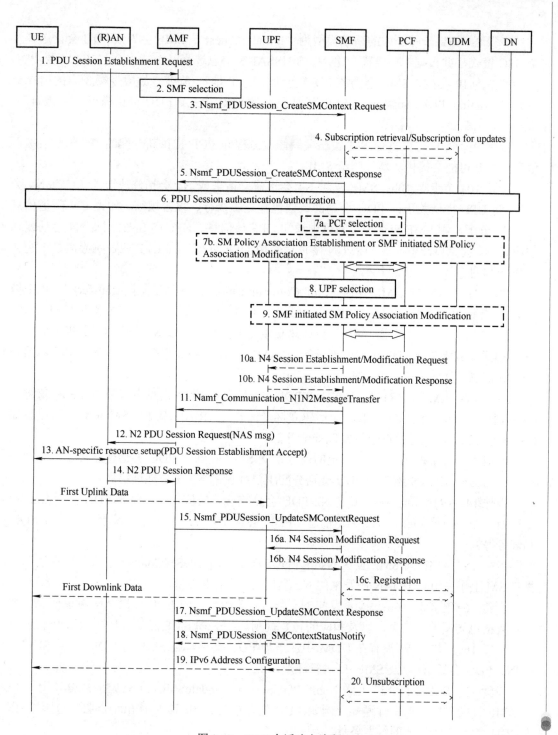

图 3-47　PDU 会话建立流程

步骤 8：如果步骤 3 中的请求类型为"Initial request"，SMF 会为该 PDU 会话选择一个 SSC 模式，并根据 UE 位置、DNN、S-NSSAI 等信息选择一个或多个 UPF。如果 PDU 会话类型为 IP 类型，SMF 会为该 PDU 会话分配 IP 地址/前缀。如果步骤 3 中的请求类型为"Existing PDU Session"，SMF 维持已有的 SSC 模式、PDU 会话锚点、IP 地址/前缀不变。

步骤 9：SMF 可以执行 SM 策略关联修改流程向 PCF 提供新分配的 IP 地址/前缀等信息，PCF 可能会提供更新策略给 SMF。

步骤 10a 至步骤 10b：SMF 发起 N4 会话建立请求或 N4 会话修改请求（已有 N4 会话），向 UPF 提供关于该 PDU 会话的数据包检测、执行、报告规则。如果 CN 隧道信息由 SMF 分配，则 SMF 应在请求消息中通知 UPF 该信息。UPF 向 SMF 回复 N4 会话建立响应或 N4 会话修改响应。如果 CN 隧道信息由 UPF 分配，则 UPF 应在响应消息中通知 SMF 该信息。

步骤 11：SMF 向 AMF 发送 Namf_Communication_N1N2MessageTransfer，消息中携带 PDU 会话 ID、N2 SM 信息（PDU 会话 ID、QFI、QoS 配置文件、CN 隧道信息、QoS 相关参数等）、N1 SM 容器（PDU 会话建立接受消息包括：QoS 规则、QoS 相关参数、SSC 模式、S-NSSAI、DNN、IP 地址等）。AMF 将在后续步骤中分别将 N1 SM 容器和 N2 SM 信息发送给 UE 和(R)AN。

步骤 12：AMF 向(R)AN 发送 N2 PDU 会话请求，请求消息中携带 N2 SM 信息、NAS 消息（PDU 会话 ID、PDU 会话建立接受消息）。(R)AN 从 N2 SM 信息中可以获知 CN 隧道信息，即上行数据包转发地址信息。

步骤 13：(R)AN 通过 AN 特定的信令将从 SMF 收到的 PDU 会话建立接受消息发送给 UE。此外，(R)AN 还会为 PDU 会话分配(R)AN 侧的 N3 隧道地址信息。

步骤 14：(R)AN 向 AMF 发送 N2 PDU 会话响应，响应消息中携带 PDU 会话 ID、拒绝原因（如果拒绝 QFI）、N2 SM 信息（PDU 会话 ID、AN 隧道信息、接受/拒绝的 QFI 列表等等）。

步骤 15：AMF 向 SMF 发送 Nsmf_PDUSession_UpdateSMContext 请求，请求消息中携带 SM 上下文 ID、(R)AN 侧发来的 N2 SM 信息、请求类型。

步骤 16a 至步骤 16b：SMF 发起 N4 会话修改请求，向 UPF 提供 AN 隧道信息，即下行数据包转发地址信息，以及相应的转发规则。UPF 向 SMF 回复 N4 会话修改响应。

步骤 16c：若 SMF 没有在 UDM 中注册该 PDU 会话，则 SMF 向 UDM 提供 SUPI、DNN、PDU 会话 ID 以及 SMF ID 进行注册。

步骤 17：SMF 向 AMF 发送 Nsmf_PDUSession_UpdateSMContext 响应。SMF 还可以向 AMF 订阅 UE 移动事件通知（例如，UE 位置报告、UE 移入/移出特定服务范围），作为 PDU 会话修改/释放的触发条件。

3. 会话修改流程

会话修改流程如图 3-48 所示。

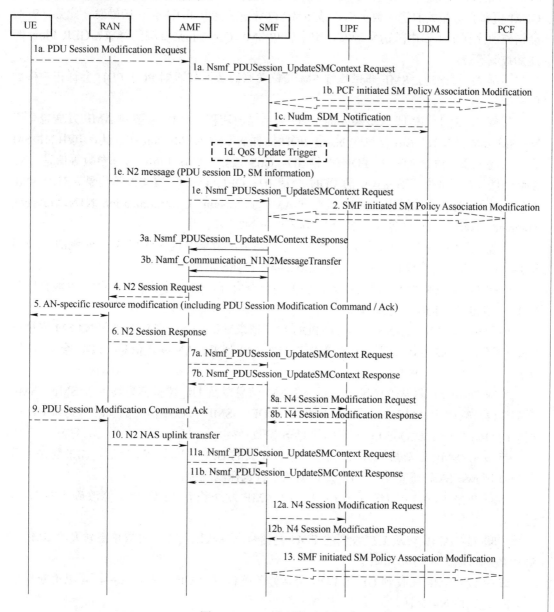

图 3-48 PDU 会话修改流程

步骤 1：PDU 会话修改流程可以由 UE 触发，即 UE 发送 PDU 会话修改请求给

AMF，消息携带 PDU 会话 ID、请求的 QoS 参数、数据包过滤器数量、数据包过滤器等信息。AMF 再向 SMF 发送 Nsmf_PDUSession_UpdateSMContext 请求，并在请求中携带 PDU 会话修改请求。PDU 会话修改流程也可以由 SMF 在 PCF 更改 SM 策略关联后，或 UDM 更新会话相关的签约数据后，或 SMF 自身决定修改 PDU 会话后触发。此外，PDU 会话修改流程也可以由(R)AN 触发，用于告知 SMF QoS Flow 资源的释放、GBR Flow 的通知控制等。

步骤 2：可选地，SMF 通过执行 SM 策略关联修改流程通知 PCF PDU 会话相关参数的改变。

步骤 3：对于 UE 或 AN 触发的 PDU 会话修改流程，SMF 需要向 AMF 发送包含了 N1 SM 容器以及 N2 SM 信息的 Nsmf_PDUSession_UpdateSMContext 确认，其中 N1 SM 容器包含了要发送给 UE 的 PDU 会话 ID、QoS 规则、QoS Flow 级别参数等信息，N2 SM 信息包含了要发送给 RAN 的 PDU 会话 ID、QFI、QoS 配置文件等信息。对于 SMF 触发的 PDU 会话修改流程，SMF 需要向 AMF 发送 Namf_Communication_N1N2Message Transfer，该消息中同样包含了 N1 SM 容器以及 N2 SM 信息。

步骤 4：AMF 向(R)AN 发送 N2 PDU 会话请求，请求中包含从 SMF 处收到的 N2 SM 信息，以及将要发送给 UE 的包含 N1 SM 容器的 NAS 消息。

步骤 5：(R)AN 与 UE 进行接入网相关的信令交互，例如对于 NG-RAN，可能会修改 PDU 会话相关的 RRC 连接配置。

步骤 6：(R)AN 向 AMF 发送 N2 PDU 会话请求确认，确认消息中包含 N2 SM 信息与 UE 位置信息，N2 SM 信息中包含接受/拒绝的 QFI 列表、AN 隧道信息、PDU 会话 ID 等信息。

步骤 7：AMF 将从(R)AN 收到的 N2 SM 信息以及 UE 位置信息转发给 SMF，SMF 收到该信息后回应 AMF。如果(R)AN 拒绝了 QFI，SMF 可以在需要的情况下更新 UE 中相应的 QoS 规则以及 QoS Flow 级别的 QoS 参数

步骤 8：SMF 更新与 PDU 会话修改流程相关的 UPF 之间的 N4 会话。如果创建了新的 QoS Flow，SMF 还需要向 UPF 提供新的上行包探测规则。

步骤 9 至步骤 10：UE 通过(R)AN 向 AMF 发送载有 PDU 会话修改确认的 NAS 消息。

步骤 11：AMF 将从 UE 收到的 PDU 会话修改确认以及 UE 位置信息转发给 SMF，SMF 收到该信息后回应 AMF。

步骤 12：SMF 在收到 UE 的 PDU 会话修改确认以及 UE 位置信息后，可以更新与相应 UPF 之间的 N4 会话。

步骤 13：如果 SMF 在步骤 1 或步骤 2 中与 PCF 进行了交互，SMF 可以通过 SMF 触发的 SM 策略关联修改流程告知 PCF PCC 决策是否被执行。SMF 还会将与 PDU 会话相关的 UE 位置信息的改变通知给订阅了该信息的实体。

4. 会话释放流程

会话释放流程如图 3-49 所示。

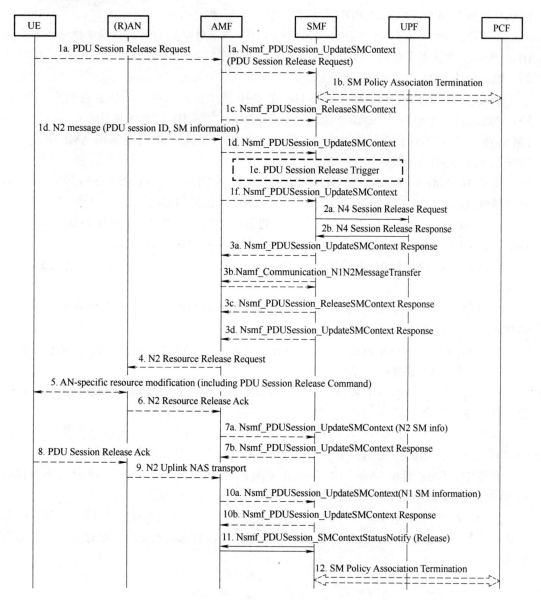

图 3-49　PDU 会话释放流程

步骤 1：PDU 会话释放流程可以由 UE 触发，即 UE 发送 PDU 会话释放请求给 AMF，消息携带 PDU 会话 ID。该请求由(R)AN 转发给 AMF 并携带用户位置信息，再由

AMF 转发给相应的 SMF。PDU 会话释放流程也可以由 SMF 在 PCF 终结 SM 策略关联后触发，或者根据 DN、UDM 等的请求触发。当 AMF 发现 PDU 会话状态在 UE 和 AMF 之间不匹配时，也可以发起 PDU 会话释放流程。此外，PDU 会话释放流程也可以由 (R)AN 触发，用于告知 SMF PDU 会话相关资源的释放。

步骤 2：SMF 发送 N4 会话释放请求给 PDU 会话对应的 UPF，请求中携带 N4 会话 ID。UPF 收到请求后释放 PDU 会话剩余的数据包，并释放与该 N4 会话相关的所有资源，然后回应 SMF 的 N4 会话释放请求。

步骤 3：如果 PDU 会话释放是由 UE 或 SMF 或(R)AN 触发的，SMF 会构造一个 N1 SM 容器，该容器中包含 PDU 会话释放命令（PDU 会话 ID 以及释放原因），并将该 N1 SM 容器连同 N2 SM 资源释放请求一起发送给 AMF。如果 PDU 会话是由 AMF 触发的，SMF 会响应 AMF 的请求。

步骤 4：AMF 向(R)AN 发送 N2 资源释放请求，请求中包含从 SMF 处收到的 N2 SM 资源释放请求，以及将要发送给 UE 的包含 N1 SM 容器的 NAS 消息。

步骤 5：(R)AN 与 UE 进行接入网相关的信令交互，在这期间(R)AN 发送包含了 N1 SM 容器给 UE，该容器中携带有从 AMF 处获得的 PDU 会话释放命令。

步骤 6：(R)AN 向 AMF 发送 N2 资源释放请求确认，确认消息中包含 UE 位置信息。

步骤 7：AMF 将从(R)AN 收到的 N2 SM 资源释放确认以及 UE 位置信息转发给 SMF，SMF 收到该信息后回应 AMF。

步骤 8：UE 向(R)AN 发送 PDU 会话释放命令确认，该确认消息是 NAS 消息，携带了 PDU 会话 ID 以及 PDU 会话释放确认。

步骤 9：(R)AN 向 AMF 转发其从 UE 处获取的 PDU 会话释放命令确认，并将 UE 位置信息一并发送给 AMF。

步骤 10：AMF 将从 UE 收到的 PDU 会话释放确认以及 UE 位置信息转发给 SMF，SMF 收到该信息后回应 AMF。步骤 8 至步骤 10 可以在步骤 6 至步骤 7 前发生。

步骤 11：SMF 通知 AMF PDU 会话相关的 SM 上下文已被释放，AMF 释放本地存储的 SMF ID、PDU 会话 ID、DNN 以及 S-NSSAI 之间的对应关系。

步骤 12：如果配置了动态 PCC，SMF 还需发起 SM 策略关联终结流程以删除 PDU 会话。此外，SMF 还会将与 PDU 会话相关的 UE 位置信息的改变通知给订阅了该信息的实体。

参 考 文 献

[1] Frank M. The 5G System Architecture[J]. Journal of ICT Standardization. 2018, 6(1):77-86.

[2]　3GPP TS 23.501. System Architecture for the 5G System.

[3]　中华人民共和国工业和信息化部. YD/T 3615-2019. 5G 移动通信网 核心网总体技术要求[S]. 北京：人民邮电出版社，2019.

[4]　中华人民共和国工业和信息化部. YD/T 3616-2019. 5G 移动通信网 核心网网络功能技术要求[S]. 北京：人民邮电出版社，2019.

[5]　3GPP TS 23.003. Numbering, Addressing and Identification.

[6]　IETF RFC 7542. The Network Access Identifier.

[7]　3GPP TS 33.501. Security architecture and procedures for 5G system.

[8]　3GPP TS 23.503. Policy and Charging Control Framework for the 5G System.

[9]　庞韶敏，李亚波. 3G UMTS 与 4G LTE 核网——CS，PS，EPC，IMS[M]. 北京：电子工业出版社，2011.

[10] 张明和. 深入浅出 4G 网络——LTE\EPC[M]. 北京：人民邮电出版社，2016.

[11] IETF RFC 4191. Default Router Preferences and More-Specific Routes.

[12] 3GPP TS 23.502. Procedures for the 5G System.

第 4 章　5G 组网部署

本章主要从核心网的角度介绍 5G 组网部署需关注的重点问题，其中 4.1 节介绍了非独立组网（NSA）和独立组网（SA）方式；4.2 节和 4.3 节分别分析了 NSA 和 SA 组网部署的关键问题；4.4 节介绍了 5G 语音解决方案。

4.1　NSA 与 SA

NSA 和 SA 指的是 5G 的两类组网方式。在 NSA 组网方式下，UE 从现有 LTE 接入网接入，LTE 基站（eNB）为主节点，NR 基站（gNB）为辅节点。在 SA 组网方式下，UE 可以 gNB 为主节点或者单独接入 gNB。概括来讲，NSA 组网以现有 LTE 网络为依托引入 NR 接入网进行数据分流，能够达到快速部署 5G 的目的，适用于早期 5G 部署场景。而 SA 组网对 5G 新业务的支持度更高，更能体现 5G 网络的特性，是 5G 网络演进的最终形态。每类组网方式下，根据核心网选择的不同（EPC 或是 5GC），还可以细分为多种架构选项。3GPP 一共讨论了 8 种不同的架构，以下给出介绍[1,2]。

4.1.1　5G 组网架构

1. Option 1 架构

图 4-1 为 Option 1 架构的示意图。在 Option 1 架构中，UE 连接到 4G LTE 接入网，LTE 接入网连接到 4G 核心网（EPC）。UE 和 LTE 接入网、LTE 接入网和 EPC 之间均存在用户面和控制面连接，可以进行用户面数据和控制面数据的交互。该架构属于传统的 4G 架构，不涉及任何 5G 接入网和 5G 核心网网元，可以作为 4G 网络向 5G 网络演进的起点。

2. Option 2 架构

图 4-2 为 Option 2 架构的示意图。在 Option 2 架构中，UE 连接到 5G NR 接入网，NR 接入网连接到 5G 核心网（5GC）。UE 和 NR 接入网、NR 接入网和 5GC 之间均存在用户面和控制面连接，可以进行用户面数据和控制面数据的交互。该架构属于独立的 5G 架构，不涉及任何 LTE 接入网和 4G 核心网网元，是 4G 网络向 5G 网络演进的最终形态。

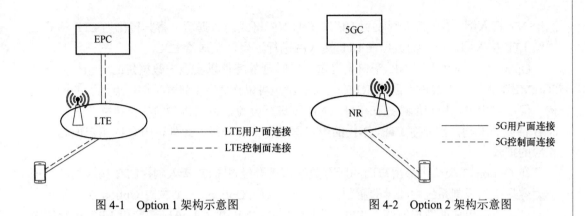

图 4-1　Option 1 架构示意图　　　　　　　　图 4-2　Option 2 架构示意图

3．Option 3/3a/3x 架构

Option 3 系列架构是核心网采用 EPC，接入网由 LTE 和 NR 混合组网的架构。图 4-3 为 Option 3 架构的示意图。在 Option 3 架构中，UE 可以同时连接到 LTE 接入网和 NR 接入网，与两个接入网建立用户面连接，但 UE 只能与 LTE 接入网建立控制面连接。LTE 接入网连接到 EPC，二者之间存在用户面和控制面连接，可以进行用户面数据和控制面数据的交互。NR 接入网不直接与 EPC 进行通信，而是连接到 LTE 接入网，与 LTE 接入网之间建立用户面连接和控制面连接。

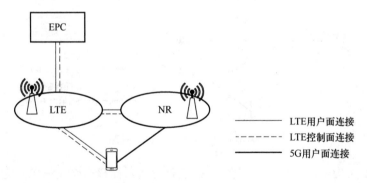

图 4-3　Option 3 架构示意图

以 Option 3 架构为基础，根据用户面数据分流方式的不同，Option 3 系列架构可以进一步细分为 Option 3、Option 3a、Option 3x 架构。对 UE 而言，Option 3 系列架构的锚点都位于 LTE 侧，即 LTE 基站（eNB）作为主基站。

对比 Option 1 架构，Option 3 架构在 Option 1 架构的基础上增加了 NR 接入网进行流量扩容，用户面数据在 LTE 接入网进行分流。对于下行数据，LTE 接入网将一部分数据直接发给 UE，另一部分数据发给 NR 接入网。NR 接入网收到数据后，将其转化为 NR 格式发送给 UE。对于上行数据，UE 将一部分数据发送给 LTE 接入网，另一部分数据发送给 NR 接入网。NR 接入网收到 UE 发来的 NR 格式的数据后，将其转化为 LTE 格式发送给 LTE 接入网，用户面数据在 LTE 接入网进行汇聚后发送给 EPC。

Option3 架构利用了 NR 空口大容量、低时延的特性以实现大数据量的传输从而支持 5G eMBB 业务。该架构不需要 5G 的连续覆盖，可以作为 5G 部署早期热点地区的网络架构。但该架构中，用户面数据在 LTE eNB 侧进行分流，数据传输的峰值速率会受到 LTE eNB 性能的限制，需要对 LTE eNB 的用户面进行扩容升级。此外，EPC 的用户面也需要相应的扩容。

在 Option 3 架构中，用户面的所有数据都需要经过 LTE 接入网，LTE 接入网的处理能力容易成为限制系统吞吐量的瓶颈。基于这一点，Option 3a 架构对 Option 3 架构进行了改进，使得用户面数据能够在 EPC 侧进行分流，NR 接入网可以直接和 EPC 进行用户面数据交互，不再经过 LTE 接入网处理转发，从而避免了上述问题。

图 4-4 为 Option 3a 架构的示意图。相比 Option 3 架构，在 Option 3a 架构中，NR 接入网与 EPC 之间存在用户面连接，而与 LTE 接入网之间不存在用户面连接。对于下行数据，NR 接入网将从 EPC 处收到的数据转化为 NR 格式发送给 UE。对于上行数据，NR 接入网收到 UE 发来的 NR 格式的数据后，将其转化为 EPC 兼容的格式发送给 EPC。

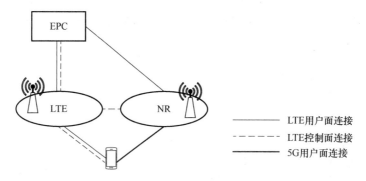

图 4-4　Option 3a 架构示意图

Option 3a 架构中，用户面数据在 EPC 进行分流，而核心网无法感知无线信道质量的动态变化，从而难以根据无线链路情况调整分流策略，只能使用基于无线接入承载（RAB）的静态分流方式，缺乏灵活性。基于这一点，3GPP 又提出了 Option 3x 架构，该架构综合了 Option 3 架构和 Option 3a 架构的特点，既支持用户面数据在 LTE 接入网分流也支持在 EPC 分流。

图 4-5 为 Option 3x 架构的示意图。相比 Option 3 架构和 Option 3a 架构，NR 接入网既支持与 LTE 接入网建立用户面连接，也支持与 EPC 建立用户面连接。因此该架构可以根据无线链路情况调整分流策略，提高系统吞吐量。

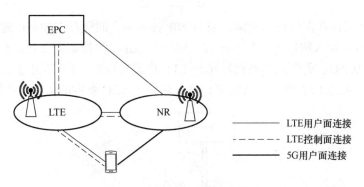

图 4-5　Option 3x 架构示意图

4. Option 4/4a/4x 架构

Option 4 系列架构是核心网采用 5GC，接入网采用增强的 LTE（eLTE）和 NR 混合组网的架构。图 4-6 为 Option 4 架构的示意图。在 Option 4 架构中，UE 可以同时连接到 LTE 接入网和 NR 接入网，与两个接入网建立用户面连接，但 UE 只能与 NR 接入网建立控制面连接。NR 接入网连接到 5GC，二者之间存在用户面和控制面连接，可以进行用户面数据和控制面数据的交互。LTE 接入网不直接与 5GC 进行通信，而是连接到 NR 接入网，与 NR 接入网之间建立用户面连接和控制面连接。由于 LTE 接入网需要通过 NR 定义的接口与 NR 接入网建立连接，因此 LTE 接入网需要升级增加对 NR 接口的支持，升级后的 LTE 接入网称为 eLTE 接入网。在 Option 4 架构中，对于下行数据，NR 接入网将一部分数据直接发给 UE，另一部分数据发给 LTE 接入网。LTE 接入网收到数据后，将其转化为 LTE 格式发送给 UE。对于上行数据，UE 将一部分数据发送给 NR 接入网，另一部分数据发送给 LTE 接入网。LTE 接入网收到 UE 发来的 LTE 格式的数据后，将其转化为 NR 格式发送给 NR 接入网，用户面数据在 NR 接入网进行汇聚后发送给 5GC。

对比 Option 2 架构，Option 4 架构在 Option 2 架构的基础上增加了 LTE 接入网，从而实现了流量扩容的目标，用户面数据在 NR 接入网进行分流。

与 Option 3 系列架构对比，Option 3 系列架构的核心网采用 EPC，并且 NR 接入网只是用于用户面数据分流。Option3 针对早期 5GC 尚未部署并且新增 NR 基站数量较少不足以形成广覆盖的情况，利用 NR 大容量、低时延的特性在热点地区快速部署 5G。随着 5GC 部署与完善，以及 5G 基站数量的增多，Option 4 架构以 5G 网络为基础，将 LTE 接入网作为补充，只用于分流用户面数据，既能支持 URLLC 等 5G 新型业务，又能充分利用现有 LTE 接入网的基础设施。

以 Option 4 架构为基础，根据用户面数据分流方式的不同，Option 4 系列架构可以进一步细分为 Option 4、Option 4a、Option 4x 架构。对 UE 而言，Option 4 系列架构的锚点位于 NR 侧，即 NR 基站（gNB）作为主基站。

图 4-7 为 Option 4a 架构的示意图。相比 Option 4 架构，在 Option 4a 架构中，LTE 接

入网与 5GC 之间仅存在用户面连接，而与 NR 接入网之间仅存在控制面连接。LTE 接入网需升级至 eLTE 接入网以支持与 NR 接入网间的 Xn-C 等控制面接口。对于下行数据，LTE 接入网将从 5GC 处收到的数据转化为 LTE 格式发送给 UE。对于上行数据，LTE 接入网收到 UE 发来的 LTE 格式的数据后，将其转化为 5GC 兼容的格式发送给 5GC。

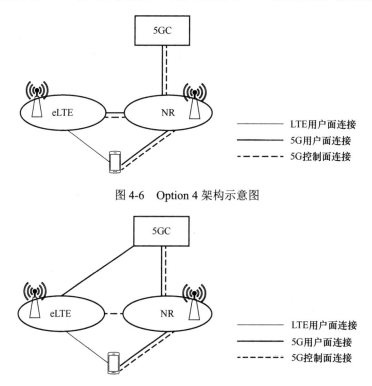

图 4-6　Option 4 架构示意图

图 4-7　Option 4a 架构示意图

　　与 Option 3a 架构类似，Option 4a 架构中用户面数据在 5GC 进行分流，5GC 难以根据无线链路情况动态调整分流策略，缺乏灵活性。基于这一点，3GPP 又提出了 Option 4x 架构，该架构综合了 Option 4 架构和 Option 4a 架构的特点，既支持用户面数据在 NR 接入网分流也支持在 5GC 分流。图 4-8 为 Option 4x 架构的示意图。

5．Option 5 架构

　　图 4-9 为 Option 5 架构的示意图。在 Option 5 架构中，UE 连接到 LTE 接入网，LTE 接入网连接到 5GC。UE 和 LTE 接入网、LTE 接入网和 5GC 之间均存在用户面和控制面连接。LTE 接入网需升级为 eLTE 接入网以支持 5GC 接口，用于与 5GC 之间的用户面数据和控制面数据交互。由于该架构下不存在 NR 接入网，eLTE 仅为接口方面的升级，因此无法支持 5G 新业务。

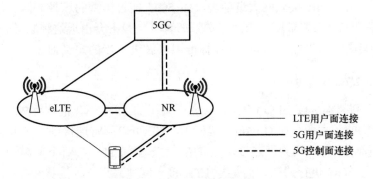

图 4-8　Option 4x 架构示意图

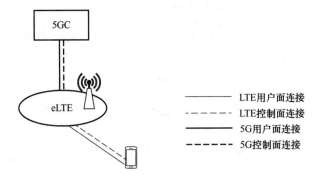

图 4-9　Option 5 架构示意图

6．Option 6 架构

图 4-10 为 Option 6 架构的示意图。与 Option 5 架构相比，Option 6 架构将 Option 5 架构中的 eLTE 接入网替换为 NR 接入网，将 5GC 替换为 EPC。由于没有使用 5GC，该架构仅支持 eMBB 业务，对 5G 其他业务的支持能力有限。

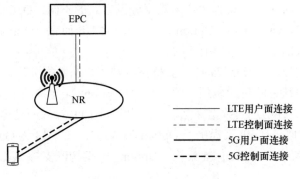

图 4-10　Option 6 架构示意图

该架构仅适用于 NR 接入网大量部署，而 5GC 部署缓慢的场景。但实际 NR 接入网部署难度远大于 5GC 部署难度，因此在实际部署时一般不会出现这种场景。

考虑到该架构的局限性，Option 6 在标准中未做进一步的定义。

7. Option 7/7a/7x 架构

Option 7 系列架构是核心网为 5GC、接入网采用 eLTE 和 NR 混合组网的架构。图 4-11 为 Option 7 架构的示意图。在 Option 7 架构中，UE 可以同时连接到 LTE 接入网和 NR 接入网，与两个接入网建立用户面连接，但 UE 只能与 eLTE 接入网建立控制面连接。NR 接入网不直接与 5GC 进行通信，而是与 LTE 接入网建立用户面连接和控制面连接。LTE 接入网需升级至 eLTE 接入网，以支持与 NR 接入网和 5GC 之间的连接。

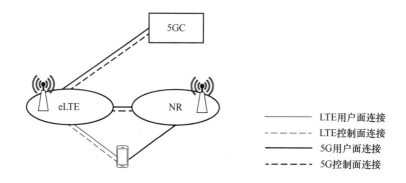

图 4-11　Option 7 架构示意图

对比 Option 5 架构可以发现，Option 7 架构在 Option 5 架构的基础上，引入了 NR 接入网进行数据分流。Option 7 架构同时使用了 NR 接入网以及 5GC，因此该架构可以支持 5G 新业务。由于 Option 7 架构与 Option 3 架构很相似，将 LTE 替换为 eLTE 、EPC 替换为 5GC，各节点数据分流操作与 Option 3 架构中描述类似，此处不再赘述。

以 Option 7 架构为基础，根据用户面数据分流方式的不同，Option 7 系列架构可以进一步细分为 Option 7、Option 7a、Option 7x 架构。对 UE 而言，Option 7 系列架构的锚点都位于 LTE 侧，即 eLTE 基站作为主基站。

与 Option 3a 类似，Option 7a 通过支持核心网用户面数据分流，避免了 LTE 接入网处理能力成为限制系统吞吐量的瓶颈。图 4-12 为 Option 7a 架构的示意图，其中 NR 接入网可以直接和 5GC 进行用户面数据交互，不用再经过 LTE 接入网处理转发。

与 Option 3x 类似，3GPP 又提出了 Option 7x 架构，图 4-13 为 Option 7x 架构的示意图。相比 Option 7 架构和 Option 7a 架构，Option 7x 架构既支持 5GC 分流，又支持 LTE 接入网分流。

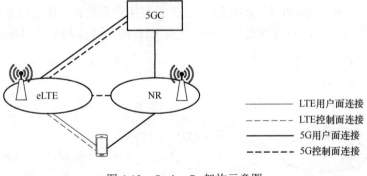

图 4-12　Option 7a 架构示意图

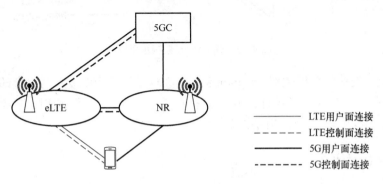

图 4-13　Option 7x 架构示意图

8．Option 8/8a 架构

Option 8 系列架构是核心网采用 EPC、接入网采用 LTE 和 NR 混合组网的架构。图 4-14 为 Option 8 架构的示意图。与 Option 4 架构相比，Option 8 架构将 5GC 替换为了 EPC，LTE 接入网与 NR 接入网之间的接口改为 LTE 接口，从而无须升级 LTE 接入网。该架构中，各节点数据分流操作与 Option 4 架构中描述类似，此处不再赘述。以 Option 8 架构为基础，根据用户面数据分流方式的不同，Option 8 系列架构中还存在 Option 8a 架构。

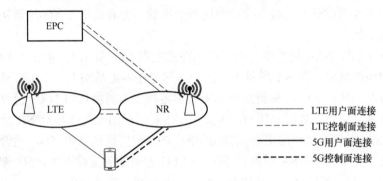

图 4-14　Option 8 架构示意图

如图 4-15 所示，Option 8a 架构支持 EPC 进行用户面数据分流，LTE 接入网直接与 EPC 建立用户面连接，能够更加充分地利用现有 LTE 接入网与 EPC 之间的数据通道。

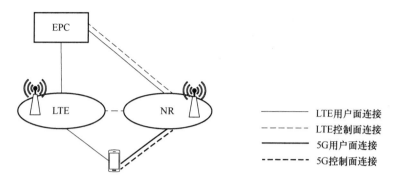

图 4-15　Option 8a 架构示意图

与 Option 6 架构的分析类似，Option 8 系列架构适用于 NR 接入网大量部署，而 5GC 部署缓慢的场景，在实际部署时一般不会存在该类场景。考虑到实际部署的局限性，Option 8/8a 在标准中未做进一步的定义。

4.1.2　不同架构对比

5G 的多种组网架构选项各有优劣，适用于不同的场景。本小节将对不同架构进行对比，更进一步地分析不同架构的优缺点。归纳分析 5G 的多种组网架构选项，可以发现这些架构主要在三个方面有所不同，即 NSA 组网还是 SA 组网、有无 5GC、数据分流发生在核心网侧还是接入网侧。

NSA 组网还是 SA 组网决定了控制面的走向。对于用户来讲，采用 NSA 组网的架构选项以 LTE 接入网为锚点，即控制面锚定在 LTE 接入网上，如 Option 3 系列架构、Option 7 系列架构。而采用 SA 组网的架构选项以 NR 接入网为锚点，如 Option 2 架构、Option 4 系列架构。由于现有 LTE 接入网具有良好的覆盖，UE 以 LTE 接入网为锚点相比以 NR 接入网为锚点能够大大减少控制面切换的次数，尤其适用于 5G 部署初期 NR 接入网覆盖不足的场景。

如图 4-16 所示，NSA 场景下，由于控制面锚定在 LTE 基站上，UE 在 LTE 小区内移动时不需要切换控制面。而 SA 场景下，控制面锚定在 NR 基站上，当 UE 移动到 NR 覆盖范围之外时需切换到 LTE，重新回到 NR 覆盖范围之内时再切回 NR。反复的切换不仅会带来信令风暴，更会降低用户体验，因此采用 SA 组网的架构选项对 NR 连续覆盖有较高的要求。NSA 组网能够利用现有 LTE 网络在热点地区快速部署 5G，适合运营商快速抢占 5G 市场。但考虑到 NSA 组网对 5G URLLC 等新业务支持有限，5G 部署后期仍需要将 NSA 组网演进成 SA 组网，相比直接使用 SA 组网，投资较多。

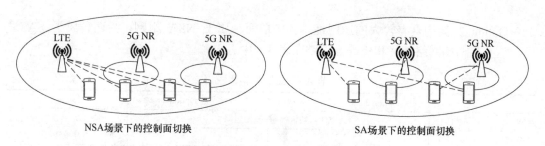

图 4-16 NSA 和 SA 移动性管理比较

有无 5GC 影响了网络对 5G 业务的支持程度。不同于 EPC，5GC 基于虚拟化和服务化架构，能够通过灵活组合网络资源，敏捷高效地创建网络切片，为不同行业的 5G 业务提供强有力的 QoS 保障。此外，5GC 的用户面和控制面完全分离，使得 UPF 能够根据实际需求下沉和分布式部署，能够更好地支持 MEC 以减少网络传输时延、减轻核心网网络负担。相比之下采用 NR 接入网+EPC 的架构选项仅能支持需要大数据量传输的 5G eMBB 业务。

数据分流发生在核心网侧还是接入网侧决定了网络能否根据无线链路情况调整分流策略。如图 4-17 所示，对于采用核心网分流的组网架构，如 Option 3a/7a/4a 架构，核心网难以（充分）感知无线信道的变化情况，只能在 RAB 粒度上进行数据分流，将不同 RAB 发给不同接入网。如果只有一个 RAB，那么核心网将无法分流此 RAB。对于采用接入网分流的组网架构，如 Option 3x/7x/4x 架构，接入网可以在包级别进行数据分流，并且能够根据无线链路情况进行实时调度，从而充分利用 LTE 和 NR 的资源确保更好的用户体验。

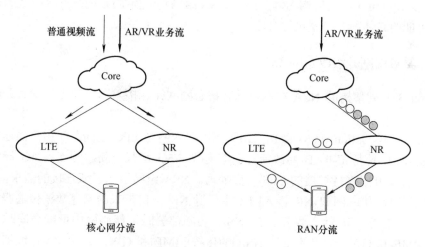

图 4-17 核心网与接入网分流差异

通过上述分析，可以发现在 5G 部署中，Option 3 系列、Option 7 系列、Option 4 系列、Option 2 架构具有较大的适用性，其中前两种属于 NSA 组网，后两种属于 SA 组网。这些架构的网络特征和优缺点总结在表 4-1 中。

表 4-1　组网架构比较

		Option 3	Option 7	Option 4	Option 2
网络特征	无线	5G 基站依赖 4G 基站组网			5G 基站独立组网
	终端	终端双连接			终端单连接
	核心网	EPC+	5GC		
	AN-CN 接口	4G 接口	5G 接口		
	优点	对现网改造少、快速开通 5G、覆盖好	具备完整的 5G 新功能、覆盖好、移动性较好	具备完整的 5G 新功能	具备完整的 5G 新功能、单独建网，对现网无影响
	缺点	仅支持 eMBB 大带宽	现网 eNB 大规模升级、核心网技术跨度大	4G/5G 可能覆盖交错导致大量互操作、核心网技术跨度大	初期 5G 覆盖较差

4.2　NSA 组网部署

NSA 组网依托现有 LTE 网络进行 5G 组网，使得运营商能够在热点地区快速部署 5G 抢占市场，是早期 5G 部署的选项之一。NSA 组网需要对现有 LTE 网络进行升级改造，以支持 NR 接入网和/或 5GC 的引入。

下面以 Option 3 系列架构为例，阐述 NSA 组网对现有 LTE 网络升级改造的需求，并对 NSA 可能的具体部署方案进行介绍。

4.2.1　NSA 对现网升级改造的需求

Option 3 系列架构的 NSA 组网对现有核心网网元、接入网以及 UE 均有升级改造的需求。

MME：针对 Option 3a/3x 架构，由于 NR 接入网与 EPC 之间存在用户面连接，为此需要升级 MME 使得 E-RAB 修改流程能够支持 4/5G 承载更新。为支持 5G 高带宽的需求，MME 需要升级支持扩展的 QoS 协商处理。NSA 组网引入了双连接的需求，UE 需要同时连接到 LTE 接入网和 NR 接入网才能获得 NR 空口带来的高速数据传输服务，为此 MME 需升级支持 NR 接入授权。在 NSA 实际部署时，核心网中可能会同时存在支持 NSA 的 MME 和 GW，以及不支持 NSA 的传统 MME 和 GW，为使 MME 能够选择支持 NSA 的 MME 和 GW 为 UE 服务，MME 可以升级以支持 Décor 选网（Décor 的介绍见本小节末）用于 MME 选择，以及升级支持根据 UE 能力选择大带宽 GW。

GW：针对 Option 3a/3x 架构，GW 需支持与 NR 接入网间的接口与路由。为支持 5G 高带宽的需求，GW 需要升级支持扩展的 QoS 协商处理。

HSS：为支持 5G 高带宽的需求，HSS 需要升级支持扩展的 QoS 签约信息。为满足 NSA 组网引入的双连接需求，HSS 需要升级以支持 NR 接入授权。此外，HSS 还可以通过支持 UE Usage Type 参数协助进行 Décor 选网。

PCRF：为支持 5G 高带宽的需求，PCRF 需要升级支持扩展的 QoS 策略处理。

接入网：针对 Option 3 系列架构，eNB 需要升级支持 eNB 和 NR 互连、业务分流决策。为支持 5G 高带宽的需求，针对 Option 3 架构，eNB 需要支持高带宽用户面转发以及高带宽 QoS 处理。为满足 NSA 组网引入的双连接需求，eNB 需要能够接受 MME 授权指示，允许或限制 5G 用户在 NR 接入。为选择支持 NSA 的 MME，eNB 需要支持 REROUTE 流程重选 MME。

UE：为支持 5G NSA，UE 需要支持 5G NSA 协议栈。为支持 5G 高带宽的需求，UE 需要支持高带宽用户面转发以及高带宽 QoS 处理。为满足 NSA 的双连接需求，UE 需要做相应的软硬件升级。为使网络能够选择支持 NSA 的 MME 和 GW 为自身服务，UE 可以升级以支持 Décor 选网，以及支持 UE 能力上报辅助网络进行网元选择。

在上述 NSA 组网对现有核心网网元、接入网以及 UE 的升级改造需求中，提到了一个名词 Décor。下面就来讲解一下什么是 Décor。

Décor，即专用核心网，又称为 DCN（Dedicated Core Network）。例如，在 EPC 组网的基础上，运营商可以规划出传统 LTE 专用核心网、M2M 专用核心网（eMTC 专用核心网和 NB-IoT 专用核心网）。当 M2M 终端用户和传统 LTE 用户使用相同的无线接入技术接入网络时，RAN 侧无法根据 RAT 类型区分业务类型。MME 通过终端签约的 UE Usage Type 识别终端所属的专用核心网，进行专用核心网重选流程，将特定的终端用户接入到特定的专用核心网进行服务。使 M2M 业务和传统 LTE 业务互不影响，便于业务运营维护。相同的流程可以用于为 5G NSA 用户选择支持 NSA 的核心网，即 4G 用户和 5G NSA 用户通过相同的 RAT 接入 LTE 接入网，MME 可以根据用户的签约信息判断该用户是 4G 用户还是 5G NSA 用户，进而为其选择合适的网络。

4.2.2 NSA 部署方案

1. 关键问题

网络支持 5G NSA 需对 EPC 进行升级，而升级后的 EPC（主要是 MME）和原 EPC 功能不同，所以 NSA EPC 和 4G EPC（主要是二者的控制面）需要单独组成 Pool。由于 NSA MME Pool 的覆盖和现网的 4G MME Pool 重叠，现网 eNB 需同时连接到两个 MME pool。当 NSA 5G UE 从纯 4G 网络接入，仍然要锚定到 NSA MME Pool，否则当 UE 进入 5G 覆盖的时候，4G MME 无法支持 5G 的 NSA 业务。由此引发了 NSA 部署中的一个关键问题：当 5G NSA UE 接入网络的时候，如何为 UE 选择正确的 MME Pool？不同的选择方式决定了相应部署方案的差异。

2. 部署方案

一般来讲，部署方案中可以采用专用 PLMN 或 Décor 等方法为 UE 选择合适的 MME Pool，或者升级所有现网 MME 以支持 NSA。专用 PLMN 方法是指 eNB 广播 4G/5G 两个 PLMN，5G NSA UE 选择 5G PLMN。由于用户开通 5G 业务时可能不换卡不换号，因此采用专用 PLMN 的部署方案并不适合商用部署。接下来，分别介绍采用 Décor 以及升级现网 MME 的两个部署方案。

（1）方案一：基于 Décor 的 NSA 部署方案

方案一的部署方案是新建云化的支持 NSA 的 MME（MME+）和 CUPS 网关，而保持现网 MME 和网关不变。为了支持为 5G NSA UE 选择合适的核心网，方案一还需要升级现网 HSS/MME/eNB 以支持增强的 Décor 特性，并且为具备 NSA 能力的网关在 DNS 域名上添加相应后缀以供 MME+ 识别选择。

方案一的部署示意图如图 4-18 所示。当 5G NSA UE 首次接入到传统 MME 时，可以通过 Décor 特性重定向到 MME+ pool，再由 MME+ 根据网关 DNS 为 5G NSA UE 选择支持 NSA 的网关。

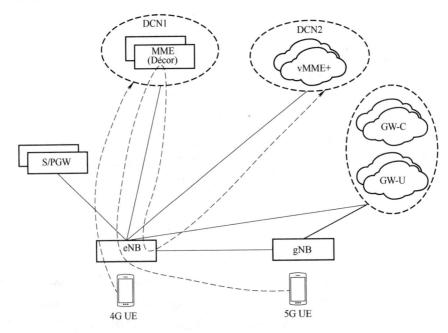

图 4-18　基于 Décor 的 NSA 部署方案示意图

　　基于 Décor 进行 NSA 部署，不需要规划新的 PLMN，不需要 5G 用户换卡。但为使现网支持增强的 Décor 特性，需要对现网全部 HSS/MME/eNB 进行软件升级，工程量较大。此外，大规模部署 NSA 后，大量 UE 为 5G NSA UE，仅有新建的 MME+能为其提供服务，原有 MME 资源无法重用。

　　（2）方案二：基于升级现网 MME 的 NSA 部署方案

　　方案二的部署方案是新建云化的支持 NSA 的 MME（MME+）和 CUPS 网关，并且升级现网 MME 使其支持 NSA，将新建的云化 MME+和现网升级后的 MME+组成混合 pool。为支持 MME+选择合适的网关为 5G NSA UE 服务，方案二还需要为具备 NSA 能力的网关在 DNS 域名上添加相应后缀以供 MME+识别选择。

　　方案二的部署示意图如图 4-19 所示。由于新建的云化 MME+和现网升级后的 MME+均支持 5G NSA，当 5G NSA UE 初始注册时，eNB 可以根据负荷分担原则选择 MME+，再由 MME+根据网关 DNS 为 5G NSA UE 选择支持 NSA 的网关。

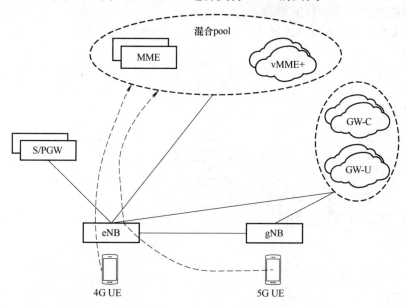

图 4-19　基于升级现网 MME 的 NSA 部署方案示意图

　　对比方案一，方案二仅对现网中的 MME 进行升级，工程量小。此外，eNB 可以基于负荷分担原则选择 MME+，现网 MME 资源得以充分利用。

4.3　SA 组网部署

　　SA 组网能支持所有的 5G 新业务，是 5G 网络部署的最终形态。由于 5GC 的用户面和控制面完全分离，部署原则也不尽相同，本节将分 5GC 控制面和 5GC 用户面两个方面介绍 SA 组网部署。

4.3.1　5GC 控制面部署

1. SA 5GC 网元融合部署

5G SA 的部署是一个长期的过程。在 5G SA 部署的前中期，4G 网络可以弥补 5G 网络的覆盖不足，保障用户业务连续性，因此 4G/5G 互操作就成为 5G SA 部署过程中需要重点考虑的问题之一。

3GPP TS23.501[3]中提出了 5GC 网元融合部署（合设）以简化 4G/5G 互操作。图 4-20 为 5GC 网元融合部署架构，其中网元融合包括三类网元原生融合：

- 存储用户数据的 HSS+UDM 融合。
- 策略控制的 PCRF+PCF 融合。
- 用户面相关网元 SMF+PGW-C 融合以及 UPF+PGW-U 融合。

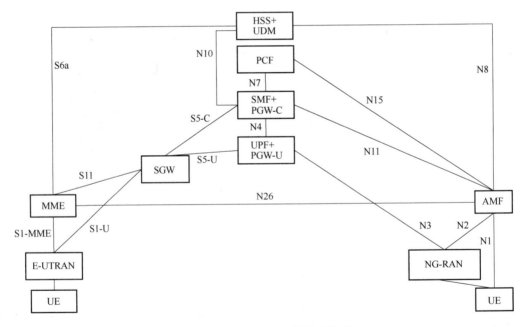

图 4-20　SA 5GC 网元融合部署架构

此外，还包括可选的 AMF 和 MME 融合（N26 接口）。

三类原生融合网元中，5G 网元具备 4G 网元的相关功能，因此天然地支持融合部署。在 4G/5G 互操作过程中，HSS+UDM 融合保证了用户数据一致性，PCRF+PCF 融合保证了策略一致性以及连续性，用户面相关网元融合使得移动锚点不变进而能够保证用户面数据连续性。这三类网元融合部署，构建了 4G/5G 互操作的基础架构。

原生融合网元兼容 4G/5G 接口：

- 原生融合网元之间采用 5G 接口。
- 原生融合网元与 EPC 网元之间采用 4G 接口。
- 原生融合网元与 5GC 网元之间采用 5G 接口。

AMF 和 MME 的融合是指 AMF 和 MME 可以基于 N26 接口进行互通，在标准中 N26 接口为可选项。当实现了 HSS+UDM 融合、PCRF+PCF 融合及用户面相关网元融合之后，即使 AMF 和 MME 之间没有 N26 接口进行互通，也可以进行无 N26 的 4G/5G 互操作流程满足相应的需求。但有了 N26 接口，4G/5G 互操作流程会大大简化，用户体验也能得到提升。

以 5G 到 4G 的互操作为例[4]，如图 4-21 所示，当无 N26 接口时，UE 需通过选网触发 TAU 或附着流程重新接入 4G，UE 重选接入过程中在 5GC 中的业务服务质量将无法保障。为了保持 UE 锚点不变，在无 N26 接口的情况下，PGW+SMF 需支持将 UE 锚点（PGW-C+SMF ID）注册到 HSS/UDM，互操作过程中再由 MME 从 HSS+UDM 中获取 PGW-C+SMF ID。UE 获得 PGW-C+SMF ID 后再发起 PDN 连接建立流程，连接建立完成后才能继续传输中断的业务。在这种情况下，4G/5G 传输中断一般在几秒左右。当有 N26 接口时，AMF 可以通过 N26 接口向 MME 传递用户上下文，进而预先在目标侧建立承载和间接转发通道。整个互操作过程中，UE 的业务只在空口切换过程中有短暂中断，传输中断一般在几百毫秒的量级。此外，AMF 和 MME 也可以通过合设的方式进行深度融合，融合后可以降低网元间的信令交互，避免 5G 初期频繁切换引起的信令风暴，还能共享 AMF 和 MME 的资源，并且简化运维。AMF/MME 深度融合网元按不同逻辑网元对外提供接口。

2．5GC 部署方案

与 NSA 部署类似，SA 5GC 部署时需要考虑如何为从 4G 接入网接入的 5G UE 选择合适的核心网以支持 4G/5G 互操作，包括 MME 和 4G/5G 融合网元。部署方案可以采用专用 PLMN、Décor、现网升级等方法解决上述问题。专用 PLMN 方法是指 5G UE 接入 4G 接入网时携带 5G PLMN ID，再由 eNB 选择与 4G/5G 融合网元相连的 MME，进而由该 MME 选择 4G/5G 融合网元为 5G UE 提供服务。专用 PLMN 方法需要用户更换 SIM 卡，这将会阻碍其实际部署。接下来将为大家分别介绍基于 Décor 以及采用 4G 和 5G 跨 pool 互操作的两个 SA 部署方案。

（1）方案一：基于 Décor 的 SA 部署方案

方案一的部署方案是新建云化融合 5GC，包括 AMF/MME、SMF/GW-C 和 UPF/GW-U，并保持现网 MME 和网关不变。为了支持给从 4G 接入网接入的 5G SA UE 选择合适的核心网，方案一需要升级现网 HSS/MME/eNB 以支持增强的 Décor 特性，并且为融合网元在 DNS 域名上添加相应后缀以供 AMF/MME 识别选择。

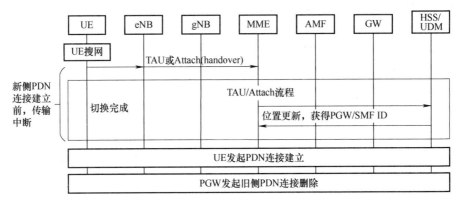

无N26接口5G→4G互操作（空闲态和连接态相同）

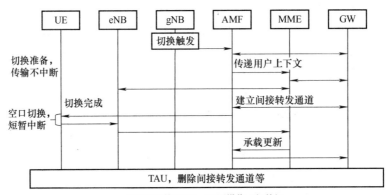

基于N26接口5G→4G互操作（切换）

图 4-21　基于 N26 接口和无 N26 接口互操作流程对比

　　方案一的部署示意图如图 4-22 所示。5G UE 首次接入到传统 MME 时，通过 Décor 特性重定向到融合 5GC，再由 AMF/MME 根据网关 DNS 为 5G SA UE 选择 5G 融合网关（SMF/GW-C 和 UPF/GW-U）。

　　对比采用专用 PLMN 的部署方案，方案一基于 Décor 进行 SA 部署，不需要规划新的 PLMN，不需要 5G 用户换卡。此外，5G 用户锚定 5G 融合核心网，由于 AMF/MME 合设，因此无跨节点互操作。但方案一为使现网支持增强的 Décor 特性，需要对现网全部 HSS/MME/eNB 进行软件升级，工程量较大。

　　（2）方案二：采用 4G 和 5G 跨 pool 互操作的 SA 部署方案

　　方案二的部署方案是新建云化 5GC，包括 AMF 以及 4G/5G 融合网元，并且升级现网 MME 使其支持 N26 接口和融合网元选择。为支持 MME 选择合适的融合网元为 5G UE 服务，部署方案还需要为融合网元在 DNS 域名上添加相应后缀以供 MME 识别选择。

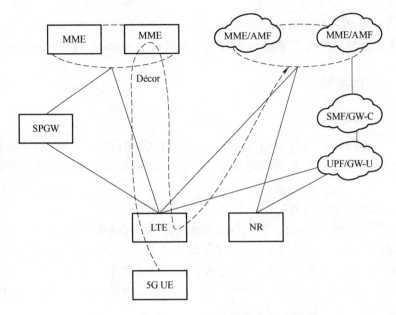

图 4-22　基于 Décor 的 SA 部署方案示意图

　　方案二的部署示意图如图 4-23 所示。当 5G UE 接入 4G 接入网时，MME 为其选择融合网元。当 5G UE 接入 5G 接入网时，AMF 为其选择融合网元。由于网络为 5G UE 选择了融合网元，并且 MME 和 AMF 之间存在 N26 接口，当 5G UE 在 4G 接入网和 5G 接入网间移动时，MME 和 AMF 可以通过 N26 接口进行跨 pool 4G/5G 互操作。

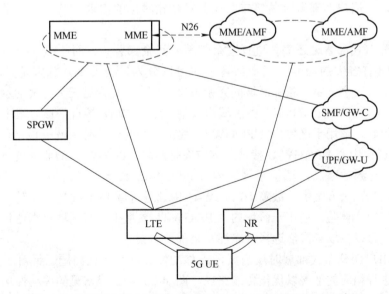

图 4-23　采用 4G 和 5G 跨 pool 互操作的 SA 5GC 部署方案示意图

对比采用专用 PLMN 和 Décor 的部署方案，采用 4G 和 5G 跨 pool 互操作的 SA 5GC 部署方案不需要用户使用新的 SIM 卡，且仅需升级现网 MME，对现网的改动较小。

4.3.2 5GC 用户面部署

1. 用户面部署原则

在 4.3.1 节中讲到为支持 4G/5G 互操作，SA 5GC 部署时需要将用户面相关网元 SMF+PGW-C、UPF+PGW-U 进行融合。除此之外，用户面相关网元在部署时，还应遵循以下原则。

（1）SMF/GW-C 集中部署，在多个 DC 中备份部署

为提高控制面处理效率，在 SA 5GC 部署时，SMF/GW-C 一般需要集中部署。当集中式部署的 SMF/GW-C 出现故障时，将会影响其服务的所有用户，因此在实际部署时还需要考虑容灾的问题。将 SMF/GW-C 进行备份并分别部署在多个 DC 中，一个 SMF/GW-C 作为主网元为用户提供服务，当该 SMF/GW-C 出现故障时，可以由备份 SMF/GW-C 继续为用户提供服务，从而达到容灾的目的。

（2）UPF/GW-U 按需求分布式部署

不同业务对传输时延要求不尽相同，而用户面部署位置的不同能够显著影响传输时延。传输时延分为设备转发时延和光纤时延两部分。用户面部署越靠近接入网，设备转发次数越少，光纤传输时延也越低，进而传输时延越小，但同时需要部署的用户面设备也越多。反之，用户面部署越靠近城域核心，传输时延越大，但需要部署的用户面设备越少。因此，在用户面部署时需要兼顾业务对传输时延的需求以及用户面设备投入进行分布式部署。

用户面分布式部署时还需要进行冗余部署。冗余部署一方面能够分担用户面负荷，另一方面还具有容灾的功能。冗余部署大体可以分为三类方案，分别是区域内冗余方案、跨区域中心冗余方案、相邻区域间冗余方案。图 4-24 为这三类方案的示意图。区域内冗余方案中，故障 UPF/GW-U 由区域内其他 UPF/GW-U 接替，该方案中业务就近倒换，用户体验好，适用于区域内 UPF/GW-U 数量多的场景。跨区域中心冗余方案中，故障 UPF/GW-U 由中心 UPF/GW-U 接替，该方案把故障 UPF/GW-U 的业务统一交给了中心 UPF/GW-U，资源效率高，适用于区域内 UPF/GW-U 数量少且区域间无直达传输的场景。相邻区域间冗余方案中，故障 UPF/GW-U 由邻近区域 UPF/GW-U 接替，该方案平衡了资源效率和用户体验，适用于区域内 UPF/GW-U 数量少且跨区域有直达传输的场景。实际部署时，可以按场景灵活选择可靠性冗余部署方案。

此外，用户面分布式部署时还需要考虑移动性和路径优化问题。针对不同的移动性场景，需要进行相应的部署以优化传输路径。图 4-25 为三类常见的移动性场景，分别是业务区内移动、跨业务区移动、跨省漫游。用户在业务区内移动时，GW-U/UPF 不切

换，这就需要业务区内基站与 GW-U/UPF 全互联。用户跨业务区移动时，通过互联的两级 UPF 连接 DN，因此需要相邻业务区 UPF 互联。用户跨省漫游时，可以分为 HR 和 LBO 两种场景，对于 HR 场景，需要拜访地 SMF 和 UPF 分别与归属地 SMF 和 UPF 跨省互联，对于 LBO 场景，则无此要求。

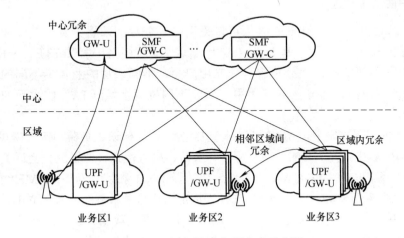

图 4-24 用户面冗余部署方案示意图

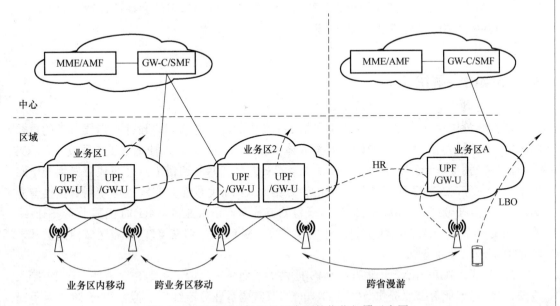

图 4-25 针对移动性场景用户面的优化部署示意图

（3）网元容量适中

根据实际情况，部署的 SMF/GW-C 和 UPF/GW-U 容量要适中。若网元容量大，则需要的网元个数少，组网和运维简单，但网元故障的影响大，并且容易导致信令风暴。若网元容量小，则需要的网元个数多，网元故障的影响小，并且冗余部署时资源效率高（N+1 冗余），但相应的组网和运维复杂。

2．用户面部署与选择

在 SA 5GC 用户面实际部署时，可以采用分层分片的部署方案，基于业务切片以及位置分布式部署用户面。基于业务切片部署用户面，针对 VoLTE、MBB、企业 APN 和 IoT 等不同业务切片分别规划独立用户面，不同切片的业务走不同的用户面。基于位置部署用户面，即分区域部署用户面，不同位置区域（TA）的用户的业务走不同的用户面。

分层分片的部署方案中，AMF 可以基于 DNN、切片标识、负荷和接入模式等信息选择 SMF，再由 SMF 基于 DNN、切片标识、负荷、接入模式、位置区、会话类型和 SSC 模式等信息选择不同的 UPF/GW-U。具体地，基于 DNN 和切片标识，AMF 可以选择为特定切片提供服务的 SMF，再由 SMF 选择为特定切片提供服务的 UPF/GW-U，以满足切片内业务的需求。基于负载和接入模式，AMF 可以选择负载低的或 5G 专用的 SMF，再由 SMF 选择负载低的 UPF/GW-U 或 5G 专用的 UPF，以达到负载平衡的效果。基于用户位置区，SMF 可以选择距离用户接入点近的 UPF/GW-U 为其提供服务，从而减小用户面的时延。此外，基于会话类型和 SSC 模式，SMF 还可以为特定的会话选择特定的 UPF，例如为 IPv6 会话选择支持 IPv6 的 UPF。

4.4 5G 语音解决方案

语音业务作为基础电信业务，是包括 5G 在内的各代通信网络设计时需要考虑的重要问题之一。通信网络所采用的语音方案大体可以分为两大类，一种是基于电路交换的 CS 方案，另一种是基于分组交换的 PS 方案。CS 方案在两个通信节点之间建立专用的电路用于语音业务，2G/3G 时代采用该类语音方案，4G 时代通过 CSFB 也可使用该类语音方案。PS 方案在分组交换域通过传输语音包的方式支持语音业务，4G 时代基于 IMS 网络的 LTE 语音解决方案 VoLTE 即为一种 PS 方案，VoLTE 能够在 LTE 覆盖区域内提供基于 IP 的高清晰语音业务[5]。

5G 时代，3GPP 已经明确基于 IMS 提供语音业务。5G 作为 IMS 语音的一种 IP 接入方式，5G 语音业务需要提供 5G 与 4G 间的双向语音业务连续性，但在 R15 阶段暂不提供 5G 和 2G/3G 语音的直接互操作。虽然 R16 阶段将讨论 5G 到 3G 的 SRVCC，但 CS 方案会导致数据业务中断，并非 5G 主流语音方案，因此本节将着重介绍基于 IMS 的 PS 语音方案。

4.4.1　NSA 组网语音解决方案

本小节将以 Option 3 系列架构为例，讨论 5G NSA 组网语音解决方案。由于 Option 3 系列架构中核心网为 EPC，UE 使用双连接，控制面锚定在 LTE，因此其语音方案可以与 4G 一致，即采用固定 VoLTE/CSFB 方案。

图 4-26 为固定 VoLTE/CSFB 方案示意图。该方案中 UE 注册在 EPS 网络以及 IMS 网络，用户使用 VoLTE 进行通话，与 IMS APN 相关的会话固定分流到 LTE 基站。由于采用 VoLTE 提供语音服务，用户数据仍可以承载在 NSA 5G 网络上，不影响用户原有数据业务体验。此外，若 LTE 或 EPC 不支持 VoLTE，还可以使用 CSFB 的方式提供语音服务，即用户发起的语音呼叫直接被 LTE 基站处理，由网络触发回退到电路域进行语音服务。

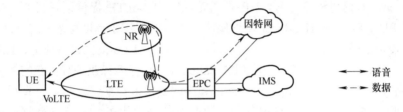

图 4-26　固定 VoLTE/CSFB 方案示意图

4.4.2　SA 组网语音解决方案

3GPP R15 提出了两种适用于 SA 组网的语音方案，即 VoNR 和 EPS Fallback。接下来将以 Option 2 架构为例，分别讨论这两种语音解决方案及其相应的部署要求。

1. VoNR

VoNR 即 Voice over NR，是通过 5G NR 提供 IMS 语音的技术方案，涉及终端、5G/4G 无线、5G 核心网、IMS 等多领域。在 VoNR 技术方案中，终端驻留在 NR，数据和语音业务都承载在 NR 网络，5GS 作为一种接入方式接入 IMS 网络提供语音业务，对 IMS 网络不做架构上的改变，但需要 IMS 适配 5G 接入（如 NR 接入类型，5G 小区信息）和选域。VoNR 的基本流程与 VoLTE 类似，有兴趣的读者可以参见 3GPP TS 23.228[6]。

由于需要 NR 网络的支持，VoNR 方案适用于 NR 覆盖较好的场景。在 NR 无覆盖或弱覆盖时，需要考虑呼叫接通后与 VoLTE 的业务连续性互操作，这一般是通过 4G/5G 之间的 PDU Session Handover 完成的。在 NR 网络覆盖区域，用户使用 VoNR 语音通话时，数据业务仍承载在 5G 网络中，因此该方案的数据业务体验与通话前一致。

图 4-27 为 VoNR 部署方案示意图。在实际部署时，为了保证 4G/5G 语音连续性，5G 网络需要通过 UPF+PGW-U 融合设备与 IMS 网络相连，AMF 和 MME 之间开通 N26 接口，并启用 4G/5G 切换功能。

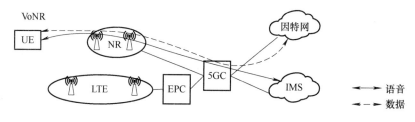

图 4-27　VoNR 部署方案示意图

VoNR 是 5G 语音的目标方案，在该方案下 NR 和 LTE 均能提供语音业务，即 NR 覆盖范围内由 VoNR 提供语音服务，NR 覆盖范围外由 VoLTE 提供语音服务，4G/5G 语音的连续性由 PDU Session Handover 流程保证。该方案适用于 NR 覆盖较好的场景。在 SA 组网前期 NR 覆盖范围较小的场景下，可以选用始终由 LTE 提供语音业务，NR 仅支持数据业务的过渡方案。过渡方案之一是 EPS Fallback，即有语音业务时，在网络的控制下回退到 4G，由 VoLTE 提供语音服务。此外，若终端支持双注册，还可以选择另一个过渡方案，即终端同时注册在 4G 和 5G 网络中，语音业务只承载在 LTE 上，数据业务可承载在 NR 上。

2．EPS Fallback

EPS Fallback 是回落到 EPS 由 VoLTE 提供语音业务的技术方案。该方案中，NR 终端已完成 IMS 注册，并且网络不支持 VoNR，终端发起语音呼叫时，在 NR 网络控制下回退到 4G，由 VoLTE 提供语音业务，此时数据和语音业务都承载在 LTE 网络。

图 4-28 为 EPS Fallback 的标准流程[4]。EPS Fallback 之前，UE 需先注册到 5GS 以及 IMS 中。当 UE 有 MO 或 MT 语音业务时，网络发起的语音 PDU 会话修改请求到达 NG-RAN，NG-RAN 根据 UE 能力、N26 接口可用性、网络配置以及无线状况触发回落流程，重定向到 EPS。完成 EPS 移动性管理流程后，SMF/PGW 重新建立 IMS 语音专用承载，后续由 VoLTE 提供语音服务。

EPS Fallback 方案允许 5G 终端驻留在 5G NR，但不在 5G NR 上提供语音业务，对 NR 覆盖要求不高。当终端发起语音呼叫时，网络通过切换流程将终端切换到 4G 上，通过 VoLTE 提供语音业务，此时数据业务也由 4G 网络提供服务，这将会影响原有的高速数据业务体验。此外，相比 VoNR 方案，EPS Fallback 方案还增加了回落 LTE 时异系统测量和切换时延。因此，EPS Fallback 方案一般作为 5G 部署初期的语音过渡方案，以避免 VoNR 方案产业不成熟造成无法提供语音业务。

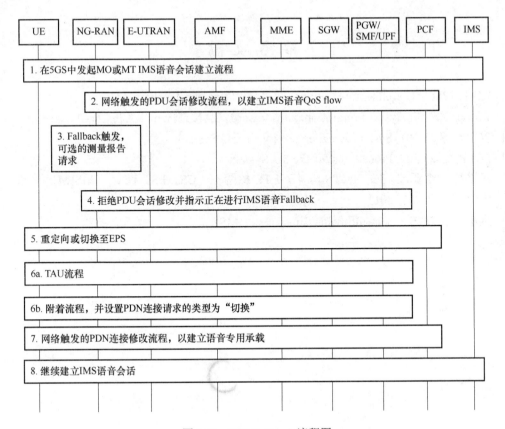

图 4-28　EPS Fallback 流程图

图 4-29 为 EPS Fallback 部署方案示意图。在实际部署时候，要求 VoLTE 作为基础网，支持 VoLTE 的 4G 覆盖范围要包含 5G 覆盖范围，以使得终端有语音业务时能够回落至 4G，由 VoLTE 提供语音服务。此外，还需要 AMF 和 MME 之间开通 N26 接口，并启用 4G/5G 切换功能，以支持 EPS Fallback 流程。

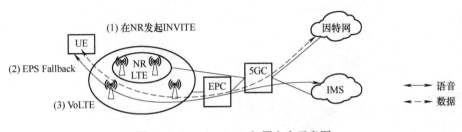

图 4-29　EPS Fallback 部署方案示意图

参 考 文 献

[1]　RP-161266. 5G architecture options – full set. Deutsche Telekom AG.

[2]　R3-161809. Analysis of migration paths towards RAN for new RAT, CMCC.

[3]　3GPP TS 23.501. System Architecture for the 5G System.

[4]　3GPP TS 23.502. Procedures for the 5G System.

[5]　庞韶敏，李亚波. 3G UMTS 与 4G LTE 核网——CS，PS，EPC，IMS[M]. 北京：电子工业出版社，2011.

[6]　3GPP TS 23.228. IP Multimedia Subsystem (IMS).

第三部分

5G 无线网

第5章　5G无线网络关键技术

本章主要介绍 5G 无线网络关键技术。其中 5.1 节主要介绍 5G 频谱，以及 5G 频谱部署策略；5.2 节主要介绍 5G 无线网架构，包括系统架构和无线接口的介绍；5.3 节主要介绍 5G 空口协议和处理流程；5.4 节主要介绍 5G 无线组网技术，包括中央单元/分布式单元（CU/DU）分离，增强型通用公共无线电接口（eCPRI）和上下行解耦技术。

5.1　5G 频谱

5.1.1　概述

无线电频谱资源也称为频率资源，通常指长波、中波、短波、超短波和微波等，单位用赫兹（Hz）表示。所有无线通信信号都是通过无线电频谱在介质中传播的，这些无线电信号包括固定电话、移动电话、电视广播、宽带服务、雷达、卫星通信等通信系统的信号[1]。

随着无线通信系统的快速发展，目前可用的频谱资源是有限的。我国的频段划分属于行政划分，而在部分欧美国家，频段是可以用来拍卖的，价格非常昂贵。日益紧缺的频谱资源成为无线通信的潜在瓶颈。不同频段具有不同的传播特性。无线电信号是以波的形式在介质中传播的，其波长与频率和传播介质中的速度有关。频率高的波，对于大气层的穿透能力比较强，但其绕射能力（也就是在传输过程中绕过障碍物的能力）比较弱；反之，频率低的波，对于大气层的穿透能力比较弱，但其绕射能力比较强。根据不同频段具有的不同传播特性，较低频率适用于广域覆盖，而较高频率适用于热点覆盖，二者相辅相成，共同提升频谱效率和系统容量。

对于 5G 系统，增加系统带宽是提升系统容量和传输速率最直接的方法。考虑目前低频段的占用情况，很难支持 5G 大带宽的需求，因此中高频段成为 5G 网络部署的主流选择。在 5G 部署频点高于 4G LTE 网络的情况之下，其信号传播的绕射能力相对较差，更容易出现严重衰落，从而使得覆盖成为 5G 网络部署的关键问题之一。

5.1.2 5G 频谱

1．频率范围

早期移动通信系统以低频段的频分双工（FDD）为主。随着 3G 时代的到来，引入时分双工（TDD）制式。4G 是 TDD 和 FDD 共存的时代。而 5G 频段与 4G 相比，整体频点上移，带宽明显增加，且 TDD 部署更为主流。

相比于前几代移动通信系统，5G 频谱规划更加复杂。考虑到当前频谱的占用情况，5G 系统将走向更高频段。毫米波频段拥有连续可用的超大带宽，可以满足 5G 对超大容量和极高传输速率的需求，因此成为 5G 研究的重点方向之一。

当前，3GPP 协议版本中，将工作频段划分为两个频率范围，分别是频率范围 1（FR1）和频率范围 2（FR2）：

- FR1 的频率范围为 450MHz～6GHz，包括 6GHz 以下所有现有的和新的频段，也称为 Sub6G。
- FR2 包括 24.25～52.6GHz 范围内的新频段，通常称为毫米波（mmWave）。

此外，3GPP 正在对其他频段进行研究，例如 7～24GHz 频段[2]、高于 52.6GHz 频段[3]等。

对于定义的每个工作频段，都是一组符合特定射频要求的用于上行链路和/或下行链路的频率范围。每个工作频段有一个编号，其中 NR 频段编号为 n1，n2，n3 等。FR1 工作频段如表 5-1 所示[4]，FR2 工作频段如表 5-2 所示[5]。

表 5-1　FR1 工作频段

NR 工作频段编号	上行频段/MHz	下行频段/MHz	双工方式
n1	1920～1980	2110～2170	FDD
n2	1850～1910	1930～1990	FDD
n3	1710～1785	1805～1880	FDD
n5	824～849	869～894	FDD
n7	2500～2570	2620～2690	FDD
n8	880～915	925～960	FDD
n12	699～716	729～746	FDD
n14	788～798	758～768	FDD
n18	815～830	860～875	FDD
n20	832～862	791～821	FDD
n25	1850～1915	1930～1995	FDD
n28	703～748	758～803	FDD
n29	N/A	717～728	SDL
n30	2305～2315	2350～2360	FDD

（续）

NR 工作频段编号	上行频段/MHz	下行频段/MHz	双工方式
n34	2010～2025	2010～2025	TDD
n38	2570～2620	2570～2620	TDD
n39	1880～1920	1880～1920	TDD
n40	2300～2400	2300～2400	TDD
n41	2496～2690	2496～2690	TDD
n48	3550～3700	3550～3700	TDD
n50	1432～1517	1432～1517	TDD
n51	1427～1432	1427～1432	TDD
n65	1920～2010	2110～2200	FDD
n66	1710～1780	2110～2200	FDD
n70	1695～1710	1995～2020	FDD
n71	663～698	617～652	FDD
n74	1427～1470	1475～1518	FDD
n75	N/A	1432～1517	SDL
n76	N/A	1427～1432	SDL
n77	3300～4200	3300～4200	TDD
n78	3300～3800	3300～3800	TDD
n79	4400～5000	4400～5000	TDD
n80	1710～1785	N/A	SUL
n81	880～915	N/A	SUL
n82	832～862	N/A	SUL
n83	703～748	N/A	SUL
n84	1920～1980	N/A	SUL
n86	1710～1780	N/A	SUL
n89	824～849	N/A	SUL
n90	2496～2690	2496～2690	TDD
n91	832～862	1427～1432	FDD
n92	832～862	1432～1517	FDD
n93	880～915	1427～1432	FDD
n94	880～915	1432～1517	FDD
n95	2010～2025	N/A	SUL

表 5-2　FR2 工作频段

NR 工作频段编号	上行频段/MHz	下行频段/MHz	双工方式
n257	26500～29500	26500～29500	TDD
n258	24250～27500	24250～27500	TDD
n260	37000～40000	37000～40000	TDD
n261	27500～28350	27500～28350	TDD

其中，TDD 指收发端共用一个射频频点，上/下行链路使用不同的时隙来进行通信的方式；FDD 指收发端采用不同频点来进行通信的方式；SDL（补充下行）指利用低频载波扩展下行容量的方式；SUL（补充上行）指利用低频载波扩展上行覆盖的方式。

2．系统带宽

大带宽是 5G 通信的典型特征。不同频段的可用带宽不同，如图 5-1 所示。5G 系统取消了 5MHz 以下的带宽定义，但为了满足既有频谱的演进需求而保留了 5～20MHz 的带宽定义。Sub6G 频段最大单载波带宽可达 100MHz，毫米波（mmWave）频段最大单载波带宽可达 400MHz。

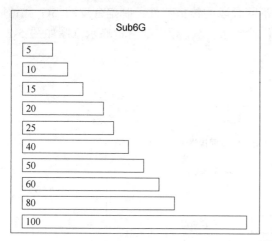
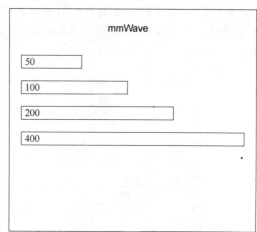

图 5-1　5G 系统各频段可用带宽

此外，3GPP 协议还规定了 FR1 和 FR2 在不同子载波间隔（SCS）下，不同传输带宽配置的资源块（RB）数目，如表 5-3[4]和表 5-4[5]所示。

表 5-3　FR1 不同传输带宽配置的 RB 数目

SCS /kHz	5MHz N_{RB}	10MHz N_{RB}	15MHz N_{RB}	20MHz N_{RB}	25MHz N_{RB}	30MHz N_{RB}	40MHz N_{RB}	50MHz N_{RB}	60MHz N_{RB}	70MHz N_{RB}	80MHz N_{RB}	90MHz N_{RB}	100MHz N_{RB}
15	25	52	79	106	133	160	216	270	N/A	N/A	N/A	N/A	N/A
30	11	24	38	51	65	78	106	133	162	189	217	245	273
60	N/A	11	18	24	31	38	51	65	79	93	107	121	135

表 5-4　FR2 不同传输带宽配置的 RB 数目

SCS/kHz	50MHz N_{RB}	100MHz N_{RB}	200MHz N_{RB}	400MHz N_{RB}
60	66	132	264	N/A
120	32	66	132	264

由于协议对于最大传输 RB 数目的约束，因此 FR1 频段必须采用 15kHz 及以上的子载波间隔才能实现 100MHz 单载波带宽，FR2 频段必须采用 60kHz 及以上的子载波间隔才能实现 400MHz 单载波带宽。

此外，NR 系统引入了 BWP（Bandwidth Part）的概念（见 6.1.3 小节）。通过 BWP，可以细分工作带宽并将其用于不同的需求。NR 终端可以配置多个 BWP，每个 BWP 可配置不同的空口参数集，这就意味着每个 BWP 都可以根据其自身的需求进行不同的配置，从而达到提升频谱效率、降低功耗的目的。

3．5G 频谱部署策略

在频谱资源稀缺的情况下，需充分利用不同频段的传播特性，制定合理的 5G 频谱部署策略，从而满足 5G 不同应用场景下的传输需求。5G 频率部署策略示意图如图 5-2 所示。

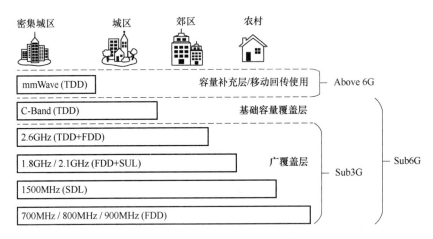

图 5-2　5G 频率部署策略示意图

Sub3G 频段的频点较低，覆盖性能好，但小区带宽受限，可用频率资源有限，且大部分频带被当前已有通信系统占用，可支配的频率资源较少。因此，Sub3G 初期部署困难，后续可以通过频率重耕或者 4G/5G 频谱动态共享的方案来部署，作为 5G 的广域覆盖层。

C-Band 频段为 NR 新增频段，具有较为丰富的频谱资源，可用带宽较大，例如可部署 100MHz 及以上带宽。但由于 C-Band 频率较高，且相比下行，上行终端的发射功率有限，可能会造成上行链路覆盖较差，出现上下行覆盖不平衡等问题。该问题可通过提升 C-Band 上行覆盖或者利用更低频段来补充上行传输的方式解决。目前的 5G 部署中，C-Band 已成为 5G 系统的主要工作频段。

毫米波频段也是 NR 的新增频段，小区带宽更大，覆盖能力更差。高频段具有支持大带宽和高速率的潜力，适合用于扩展无线网络的容量，作为容量补充层。然而，高频段会带来极大的路径损耗和穿透损耗，导致毫米波频段的覆盖性能很差，此外，高频段对射频器件的性能有更高的要求。因此，在 5G 网络初期部署时，毫米波将不作为广覆盖的选择，可以作为热点补充，应用于某些特殊场景，比如无线回传、无线固定宽带（WTTx）和 D2D 场景等。

5.2　5G 无线网架构

5.2.1　5G 无线网架构概述

从标准层面来看，5G 网络既包含新空口（NR），也包含增强型长期演进网络（eLTE）。因此从组网架构上来看，5G 网络接口既包含新的网元和接口，也沿用了 LTE 时代的网元和接口。

在图 5-3 所示的组网架构下[6]，增强型的 eLTE 基站 ng-eNB 和 NR 基站 gNB 可以通过新的网元接口 NG 接口连接到新一代核心网 5GC，彼此间通过新的基站间接口 Xn 接口相连。在图 5-4 所示的组网架构下[7]，NR 的基站 en-gNB 可以通过 S1-U 接口连接到核心网 EPC，en-gNB 间以及 en-gNB 和 eNB 之间通过传统基站间接口 X2 接口相连。

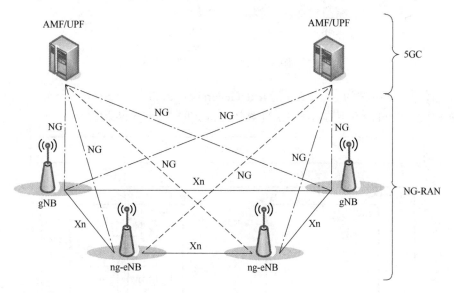

图 5-3　NG-RAN 总体架构

在 3GPP 协议中，针对不同基站给出了明确的定义[6]。

- gNB：面向 UE 提供 NR 用户平面和控制平面协议，并通过 NG 接口连接到 5GC。

- en-gNB：面向 UE 提供 NR 用户平面和控制平面协议，并通过 S1-U 接口连接到 EPC。
- eNB：面向 UE 提供 E-UTRA 用户平面和控制平面协议，并通过 S1 接口连接到 EPC。
- ng-eNB：面向 UE 提供 E-UTRA 用户平面和控制平面协议，并通过 NG 接口连接到 5GC。

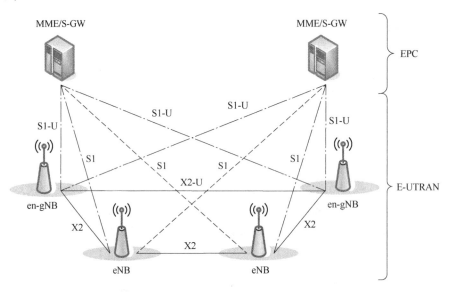

图 5-4　EN-DC 总体架构

下一代无线网络称为 NG-RAN（Next Generation Radio Access Network），由 gNB 和 ng-eNB 构成，以 gNB 为例的 NG-RAN 具体结构如图 5-5 所示[8]。

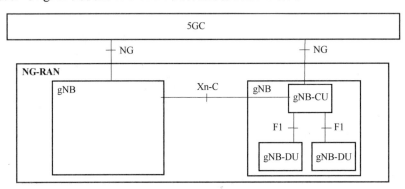

图 5-5　NG-RAN 总体架构

NG-RAN 由一组通过 NG 接口连接到 5GC 的 gNB 组成。其中 gNB 可以支持 FDD 模式、TDD 模式或双模式操作。NG-RAN 节点间通过 Xn 接口相连接，并通过 NG 接口连接到 5GC。gNB 内部可采用 CU-DU 分离架构，一个 gNB 可能由一个 gNB-CU 和一个或多个 gNB-DU 组成。gNB-CU 和 gNB-DU 间通过 F1 接口互连。值得注意的是，一般情况下一个 gNB-DU 仅连接到一个 gNB-CU，为了灵活部署，可以通过合适的实现方式将一个 gNB-DU 连接到多个 gNB-CU 下。

　　NG-RAN 分为无线网络层（RNL）和传输网络层（TNL），其中 NG-RAN 的架构，例如 NG-RAN 的逻辑节点及其之间的接口，被定义为 RNL 的一部分。3GPP 对于每个 NG-RAN 接口（NG、Xn、F1），都定义了相关的 TNL 协议和功能。TNL 为用户平面传输和信令传输提供服务。

　　在 gNB-CU 内部，存在 gNB-CU-CP 和 gNB-CU-UP 分离架构，具体如图 5-6 所示[8]。

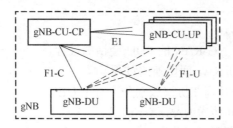

图 5-6　gNB-CU-CP 和 gNB-CU-UP 分离架构示意图

　　从标准的层面来看，一个 gNB 可能由一个 gNB-CU-CP、多个 gNB-CU-UP 和多个 gNB-DU 组成，gNB-CU-CP 通过 F1-C 接口连接到 gNB-DU，gNB-CU-UP 通过 F1-U 接口连接到 gNB-DU，gNB-CU-UP 通过 E1 接口连接到 gNB-CU-CP。一个 gNB-DU 可以在同一个 gNB-CU-CP 的控制下连接到多个 gNB-CU-UP，一个 gNB-CU-UP 可以在同一个 gNB-CU-CP 的控制下连接到多个 DU。一般情况下，一个 gNB-DU 或 gNB-CU-UP 只连接到一个 gNB-CU-CP，为了灵活部署，可以通过合适的实现方式将一个 gNB-DU 或 gNB-CU-UP 连接到多个 gNB-CU-CP。

　　下一小节将分别介绍 NG-RAN 各个接口的结构和功能。

5.2.2　无线接口

1. NG 接口

　　NG 接口是一个逻辑接口，从任何一个 NG-RAN 节点到 5GC 可能有多个 NG-C 逻辑接口，NG-C 接口的选择由 NAS 节点选择功能来完成[9]。从任一 NG-RAN 节点到 5GC 也可能有多个 NG-U 逻辑接口，NG-U 接口的选择在 5GC 内完成，并由 AMF 发信令通知 NG-RAN 节点。

　　NG 接口和 LTE 系统中 S1 接口在结构和内容上很相似，主要差异在于将 LTE 系统中的承载管理替换成了 PDU 会话管理，以支持 NR 系统中新的 QoS 架构。

NG 接口规范的一般原则如下：

- NG 接口是开放的。
- NG 接口支持 NG-RAN 和 5GC 之间的信令信息交互。
- 从逻辑角度来看，NG 接口是 NG-RAN 节点和 5GC 节点之间的点对点接口。
- NG 接口支持控制平面和用户平面分离。
- NG 接口区分无线网络层和传输网络层。
- NG 接口满足未来不同的新业务和新功能的需求。
- NG 接口与可能的 NG-RAN 部署版本不关联。
- NG 应用协议（NGAP）支持模块化程序设计，并允许使用优化效率的编码/解码语法。

NG 接口支持以下能力：

- 建立、维护和释放 NG-RAN 的 PDU 会话的过程。
- 执行 RAT 内切换和 RAT 间切换的过程。
- 根据用户专用信令管理在协议级别分离每个 UE。
- 在 UE 和 AMF 之间传送 NAS 信令消息。
- 分组数据流的资源预留机制。

NG 接口协议栈结构如下所述。

（1）NG 用户面接口

NG-U 在 NG-RAN 节点和 UPF 之间定义，协议栈如图 5-7 所示[9]。传输网络层基于 IP 传输构建，GTP-U 位于 UDP/IP 之上，用于在 NG-RAN 节点和 UPF 之间承载用户面 PDU。NG-U 接口提供用户平面 PDU 的非保证数据交付。

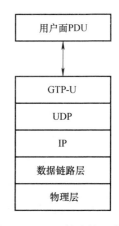

图 5-7　NG-U 协议栈示意图

（2）NG 控制面接口

NG-C 在 NG-RAN 节点和 AMF 之间定义，协议栈如图 5-8 所示[9]。传输网络层基于 IP 传输构建。为了可靠地传输信令消息，在 IP 之上添加了流控制传输协议（SCTP）。在传输中，IP 层协议为信令提供点对点传输服务，SCTP 保证信令的可靠交付。应用层信令协议称为 NG 应用协议（NGAP），详情可参见文献[10]。

NG 接口支持以下功能：

- 寻呼功能。
- UE 上下文管理功能。
- 移动性管理功能。
- PDU Session 管理功能。

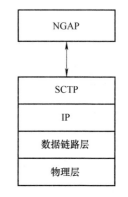

图 5-8　NG-C 协议栈示意图

- NAS 信令传输功能。
- NAS 节点选择功能。
- NG 接口管理功能。
- 警告信息传输功能。
- 更换配置功能。
- 跟踪功能。
- AMF 管理功能。
- 支持多个 TNL 关联功能。
- AMF 负载均衡功能。
- 位置上报功能。
- AMF 重分配功能。
- UE 无线能力管理功能。
- NR 定位协议 A 信令传输功能。
- 超载控制功能。
- 上报第二 RAT 数据量功能。

2．Xn 接口

Xn 接口定义为 NG-RAN 节点间的接口，例如 gNB 之间、gNB 和 ng-eNB 之间，以及 ng-eNB 之间的接口都是 Xn 接口，理论上不同设备商提供的 NG-RAN 节点间可以通过 Xn 接口互连[11]。Xn 接口在结构上和 LTE 的 X2 接口类似，主要为了适应 NR 的 QoS 架构，更新了 QoS 及 PDU session 相关的流程。

Xn 接口规范的一般原则如下：
- Xn 接口是开放的。
- Xn 接口支持在两个 NG-RAN 节点之间交互信令信息，以及将 PDU 转发到各自的隧道端点。
- 从逻辑角度看，Xn 接口是两个 NG-RAN 节点之间的点对点接口。

Xn 接口支持以下能力：
- 支持 NG-RAN 内移动性的过程。
- 支持 NG-RAN 节点之间双连接的过程。

Xn 接口协议栈架构如下所述。

（1）Xn 用户面接口

Xn-U 接口在 NG-RAN 节点之间定义，Xn 接口的用户面协议栈如图 5-9 所示[11]。传输网络层基于 IP 传输构建，GTP-U 在 UDP/IP 之上用于承载用户平面 PDU。Xn-U 提供

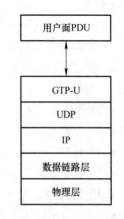

图 5-9　Xn-U 协议栈示意图

用户平面 PDU 的非保证交付，并提供数据转发和流量控制的功能。

（2）Xn 控制面接口

Xn-C 接口在 NG-RAN 节点之间定义，Xn 接口的控制面协议栈如图 5-10 所示[11]。传输网络层基于 IP 传输构建，包括 IP 层之上的 SCTP。在传输中，IP 层协议为信令提供点对点传输服务，SCTP 保证信令的可靠交付。应用层信令协议称为 Xn 应用协议（XnAP），详情参见文献[12]。

Xn-C 和 Xn-U 接口支持的功能有所不同，具体如下所述。

Xn-C 支持以下功能：

- Xn-C 接口管理和错误处理功能。
- UE 移动性管理功能。
- 双连接功能。
- 节能功能。
- 资源协调功能。
- 第二 RAT 数据量上报功能。

Xn-U 支持以下功能：

- 数据传输功能。
- 流量控制功能。
- 协助信息功能。
- 快速重传功能。

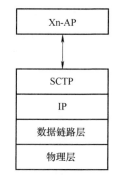

图 5-10 Xn-C 协议栈示意图

3. F1 接口

F1 接口定义为 gNB-CU 和 gNB-DU 之间的接口，其中 F1-C 是 gNB-CU-CP 和 gNB-DU 之间的接口，F1-U 是 gNB-CU-UP 和 gNB-DU 之间的接口。由不同设备商提供的 gNB-CU 和 gNB-DU 原则上可以互连[13]。

F1 接口规范的一般原则如下：

- F1 接口是开放的。
- F1 接口支持端点之间的信令信息交换，此外，该接口还支持到各自端点的数据传输。
- 从逻辑角度看，F1 是端点之间的点对点接口。
- F1 接口支持控制平面和用户平面分离。
- F1 接口区分无线网络层和传输网络层。
- F1 接口具备交换 UE 相关信息和非 UE 相关信息的能力。
- F1 接口满足未来不同的新业务和新功能的需求。
- 一个 gNB-CU 和一组 gNB-DU 对其他逻辑节点（gNB 或 en-gNB）可见，其中 gNB 终止于 Xn 和 NG 接口，en-gNB 终止于 X2 和 S1-U 接口。

- gNB-CU 支持控制平面（CP）和用户平面（UP）分离。

F1 接口支持以下能力：

- NG-RAN 的 PDU 会话和 E-UTRAN 的无线承载的建立、维护和释放过程。
- 根据用户专用信令管理在协议级别分离每个 UE。
- 在 UE 与 gNB-CU 之间传输 RRC 信令消息。

F1 接口协议栈架构如下所述。

（1）F1 用户面接口

F1-U 定义为 gNB-CU-UP 和 gNB-DU 之间的接口，F1-U 的协议栈结构如图 5-11 所示[13]。传输网络层基于 IP 传输构建，包括 IP 层之上的 UDP 和 GTP-U。

（2）F1 控制面接口

F1-C 定义为 gNB-CU-CP 和 gNB-DU 之间的接口，F1 接口的控制面协议栈如图 5-12 所示[13]。传输网络层基于 IP 传输构建，包括 IP 层之上的 SCTP。应用层信令协议称为 F1 应用协议（F1AP），详情参见文献[14]。

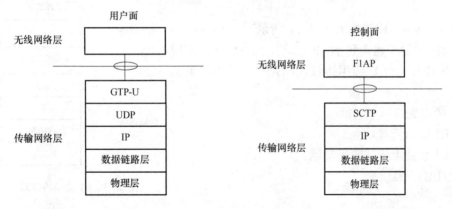

图 5-11　F1-U 协议栈示意图　　　　图 5-12　F1-C 协议栈示意图

F1-C 和 F1-U 接口支持的功能有所不同，具体如下所述。

F1-C 接口支持以下功能：

- F1 接口管理功能。
- 系统信息管理功能。
- UE 上下文管理功能。
- RRC 信息传输功能。
- 寻呼功能。
- 警告信息传递功能。

F1-U 接口支持以下功能：

- 用户数据传输。

- 流量控制功能。

4．E1 接口

E1 接口定义为 gNB-CU-CP 和 gNB-CU-UP 之间的接口，由不同设备商提供的 gNB-CU-CP 和 gNB-CU-UP 原则上可以互连[15]。

E1 接口规范的一般原则如下：

- E1 接口是开放的。
- E1 接口支持端点之间的信令信息交换。
- 从逻辑角度来看，E1 是 gNB-CU-CP 和 gNB-CU-UP 之间的点对点接口。
- E1 接口区分无线网络层和传输网络层。
- E1 接口具备交换 UE 相关信息和非 UE 相关信息的能力。
- E1 接口满足未来不同的新业务和新功能的需求。

补充说明：E1 接口是控制接口，不用于用户数据转发。

E1 接口协议栈架构如图 5-13 所示[15]。传输网络层基于 IP 传输构建，包括 IP 层之上的 SCTP。应用层信令协议称为 E1 应用协议（E1AP），详情参见文献[16]。

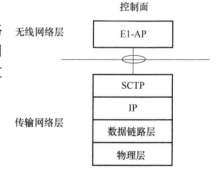

图 5-13　E1 接口协议栈示意图

E1 接口支持以下功能：

- E1 接口管理功能。
- E1 承载上下文管理功能。
- TEID 分配。

5.3　5G 空口协议与处理流程

5.3.1　空口协议概述

5G 空口，即 UE 和 gNB 之间的无线接口。NR 定义了一系列空口协议用来建立、重配置和释放各种无线承载业务。5G 空口协议栈分为"三层两面"，三层包括物理层（L1）、数据链路层（L2）和网络层（L3）；两面是指控制面（CP）和用户面（UP）[6]。

物理层位于空口协议最底层，为高层的数据提供无线资源及物理层处理，本节主要对物理层进行概述性的介绍，详细处理流程见第 6 章。

数据链路层包括媒体接入控制（MAC）、无线链路控制（RLC）、分组数据汇聚协议（PDCP）和服务数据适配协议（SDAP）4 个子层。NR 与 LTE 相比，PDCP 子层基本功能类似，都是提供无线承载级的服务；不同的是 NR 数据链路层新引入了 SDAP 子层，原因是 NR 中的 NG 接口是基于 QoS flow 控制的，因此需要 SDAP 子层作为适配层，把 QoS flow 映射到 DRB 上，而 LTE 中 EPS 承载和 DRB 之间一一对应，不需要适配。数据链路层同时位于控制面和用户面，在控制面负责无线承载信令的传输、加密、完整性保护等，在用户面负责用户业务数据的传输和加密。

网络层是指无线资源控制（RRC）层，位于控制面。NR 的 RRC 功能和 LTE 基本一致，负责完成接入网和 UE 之间交互的所有信令的处理。

用户面协议栈如图 5-14 所示，用于实现资源分配与数据传输相关的功能，包括 SDAP/PDCP/RLC/MAC 协议和物理层协议。由控制面产生的各种控制信令最终也通过用户面协议进行传输。

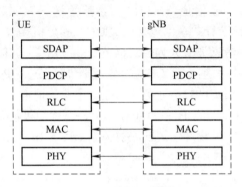

图 5-14　用户面协议栈

控制面协议栈如图 5-15 所示，负责对无线接口进行管理和控制，用于实现与 UE 通信相关的控制功能，包括 RRC 协议、SDAP/PDCP/RLC/MAC 协议和物理层协议。图中非接入层（NAS）协议指的是 UE 与 5GC 通信的控制协议，不属于空口协议，应用于 UE 和核心网的接入管理实体（AMF）内，主要负责对非接入层的控制和管理。

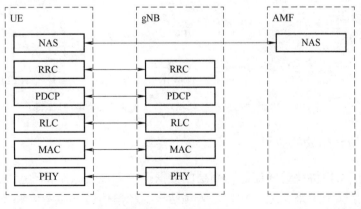

图 5-15　控制面协议栈

协议栈各层之间由服务接入点（SAP）作为连接点，物理层为 MAC 子层提供传输信道级的服务，MAC 子层为 RLC 子层提供逻辑信道级的服务，RLC 子层为 PDCP 子层提供 RLC 信道级的服务，PDCP 子层为 SDAP 层提供无线承载级的服务，SDAP 层为上层提供 QoS flow 级的服务。

物理信道是信号在空口传输的载体，映射到具体的时频资源。NR 定义了 6 种物理信道，下行物理信道包括物理下行共享信道（PDSCH）、物理下行控制信道（PDCCH）、物理广播信道（PBCH）；上行物理信道包括物理随机接入信道（PRACH）、物理上行共享信道（PUSCH）、物理上行控制信道（PUCCH）。物理信道详细内容详见 6.2 节。

传输信道描述了物理层为 MAC 层和高层所传输的数据特征。NR 定义了 5 种传输信道，下行传输信道包括广播信道（BCH）、寻呼信道（PCH）、下行共享信道（DL-SCH）；上行传输信道包括上行共享信道（UL-SCH）和随机接入信道（RACH）。

逻辑信道根据传输的信息类型分为控制信道和业务信道。NR 定义了 5 种逻辑信道，控制信道包括广播控制信道（BCCH）、寻呼控制信道（PCCH）、公共控制信道（CCCH）、专用控制信道（DCCH）；业务信道指专用业务信道（DTCH）。其中 BCCH 和 PCCH 仅用于下行，CCCH、DCCH 和 DTCH 在上、下行均可使用。

逻辑信道、传输信道以及物理信道的映射关系如图 5-16 所示。

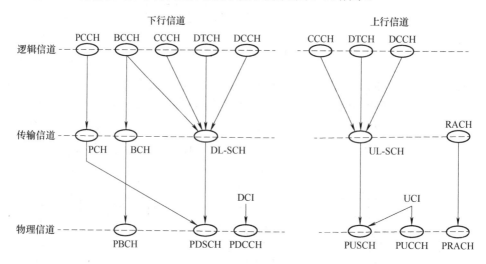

图 5-16　逻辑信道、传输信道和物理信道之间的映射关系

5.3.2　物理层协议与处理流程

物理层位于空口协议最底层，为高层的数据提供无线资源及物理层处理，物理层提供的服务通过传输信道来描述。物理层时频结构、物理信道、参考信号等具体内容详见第 6 章，本小节着重介绍传输信道。

传输信道描述了物理层为 MAC 子层和高层所传输的数据特征，通过指定 MCS、空间复用等方式，告诉物理层如何去传输这些信息。NR 定义了 5 种传输信道，下行传输信道包括广播信道（BCH）、寻呼信道（PCH）、下行共享信道（DL-SCH）；上行传输信道包括上行共享信道（UL-SCH）、随机接入信道（RACH）。NR 与 LTE 相比，主要区别是下行信道少了多播信道，该信道在 5G 后续版本的演进中可能会根据业务需求而引入。

下行传输信道包括如下三种。

- BCH：用于在整个小区覆盖范围内通过广播的方式传输下行控制信息，该信道使用固定的预定义传输格式传输信息。
- DL-SCH：用于传输下行控制信息或者用户信息，该信道支持 HARQ 传输、动态链路自适应、动态和半静态资源分配、终端非连续接收（DRX），并且可以在整个小区范围内广播信息或使用波束赋形发送信息。
- PCH：用于在整个小区范围内通过广播的方式传输寻呼消息，该信道支持终端 DRX，映射到的物理资源可动态地用于业务传输或其他控制信道的信息传输。

上行传输信道包括如下两种。

- UL-SCH：用于传输上行控制信息或者用户信息，该信道支持 HARQ 传输、动态链路自适应、动态和半静态资源分配，并且可以使用波束赋形发送信息。
- RACH：用于传输随机接入前导码，该信道承载受限的控制信息，具有冲突碰撞的风险。

传输信道和物理信道的映射关系如图 5-17 和图 5-18 所示。下行 BCH 信息映射到 PBCH 发送，PCH 和 DL-SCH 信息映射到 PDSCH 发送。上行 RACH 信息映射到 PRACH 发送，UL-SCH 信息映射到 PUSCH 发送。

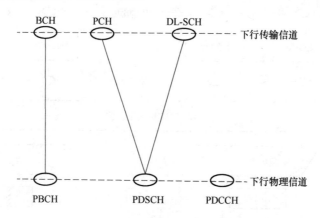

图 5-17 下行传输信道与物理信道的映射关系

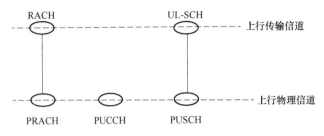

图 5-18　上行传输信道与物理信道的映射关系

5.3.3　数据链路层协议与处理流程

数据链路层包括 MAC、RLC、PDCP 和 SDAP 子层。与 LTE 相比，NR 数据链路层新引入了 SDAP 子层。数据链路层下行架构如图 5-19 所示，反映网络侧情况，进行多个用户的调度优先级处理。数据链路层上行架构如图 5-20 所示，反映终端侧情况，进行单个终端的多个逻辑信道的优先级处理。

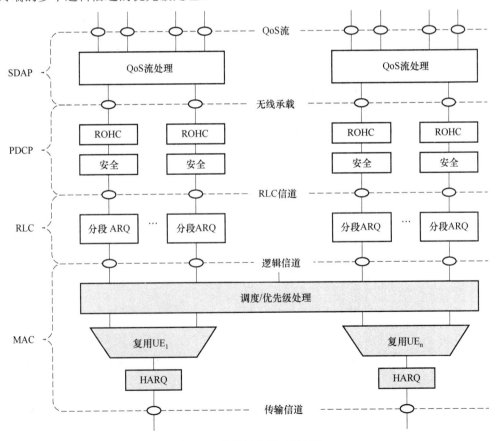

图 5-19　数据链路层下行架构

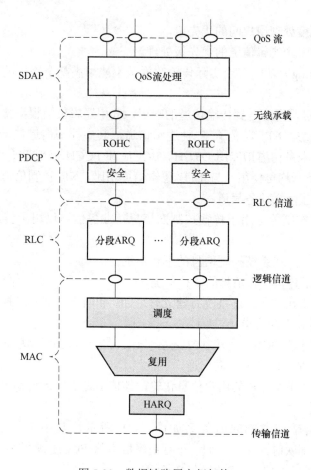

图 5-20 数据链路层上行架构

协议栈各层之间由服务接入点（SAP）作为连接点，物理层为 MAC 子层提供传输信道级的服务，MAC 子层为 RLC 子层提供逻辑信道级的服务，RLC 子层为 PDCP 子层提供 RLC 信道级的服务，PDCP 子层为 SDAP 层提供无线承载级的服务，SDAP 层为上层提供 QoS flow 级的服务。

下面分别介绍数据链路层的各个子层。

1. MAC 子层

MAC 子层的主要业务和功能包括：

- 逻辑信道到传输信道的映射。
- 来自一个或多个逻辑信道的 MAC 服务数据单元（SDU）的复用和解复用。
- 调度信息报告。
- HARQ 纠错。

- 通过动态调度处理用户间的优先级。
- 单个终端的多个逻辑信道的优先级处理。
- 填充（Padding）功能，当实际传输数据量不能填满整个授权的数据块大小时使用该功能。

MAC 子层负责逻辑信道到传输信道的映射，其中逻辑信道根据传输的信息类型分为控制信道和业务信道。NR 定义了 5 种逻辑信道，其中控制信道包括 BCCH、PCCH、CCCH 和 DCCH；业务信道指专用 DTCH。BCCH 和 PCCH 仅用于下行，CCCH、DCCH 和 DTCH 在上、下行均可使用。与 LTE 逻辑信道相比，NR 控制信道中少了多播控制信道，业务信道中少了多播业务信道。

逻辑信道中的控制信道用于传输控制面信息，业务信道仅用于传输用户面信息，具体如下所述。

- BCCH：用于广播系统控制信息的下行信道。
- PCCH：用于传输寻呼消息的下行信道。
- CCCH：用于在 RRC 连接没有建立时，UE 和网络之间发送控制信息，该信道包括上行信道和下行信道。
- DCCH：用于在 RRC 连接建立之后，UE 和网络之间发送一对一的专用控制信息，该信道是点对点的双向信道。
- DTCH：用于单个 UE 的用户信息传输，该信道是点对点传输信道，包括上行信道和下行信道。

逻辑信道与传输信道的映射关系如图 5-21 所示。其中上行逻辑信道 CCCH、DCCH、DTCH 全部映射到 UL-SCH，下行逻辑信道除 PCCH 映射到 PCH，BCCH 的一部分映射到 BCH 外，其他全部映射到 DL-SCH。

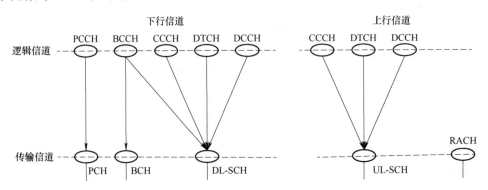

图 5-21　逻辑信道与传输信道的映射关系

终端侧和基站侧都有 MAC 实体，当存在 DC 时，终端侧会相应的配置多个 MAC 实体。当 UE 配置 MCG 和 SCG 时，该 UE 会为 MCG 和 SCG 各配置一个 MAC 实体。不配置 SCG 时，MAC 实体架构示例如图 5-22 所示；配置 MCG 和 SCG 时，MAC 实体架构示例如图 5-23 所示[17]。

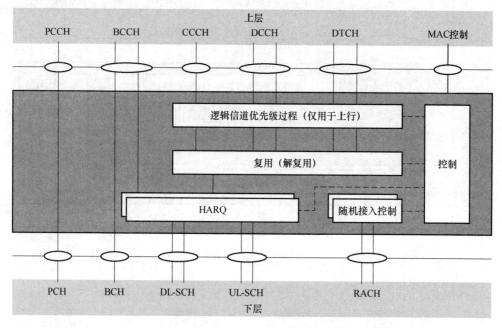

图 5-22　不配置 SCG 时，MAC 实体架构示例

MAC 子层在 3GPP 协议 TS 38.321 中有更多详细描述，请感兴趣的读者参考文献[17]。

2. RLC 子层

RLC 子层主要实现数据处理相关的功能。与 LTE 类似，NR 的 RLC 子层也支持以下 3 种传输模式：透明模式（TM）、无确认模式（UM）和确认模式（AM）。其中 TM 模式用于 SRB0，承载寻呼和系统广播信息；AM 模式用于其他 SRB；DRB 使用 UM 模式或 AM 模式。

RLC 子层主要业务和功能根据传输模式而定，包括：

- 传输高层协议数据单元（PDU）。
- 独立于 PDCP 的序列编号（UM，AM）。
- 通过 ARQ 纠错（仅 AM）。
- RLC SDU 分段（AM，UM）和重分段（仅 AM）。
- SDU 重组（AM，UM）。
- 重复检测（仅 AM）。
- RLC SDU 丢弃（AM，UM）。

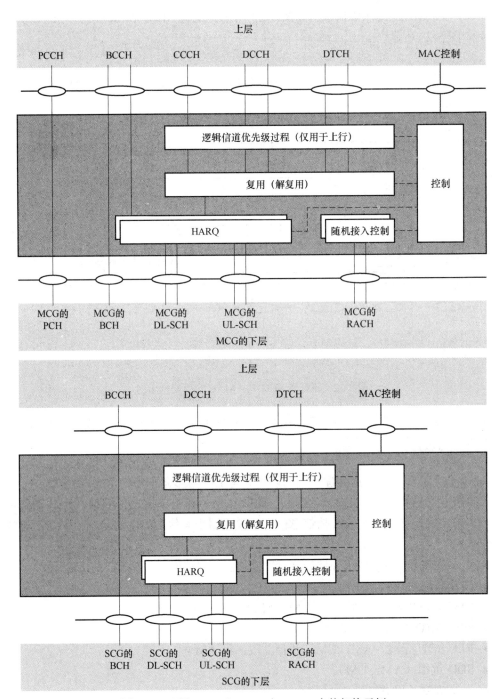

图 5-23　配置 MCG 和 SCG 时，MAC 实体架构示例

- RLC 重建。
- 协议错误检测（仅 AM）。

一个 RLC 实体可以被配置为 TM/AM/UM 三种模式之一执行数据传输，根据 RLC 实体被配置的数据传输模式，RLC 实体被分为 TM RLC 实体，UM RLC 实体或 AM RLC 实体。基站侧和终端侧各有一个 RLC 对等端实体。RLC 子层整体模型如图 5-24 所示[18]。

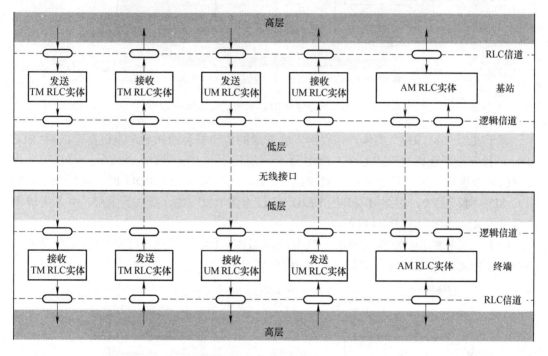

图 5-24　RLC 子层整体模型

一个 TM RLC 实体仅支持单方向的数据传输，需配置为发送 TM RLC 实体或接收 TM RLC 实体。TM RLC 实体发送/接收的 RLC 数据 PDU 为 TMD PDU（TM Data PDU）。发送 TM RLC 实体从上层接收 RLC SDU，并经由下层将 TMD PDU 发送到其对等接收 TM RLC 实体。接收 TM RLC 实体经由下层从其对等发送 TM RLC 实体接收 TMD PDU，并将 RLC SDU 递送到上层。

TM 模式主要用于处理 BCCH、DL/UL CCCH 和 PCCH 上的数据，处理流程和 LTE 保持一致。两个 TM RLC 对等端实体模型如图 5-25 所示。

一个 UM RLC 实体仅支持单方向的数据传输，需配置为发送 UM RLC 实体或接收 UM RLC 实体。

UM RLC 实体发送/接收的 RLC 数据 PDU 为 UMD PDU（UM Data PDU），一个 UMD PDU 包含一个完整 RLC SDU 或一个 RLC SDU 分段。发送 UM RLC 实体为每个 RLC SDU 生成 UMD PDU，在 UMD PDU 中需包含相关 RLC 报头。

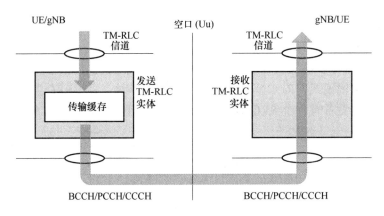

图 5-25　两个 TM RLC 对等端实体模型

对于发送 UM RLC 实体，当收到下层发送的传输机会通知后，需根据需求对 RLC SDU 进行分段，使得对应的 UMD PDU 适合下层指示的 RLC PDU 总大小，RLC 报头也需根据需求进行更新。对于接收 UM RLC 实体，当接收 UMD PDU 时，需检测下层的 RLC SDU 分段丢失，根据接收到的 UMD PDU 重组 RLC SDU 传送到上层，并且丢弃不能重组成 RLC SDU 的 UMD PDU。

UM 模式主要用于处理 DL/UL DTCH 上的数据，UM 模式在 RLC 层没有重传功能。两个 UM RLC 对等端实体模型如图 5-26 所示。

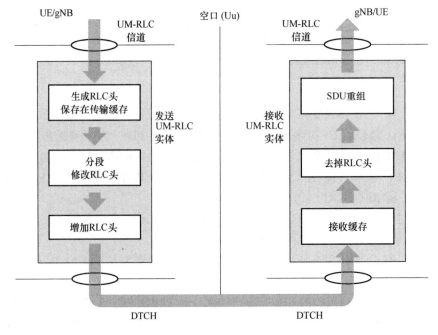

图 5-26　两个 UM RLC 对等端实体模型

　　一个 AM RLC 实体支持双向数据传输，由发送端和接收端组成。在 AM 模式下，由于发送端和接收端需要交互信息，因此发送端和接收端位于同一个 RLC 实体中。

　　AM RLC 实体可以发送/接收 RLC 数据 PDU 或 RLC 控制 PDU，其中数据 PDU 为 AMD PDU，一个 AMD PDU 包含一个完整 RLC SDU 或一个 RLC SDU 分段，控制 PDU 为 STATUS PDU。

　　AM RLC 实体发送端为每个 RLC SDU 生成 AMD PDU。当收到下层发送的传输机会通知后，需根据需求对 RLC SDU 进行分段，使得对应的 AMD PDU 适合下层指示的 RLC PDU 总大小，RLC 报头也需根据需求进行更新。

　　AM RLC 实体发送端支持 RLC SDU 或 RLC SDU 分段重传（ARQ），如果需要重传的 RLC SDU 或 RLC SDU 分段（包括 RLC 头）大小不适合由下层通知的特定传输机会中指示的 RLC PDU 的总大小，则 AM RLC 实体可以对 RLC SDU 进行分段，或将 RLC SDU 分段重新进行分段，重新分段的数量不受限制。

　　AM RLC 实体的接收端在接收 AMD PDU 时，需检测是否已收到重复的 AMD PDU，并丢弃重复的 AMD PDU。也需要检测低层的 AMD PDU 丢失，并请求其对等 AM RLC 实体重传。还需要根据收到的 AMD PDU 重组 RLC SDU，并将其传送到上层。一个 AM RLC 实体的模型如图 5-27 所示。

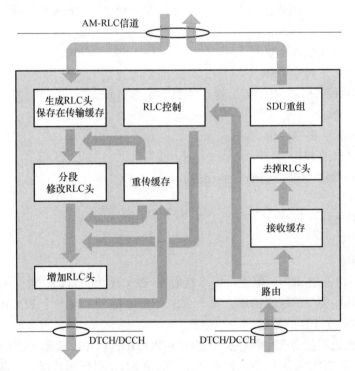

图 5-27　一个 AM RLC 实体模型

与 LTE 的 RLC 层协议相比，NR 的 RLC 协议在发送端去掉了 UM 和 AM 模式下的串接功能。LTE 的 RLC 子层支持在 UM 和 AM 模式下对 RLC SDU 进行串接、分段和重组：LTE 中发送 UM RLC 实体或 AM RLC 实体的发送端从上层接收到 RLC SDU 后，将其存储于缓存中，当从低层接收到传输机会通知后，将缓存中的 RLC SDU 组织为 PDU，组包过程中对 RLC SDU 进行适当的分段和串接，以适应低层传输机会指示中的 RLC PDU 的总大小。而 NR 的 RLC 在发送侧去掉了串接功能，将串接功能从 RLC 层转移到了 MAC 层。

另外，与 LTE 的 RLC 层协议相比，NR 的 RLC 协议在接收端去掉了 UM 和 AM 模式下的串接功能，只保留了重组功能。NR 考虑到 PDCP 本身具备重排序的功能，决定不采用双重排序。NR 的 RLC 接收端一旦接收到了完整的 RLC PDU，RLC 子层就会把其中的 PDCP PDU 投递到 PDCP 子层。当接收到的 RLC PDU 不完整时，RLC 子层会等待所有 RLC 分段的到来，然后再进行重组。

RLC 子层在 3GPP 标准 TS 38.322 中有更多详细描述，请感兴趣的读者参考文献[18]。

3．PDCP 子层

PDCP 子层对用户面和控制面数据提供头压缩、加密、完整性保护等操作，NR PDCP 层与 LTE 相比，功能上类似，新增了排序和复制功能。PDCP 子层的主要业务和功能包括：

- 传输用户面或控制面数据。
- 维护 PDCP 序列号（SN）。
- 使用鲁棒性头压缩（ROHC）协议的头压缩/解压缩。
- 加密，解密。
- 完整性保护，完整性确认。
- 基于定时器的 SDU 丢弃。
- 针对分离承载（split bearer）的路由。
- 复制。
- 重排序和按序交付。
- 乱序交付。
- 复制丢弃。

PDCP 子层由高层 RRC 配置，用于映射在 DCCH 和 DTCH 类型的逻辑信道上的 RB，不应用于其他类型的逻辑信道。每个 RB（SRB0 除外）与一个 PDCP 实体相关联，每个 PDCP 承载一个 RB 的数据。

经过 PDCP 处理后会产生两种类型的 PDCP PDU：PDCP 数据 PDU 和 PDCP 控制 PDU。PDCP 数据 PDU 主要携带的内容包括 PDCP SN、用户面数据、控制面数据以及用于完整性保护的 MAC-I。PDCP 控制 PDU 主要携带的内容包括 PDCP 状态报告和 ROHC

反馈信息。

PDCP 实体位于 PDCP 子层中。每个 PDCP 实体根据 RB 特性（例如单向/双向或分离/非分离）或 RLC 模式，与一个、两个或四个 RLC 实体相关联。对于分离承载或配置了 PDCP 复制的无线承载，每个 PDCP 实体与两个 UM RLC 实体（相同方向）、四个 UM RLC 实体（每个方向两个）或两个 AM RLC 实体（相同方向）相关联。对于其他承载，每个 PDCP 实体与一个 UM RLC 实体、两个 UM RLC 实体（每个方向一个）或一个 AM RLC 实体相关联。

PDCP 子层的结构如图 5-28 所示[19]。

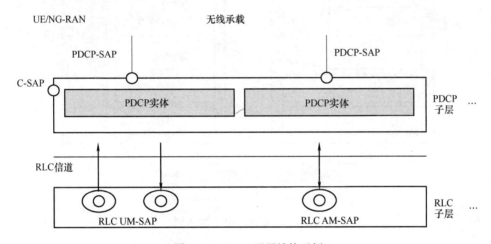

图 5-28　PDCP 子层结构示例

一个 PDCP 实体是关联控制面还是用户面，主要取决于它为哪种无线承载携带数据。PDCP 实体和无线承载（SRB 或 DRB）是一一对应的。可以为一个 UE 定义多个 PDCP 实体。PDCP 实体功能如图 5-29 所示。

NR PDCP 序列号 SN 的长度由高层信令配置，长度有 12 bit 和 18 bit 两种，与 LTE 有差异。COUNT 是 PDCP 的完整性和加解密的参数，长度为 32 bit，由 PDCP SN 和 PDCP SDU 对应的超帧号（HFN）两部分组成。PDCP SN 维护的主要任务是当 PDCP SN 发生翻转时使收发两端的 HFN 保持同步，使 PDCP SDU 在接收端能够获得和发送端一致的 COUNT 值，用于解密和完整性验证。

头压缩/解压缩采用 ROHC 协议[20-24]。在 ROHC 框架下，有不同的头压缩算法，每种算法称为一个 Profile，用于特定网络层、传输层或高层协议组合，例如 TCP/IP、RTP/UDP/IP 等。ROHC 协议具体可参考 IETF 协议 RFC 5795。表 5-5 列出了 5G RFC 定义的一些用于 ROHC 压缩的 Profile。与 LTE 不同的是，NR 中 Profile ID 0x0006 参考 RFC 6846，LTE 中 Profile ID 0x0006 参考 RFC 4996，其他部分均相同。

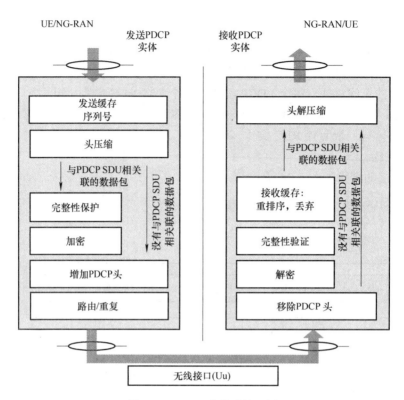

图 5-29　PDCP 实体功能示例

表 5-5　PDCP 支持的头压缩协议和算法

Profile Identifier	Usage	Reference
0x0000	No compression	RFC 5795
0x0001	RTP/UDP/IP	RFC 3095, RFC 4815
0x0002	UDP/IP	RFC 3095, RFC 4815
0x0003	ESP/IP	RFC 3095, RFC 4815
0x0004	IP	RFC 3843, RFC 4815
0x0006	TCP/IP	RFC 6846
0x0101	RTP/UDP/IP	RFC 5225
0x0102	UDP/IP	RFC 5225
0x0103	ESP/IP	RFC 5225
0x0104	IP	RFC 5225

　　与 LTE 相比，NR PDCP 的完整性保护针对 SRB 和 DRB，携带 SRB 的 PDCP 数据 PDU 必须进行完整性保护，携带 DRB 的 PDCP 数据 PDU 可根据配置需要进行完整性保护。LTE PDCP 的完整性保护只针对 SRB，用于保证 RRC 信令在空口传输的完整性。

　　PDCP 加密功能只针对 PDCP 数据 PDU 使用，不针对 PDCP 控制 PDU 进行加密。对于控制面数据，加密内容为 PDCP PDU 的数据部分和 MAC-I；对于用户面数据，加密的内容为 PDCP PDU 的数据部分。NR Rel-15 的加密算法和 LTE 中一样。

由于配置了双连接，PDCP 增加了数据包路由和复制功能。数据包复制有两个目的：重复传输提高数据包传输的可靠性，以及降低重复发送的时延，满足高可靠低时延要求。PDCP 复制有两种形式：基于载波聚合的复制和基于双连接的复制。基于载波聚合的复制是给一个无线承载关联两个逻辑信道，这两个逻辑信道分别映射到一个基站的不同载波上。基于双连接的复制是对于跨 RAT 的分离承载，给一个无线承载关联的两个逻辑信道分别映射到主节点和辅节点。对于 PDCP 复制激活/停用操作，协议中规定如下：对于配置了 PDCP 复制功能的 PDCP 实体，发送实体需对 SRB 激活 PDCP 复制功能。针对 DRB，需根据指示激活/停用 PDCP 复制功能。如果指示停用 PDCP 复制功能，发送 PDCP 实体需指示辅助 RLC 实体丢弃所有重复的 PDCP 数据 PDU。如果两个相关联的 AM RLC 实体之一已确认交付 PDCP 数据 PDU，发送 PDCP 实体应指示另一个 AM RLC 实体丢弃重复的 PDCP 数据 PDU。

PDCP 子层在 3GPP 标准 TS 38.323 中有更多详细描述，请感兴趣的读者参考文献[19]。

4. SDAP 子层

与 LTE 相比，NR 数据链路层新引入了 SDAP 子层，原因是 NR 中的 NG 接口是基于 QoS flow 控制的，因此需要 SDAP 子层作为适配层，把 QoS flow 映射到 DRB 上，而 LTE 中 EPS 承载和 DRB 之间一一对应，不需要适配。

SDAP 子层在 PDCP 子层之上，位于用户平面，主要业务和功能包括：

● 传输用户面数据。
● 上下行 QoS 流与 DRB 之间的映射。
● 为上下行数据包标记 QFI。
● 为上行 SDAP 数据 PDU 进行反射 QoS 流到 DRB 映射（reflective QoS to DRB mapping）。

NR 系统中的 QoS 架构介绍见 3.2.2 小节。5G QoS 管理的粒度细化为 QoS 流，与 LTE 相比，QoS 映射规则较为复杂，但是也带来对多种业务的适应性。在 NAS 层通过 QoS 规则把 IP 流映射到 QoS 流，在 AS 层通过 SDAP 把 QoS 流映射到 DRB。

SDAP 实体位于 SDAP 子层，SDAP 子层由 RRC 配置。SDAP 实体是以 PDU 会话为单位配置的，可以为一个 UE 定义多个 SDAP 实体。SDAP 子层的结构如图 5-30 所示[25]。

SDAP 实体与上层交互 SDAP SDU，与下层交互 SDAP 数据 PDU。在发送端，当 SDAP 实体从上层接收到 SDAP SDU 后，构建相应的 SDAP 数据 PDU，并发送到下层。在接收端，当 SDAP 实体接收到来自下层的 SDAP 数据 PDU 后，根据收到的 SDAP 数据 PDU 恢复相应的 SDAP SDU，并传递到上层。

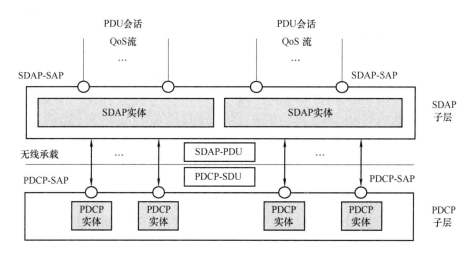

图 5-30　SDAP 子层结构示例

SDAP PDU 分为数据 PDU 和控制 PDU，其中数据 PDU 用于传输用户面数据，控制 PDU 在 3GPP Rel-15 协议中只有一个，即 End-Marker Control PDU。UE 侧 SDAP 实体使用 End-Marker Control PDU 通知网络，UE 后续停止 End-Marker PDU 的 QFI 字段所指的 QoS 流在这条 DRB（即传输 End-Marker PDU 的 DRB）上传输。

不包含 SDAP 头的 SDAP 数据 PDU 格式如图 5-31 所示。

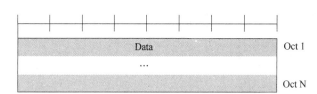

图 5-31　不包含 SDAP 头的 SDAP 数据 PDU 格式

包含 SDAP 头的上行 SDAP 数据 PDU 格式如图 5-32 所示。

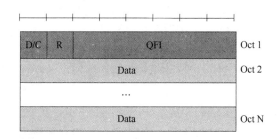

图 5-32　包含 SDAP 头的上行 SDAP 数据 PDU 格式

包含 SDAP 头的下行 SDAP 数据 PDU 格式如图 5-33 所示。

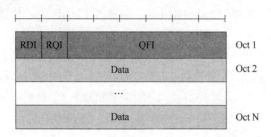

图 5-33 包含 SDAP 头的下行 SDAP 数据 PDU 格式

End-Marker SDAP 控制 PDU 格式如图 5-34 所示。

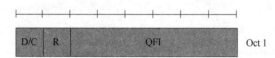

图 5-34 End-Marker SDAP 控制 PDU

上图中各参数介绍如表 5-6 所示。

表 5-6 SDAP PDU 参数解释表

字段名称	解释
Data	内容为 SDAP SDU，也就是上层的数据内容 长度：可变
D/C	指示这个 SDAP PDU 是 data PDU 还是 control PDU 长度：1 bit，0: Control PDU；1: Data PDU
QFI	QoS Flow ID，指示这个 SDAP PDU 属于哪个 QoS 流 长度：6 bit
R	保留位，所有保留位都应该置零
RQI	指示 SDF 到 QoS 流映射规则的变更是否需要通知 NAS 层 长度：1 bit，0：无动作；1：通知 NAS
RDI	指示 QoS 流到 DRB 的映射规则是否需要更新 长度：1 bit，0：无动作；1：保存 QoS 流到 DRB 的映射规则

对于 QoS 流与 DRB 的映射，一个或多个 QoS 流可以映射到一个 DRB，一个上行 QoS 流只映射到一个 DRB。QoS 流和 DRB 之间的映射关系可以通过 RRC 信令配置。对于上行 QoS 流到 DRB 的映射规则，可以通过 RRC 信令配置，也可以通过反射映射规则确定，即通过下行数据包的 SDAP 头推导出上行 QoS 流到 DRB 的映射规则。当一个 DRB 释放时，SDAP 实体应该删除所有映射到该 DRB 上的 QoS 流映射规则。

发送 SDAP 实体接收到来自上层的 SDAP SDU 后，如果存在该 QoS 流到 DRB 的映射规则，则按此规则将 SDAP SDU 映射到 DRB，如果不存在，则将 SDAP SDU 映射到缺省 DRB 上，然后根据所在 DRB 是否由 RRC 配置了 SDAP 头，构建相应的上行 SDAP 数据 PDU，传递给下层。

接收 SDAP 实体接收到来自下层的 SDAP 数据 PDU 后，如果其所在 DRB 由 RRC 配置为包含 SDAP 头，则执行 QoS 流到 DRB 反射映射以及 RQI 处理，恢复 SDAP SDU 发送到上层。RQI 处理是指每收到 RQI 为 1 的下行 SDAP PDU 时，SDAP 实体都要将 RQI 和 QFI 报告给 NAS 层。如果其所在 DRB 由 RRC 配置为不包含 SDAP 头，则直接恢复 SDAP SDU 发送到上层。

SDAP 实体功能如图 5-35 所示。

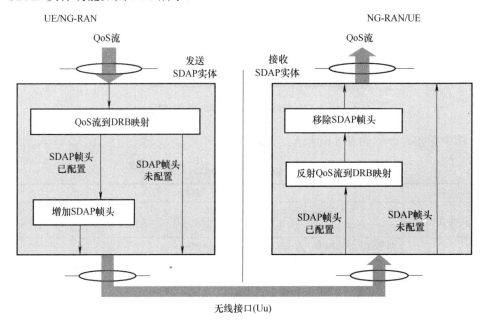

图 5-35　SDAP 实体功能示意图

SDAP 子层在 3GPP 标准 TS 37.324 中有更多详细描述，请感兴趣的读者参考[25]。

5.3.4　网络层协议与处理流程

网络层 RRC 层，位于 PDCP 子层之上，是 5G 空口控制面协议最高层。NR RRC 层功能和 LTE 基本一致，可以划分为三部分：对 NAS 层提供连接管理、消息传递等服务；对接入网低层协议提供参数配置；负责 UE 移动性管理相关的测量、控制等功能。

1. NR RRC 状态

与 LTE 不同，NR 中 RRC 状态有 3 种：RRC 空闲状态（RRC_IDLE），RRC 非激活

状态（RRC_INACTIVE），RRC 连接状态（RRC_CONNECTED）。RRC 状态的具体标准涉及 TS 38.331[26]（RRC 连接状态）和 TS 38.304[27]（RRC 空闲状态和非激活状态）。NR 在 RRC 层引入 RRC 非激活状态，具有降低时延和节能的效果。对 5GC 而言终端只有 RRC 空闲状态和 RRC 连接状态，RRC 非激活状态对于 5GC 而言是透明的。当终端处于 RRC 非激活状态的时候，终端会保留最后一个服务小区工作的上下文，并允许终端在基于 RAN 的通知区域（RNA）范围内移动而不需要告知网络它在哪个小区。网络侧保持了 NG 接口连接，同时和终端一起保留了 NAS 信令连接，这使得终端可以采用 RRC 连接恢复过程恢复 SRB 和 DRB，然后直接开始发送或接收数据，从而降低了时延。处于 RRC 非激活状态的终端不用像 RRC 连接状态时那样经常监听物理层控制信道，RRC 非激活状态的 DRX 周期长度比 RRC 空闲状态短，比 RRC 连接状态长，从而降低了能耗。

上文提到的 RNA 是 NR 新引入的 RAN 级别的跟踪区域，一般大于一个小区，小于或者等于一个 RRC 空闲状态下的跟踪区域（TA）。当 UE 在 RNA 内移动时，UE 不需要将行踪通知网络。当 UE 跨越 RNA 时，UE 需要进行位置更新，让网络知道 UE 当前所在的 RNA。

RRC 各状态下的特征说明如表 5-7 所示。

表 5-7　RRC 各状态特征

RRC 状态	特征
RRC_IDLE	PLMN 选择 系统信息广播 小区重选的移动性 寻呼由 5GC 发起 NAS 配置的用于接收 CN 寻呼的 DRX
RRC_INACTIVE	PLMN 选择 系统信息广播 小区重选的移动性 寻呼由 NG-RAN 发起（RAN 寻呼） RNA 由 NG-RAN 管理 NG-RAN 配置的用于接收 RAN 寻呼的 DRX 为终端建立 5GC 和 NG-RAN 之间的连接（包括控制面和用户面） NG-RAN 和 UE 都存储 UE 的接入层的上下文 NG-RAN 知道 UE 所属的 RNA 区域
RRC_CONNECTED	为终端建立 5GC 和 NG-RAN 之间的连接（包括控制面和用户面连接） NG-RAN 和 UE 都存储 UE 的接入层的上下文 NG-RAN 知道 UE 所属的小区和 UE 传输单播数据 网络控制终端的移动性，包括相关的测量

一个终端在某一时刻只有一种 RRC 状态。RRC 空闲状态和 RRC 连接状态之间的转换过程与 LTE 中基本相同。当 UE 处于 RRC 连接状态时，当前服务的 gNB 可以通过

RRC 连接释放消息让 UE 进入 RRC 非激活状态。当处于 RRC 非激活状态的 UE 需要重新恢复 RRC 连接状态时，可以通过 RRC 连接恢复过程来恢复 SRB 和 DRB。RRC 非激活状态到 RRC 空闲状态的转换一般发生在 RRC 连接恢复异常的过程中，gNB 无法恢复无线配置，进而直接让 UE 回到 RRC 空闲状态。

NR 中的 UE 状态转换图如图 5-36 所示。

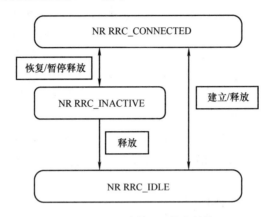

图 5-36　NR 中的 UE 状态转换

2. NR 系统信息

NR 系统信息（SI）包括主系统消息（MIB）和系统信息块（SIB），分为最小 SI 和其他 SI。最小 SI 包括初始接入所需的基本信息和获取任何其他 SI 的信息。

- MIB：包含小区禁止状态信息，接收进一步系统信息所需的基本物理层信息。MIB 在 BCH 上周期性广播。
- SIB1：定义了其他 SIB 的调度，并包含初始接入所需的信息。SIB1 也被称作剩余最小系统信息（RMSI），可以在 DL-SCH 上周期性广播，也可以在 DL-SCH 上以专用方式发送给 RRC_CONNECTED 状态的 UE。

其他 SI 包含除 MIB 和 SIB1 以外的其他所有 SIB。这些 SIB 可以在 DL-SCH 上周期性地广播；或根据来自 RRC_IDLE 或 RRC_INACTIVE 状态的 UE 的请求，在 DL-SCH 上按需广播；或在 DL-SCH 上以专用方式发送给 RRC_CONNECTED 状态的 UE。具体如下所述。

- SIB2：包含小区重选信息，主要与服务小区有关。
- SIB3：包含与小区重选相关的服务频率和频率内相邻小区的信息（包括频率共用的小区重选参数以及小区特定的重选参数）。
- SIB4：包含与小区重选相关的其他 NR 频率和频率间相邻小区的信息（包括频率共用的小区重选参数以及小区特定的重选参数）。
- SIB5：包含与小区重选有关的 E-UTRA 频率和 E-UTRA 相邻小区的信息（包括频

率共用的小区重选参数以及小区特定的重选参数）。

- SIB6：包含地震和海啸预警系统（ETWS）主要通知。
- SIB7：包含 ETWS 辅助通知。
- SIB8：包含商用移动预警系统（CMAS）警告通知。
- SIB9：包含与 GPS 时间和协调世界时（UTC）相关的信息。

图 5-37 是 gNB 向 UE 提供系统信息的示意图。

3．RRC 连接管理

RRC 空闲态/RRC 非激活状态的操作包括 PLMN 选择、小区选择/重选、位置注册和 RNA 更新等。RRC 连接状态的操作包括切换和相关测量等。

对于 RRC 连接控制过程，主要包括 RRC 连接建立过程、RRC 连接重建立过程、RRC 连接释放过程、RRC 连接重配置过程、RRC 连接恢复过程等基本过程。NR RRC 连接控制过程中除了 RRC 连接恢复过程外与 LTE 操作基本类似。

图 5-37　系统信息提供示意图

UE 触发的从 RRC_INACTIVE 状态到 RRC_CONNECTED 状态的转换在 UE 上下文检索成功的情况下，具体流程如图 5-38 所示。

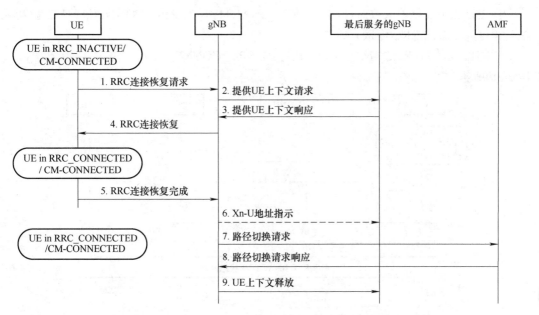

图 5-38　UE 触发从 RRC_INACTIVE 到 RRC_CONNECTED 的转换（UE 上下文检索成功）

具体步骤如下。

步骤 1：UE 从 RRC_INACTIVE 状态恢复，提供由最后一个服务该 UE 的 gNB 分配的 I-RNTI。

步骤 2：如果 gNB 能够解析 I-RNTI 中包含的 gNB 标识，则向最后一个服务该 UE 的 gNB 请求提供 UE 上下文数据。

步骤 3：最后一个服务该 UE 的 gNB 提供 UE 上下文数据。

步骤 4/5：gNB 和 UE 完成 RRC 连接的恢复。

步骤 6：为了避免最后一个服务该 UE 的 gNB 中缓冲的用户下行数据丢失，gNB 需提供转发地址。

步骤 7/8：gNB 执行路径切换。

步骤 9：gNB 触发最后一个服务该 UE 的 gNB 处的 UE 资源的释放过程。

在上述步骤 1 之后，SRB0（无安全性）可以被用于以下两种情况：

- 当 gNB 决定拒绝恢复请求并将 UE 保持在 RRC_INACTIVE 而不进行任何重新配置时。
- 当 gNB 决定建立新的 RRC 连接时。

SRB1 只能在检索到 UE 上下文后使用，即在步骤 3 之后，SRB1（至少具有完整性保护）应该被用于以下两种情况：

- 当 gNB 决定重新配置 UE 时（例如，使用新的 DRX 周期或 RNA）。
- 当 gNB 决定将 UE 推送到 RRC_IDLE 状态时。

当 UE 上下文检索失败时，UE 从 RRC_INACTIVE 到 RRC_CONNECTED 的触发转换是通过建立新的 RRC 连接完成的。

网络触发的从 RRC_INACTIVE 状态到 RRC_CONNECTED 状态的转换流程，如图 5-39 所示。

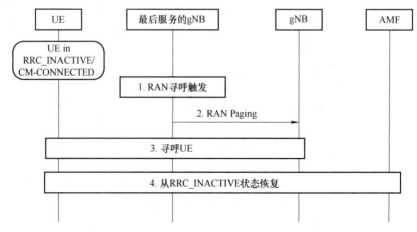

图 5-39　网络触发从 RRC_INACTIVE 到 RRC_CONNECTED 的转换

具体步骤如下。

步骤 1：发生 RAN 寻呼触发事件。

步骤 2：触发 RAN 寻呼，寻呼范围要么在最后一个服务该 UE 的 gNB 控制的小区，要么借助 Xn RAN 寻呼 RNA 中配置给 UE 的其他 gNB 控制的小区。

步骤 3：UE 被 I-RNTI 寻呼。

步骤 4：如果寻呼消息成功到达 UE，UE 尝试从 RRC_INACTIVE 恢复。

RRC 层在 3GPP 标准 TS38.300[6]、TS 38.331[26]和 TS 38.304[27]中有更多详细描述，请感兴趣的读者参考。

5.4   5G 无线组网技术

5G 对无线组网方式提出了更高的要求，以满足更多应用场景的需求。本节介绍 5G 无线组网关键技术，包括 CU/DU 分离、eCPRI，以及上下行解耦技术。

5.4.1   CU/DU 分离

1. 概述

CU 的全称是 Centralized Unit，顾名思义就是集中单元；DU 的全称是 Distributed Unit，含义是分布单元。

本小节首先介绍 4G 和 5G 无线接入网部分的架构区别，如图 5-40 所示[28]。

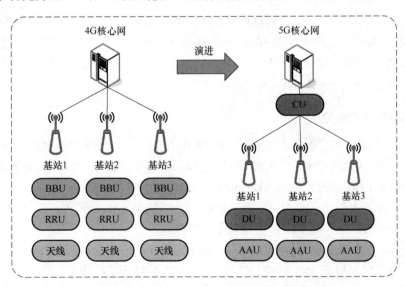

图 5-40   4G 和 5G 无线接入网部分的架构区别

由图 5-40 可以看出，4G 基站包括 BBU、RRU 和天线模块，每个基站都有一套 BBU，并通过 BBU 直接连接到 4G 核心网。而到了 5G 时代，AAU 将原先的 RRU 和天线合并成为整体模块，而 BBU 则拆分成了 DU 和 CU 模块，每个基站都有一套 DU，然后多个站点的 DU 共用同一个 CU 进行集中式管理，这便实现了 CU 和 DU 的分离架构。

CU 和 DU 的拆分是根据不同协议层实时性的要求来进行的。在这样的原则下，把原先 BBU 中的物理底层下沉到 AAU 中处理，对实时性要求高的 MAC 和 RLC 层放在 DU 中处理，同时把对实时性要求不高的 PDCP 和 RRC 层放到 CU 中处理。

CU/DU 分离带来的好处是，实现基带资源的共享，有利于实现无线接入的切片化和云化，满足 5G 复杂组网情况下的站点协同问题。

2．系统架构

CU-DU 逻辑体系可以分为两种，即 CU-DU 分离架构和 CU-DU 融合架构。在 CU-DU 分离架构中，NR 协议栈的功能可以动态配置和分割，其中一些功能在 CU 中实现，剩余功能在 DU 中实现。而在 CU-DU 融合架构中，CU 和 DU 的逻辑功能整合在同一个 gNB 中，这个 gNB 实现协议栈的全部功能[29]。

CU/DU 分离是 5G 组网部署的关键技术，可以实现系统性能和管理负荷的协调与优化。其系统架构如图 5-5 所示。下一代无线接入网（NG-RAN），采用 5G 基站（gNB）作为主要节点，CU 和 DU 组成 gNB。gNB 通过 NG 接口连接到 5G 核心网，同时 gNB 之间通过 Xn 接口相连。在 CU/DU 分离的场景下，一个 gNB 可以包含一个 CU 和一个/多个 DU，CU 和 DU 通过 F1 接口连接。通过一个 CU 控制多个 DU 的方式，可以同时实现基带集中控制功能和针对用户的远端服务功能[30]。

gNB-CU 是一个包含 RRC、SDAP 和 PDCP 的逻辑节点，一个 CU 可以同时连接多个 DU（所连接 gNB-DU 的最大数量取决于具体实现情况）。DU 实现射频处理功能和 RLC、MAC 以及 PHY 等部分的基带处理功能[31]。一个 gNB-DU 支持一个或多个小区，但一个小区只能从属于一个 gNB-DU[8]。

3．CU/DU 功能划分

将 CU/DU 网络架构进行功能划分[32]，3GPP 在该项目的讨论过程中，提出了 8 种 CU/DU 功能划分的方案，主要是根据各层所属 CU 还是 DU 进行拆分的，详情如图 5-41 所示。

（1）Option 1 (RRC/PDCP 1A-like split)

功能拆分方案类似于 DC 中的 1A 架构。RRC 位于 CU，而 PDCP、RLC、MAC、PHY 和 RF 位于 DU 中。整个用户面都属于 DU 范畴。

（2）Option 2 (PDCP/RLC Split 3C-like split)

功能拆分方案类似于 DC 中的 3C 架构，如图 5-42 所示。RRC 和 PDCP 位于 CU 中；RLC、MAC、PHY 和 RF 位于 DU 中。

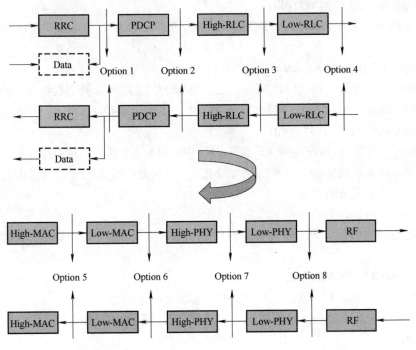

图 5-41　CU/DU 功能划分方案

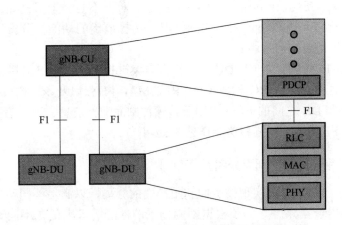

图 5-42　Option 2 方案 CU/DU 划分架构

（3）Option 3 (High RLC/Low RLC split, Intra RLC split)

该功能拆分方案是，以 RLC 层为界限，PDCP 和 High-RLC（RLC 的上层部分功能）位于 CU 中，而 Low-RLC（RLC 下层的部分功能）、MAC、PHY 和 RF 位于 DU 中。

（4）Option 4 (RLC-MAC split)

该功能拆分方案是，RRC、PDCP 和 RLC 位于 CU 中，MAC、PHY 和 RF 位于 DU 中。

（5）Option 5 (Intra MAC split)

该功能拆分方案是，以 MAC 层为界限，将 MAC 层划分为两个实体（High-MAC 和 Low-MAC）。Low-MAC、PHY 和 RF 位于 DU 中，其他上层位于 CU 中。

（6）Option 6 (MAC-PHY split)

该功能拆分方案是，PHY 和 RF 位于 DU 中，MAC 及其他上层位于 CU 中。CU 和 DU 之间的接口承载数据流、调度（例如 MCS、层映射、波束成形、天线配置、资源块分配等）以及测量相关的信息。

（7）Option 7 (Intra PHY split)

该功能拆分方案是，部分 PHY 层的功能和 RF 位于 DU 中，其他上层功能均位于 CU 中。

（8）Option 8 (PHY-RF split)

该功能拆分方案是 RF 功能位于 DU 中，其余上层功能均位于 CU 中。这种划分允许在所有协议层级别集中处理，从而实现紧密协调，有效支持 CoMP、MIMO、负载平衡、移动性等功能。

功能拆分的基线是基于 CU 或 DU 的，如果要求具有更精细的粒度，可包括 Per CU、Per DU、Per UE、Per bearer、Per slice 等。对于不同类型（例如传输延迟大小不同）的传输网络而言，需要根据网络实际情况，选择最优的功能拆分方案，以满足性能需求，为用户提供优质的网络服务。

在 3GPP Rel-15 阶段针对 CU/DU 功能拆分方案进行对比，最终选择了 Option 2 作为后续标准化的方案，PDCP/RRC 构成 CU，RLC/MAC/PHY 以及 RF 构成 DU，并引入新的 F1 接口。CU 和 DU 之间的 F1 接口用于传输控制面配置信息、用户信令以及用户面数据等信息。关于 F1 接口的规范和功能详见 5.2.2 小节。

4. gNB-CU 用户面和控制面分离

在 gNB-CU 内部也可以实现控制面和用户面的分离，以满足不同类型的业务对于时延和集中管理的需求差异[33]。为了根据不同场景的性能需求来优化不同无线接入网功能的位置分布，gNB-CU 被进一步拆分成 CU-CP 和 CU-UP，详情参见图 5-6。

一个 gNB 可能包含一个 CU-CP、多个 CU-UP 和多个 DU。CU-CP 和 CU-UP 之间的接口为 E1 接口。关于 E1 接口的规范和功能详见 5.2.2 小节。gNB-CU-CP 通过 F1-C 接口连接到 gNB-DU，gNB-CU-UP 通过 F1-U 接口连接到 gNB-DU。

原则上，一个 DU 只能连接一个 CU-CP，一个 CU-UP 也只能连接一个 CU-CP。为了支持可扩展性，分别为 CU-CP 和 CU-UP 提供多个传输点，实现有效的可扩展传输。

gNB-DU 包括 RLC、MAC 和 PHY 层的功能实体，部分功能由 gNB-CU 控制。CU-CP 包括 PDCP 和 RRC 层的控制面实体，而 CU-UP 包括 PDCP，或者 PDCP 和 SDAP 层的用户面实体。

CU-CP 与 CU-UP 分离的好处在于，能够更好地实现控制与转发分离，实现无线资源的统一集中控制单元（即 CP，无线资源控制面）与无线数据的处理单元（即 UP，用户数据面）之间的适当拆分，使得 CP 和 UP 更加专注各自的功能特点，从而在架构设计和功能实现方面提升效率。

5.4.2　eCPRI

1. 概述

随着通信技术的迅猛发展，标准化的基带-射频接口越来越受到业界的关注，近年来相继出现了通用公共无线电接口（CPRI）、开放式基站架构联盟（OBSAI）、TDRI 等接口标准。其中，CPRI 作为通用开放接口标准，凭借经济性和简便性受到广泛关注，它是无线网络中无线电设备控制（REC）和无线电设备（RE）之间的关键通信接口规范。其中无线电设备控制包括基带处理单元（BBU）等，无线电设备包括射频拉远单元（RRU）等。此外，CPRI 联盟组织，致力于从事无线基站内部 REC 和 RE 之间接口规范的制定工作，规范了基带 I/Q 信号传输到基站无线电单元的过程[34]。

然而，随着智能手机、智能平板等设备性能的不断完善，全球移动用户数目不断增加，移动数据流量飞速增长，为了提高移动通信的系统容量、数据速率和频谱利用率，5G 移动通信系统引入大规模天线技术。传统 LTE 网络的天线数目是 2、4 或者 8，而 5G 大规模天线系统的天线数目直接达到 64、128 或者 192，甚至 256 等。此外，5G NR 中低频系统的单载波带宽也高达 100MHz，对于毫米波频段，甚至高达 400MHz。由于传统 CPRI 接口速率与天线数目和系统带宽成正比关系，因此 NR 系统对 CPRI 接口速率的要求更高。

5G 网络为了满足面向多连接和多样化业务的需求，引入了网络切片和 CU/DU 分离等技术，以实现网络的分层管理和灵活部署。然而，CPRI 底层采用的是时分多路复用（TDM）链路结构，难以满足 5G NR 前传网络的传输需求。

因此，业界引入 eCPRI，以达到满足 5G 高频段、大带宽、多天线、海量连接、灵活组网等需求的目的。eCPRI 通过基于分组的前传传输网络，可以实现高效且灵活的无线数据传输[35]。

2. eCPRI 与 CPRI 的对比

以下从系统架构、组网方案、节点功能划分、时间同步方案等方面，详细对比 eCPRI 和 CPRI 之间的差异。

（1）系统架构

CPRI 底层协议为 TDM，RE 和 REC 之间采用点对点的连接，主接口和从接口通过电材料或者光纤材料实现直接连接。CPRI 支持点到点、点到多点的逻辑连接。而 eCPRI 接口采用分组化以太网接口，可以充分利用现有的以太网网络资源。此外，采用以太网协议，可以通过基于以太网的网络来传输 eCPRI 业务以及来自其他网络层应用（例如，固定线路网络）的数据业务，从而方便地进行网络操作、管理和维护。

图 5-43 展示了 eCPRI 的系统架构[35]。该网络由 eCPRI 节点组成，包括 eCPRI 无线电设备控制（eREC）、eCPRI 无线电设备（eRE）、传输网络（Transport Network）和其他网络元素。eREC 和 eRE 之间可通过 eCPRI 接口传输三种不同的信息流，包括用户面数据（User Plane）、控制和管理面数据（Control & Management），以及同步面数据（Sync）。这三种信息流分别由其对应的服务接入点（SAP）承载。

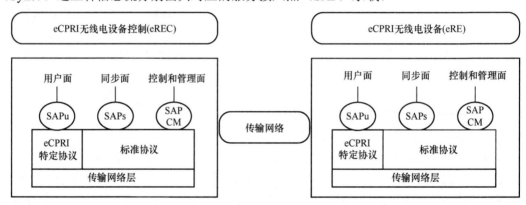

图 5-43 eCPRI 系统架构

可以看出，对于 eCPRI 系统架构，eREC 和 eRE 之间不再是点到点的连接，二者之间的连接可为任意网络，即支持点到点、点到多点和多点到多点的逻辑连接，以满足 5G NR 系统灵活组网的实际需求。

（2）组网方案

CPRI 仅采用星形组网方式，而 eCPRI 可以采用的组网方式包括星形组网、负荷分担组网、链型组网，组网方式更加灵活多样。

- 星形组网：AAU 与 BBU 单独直连，分别建立 eCPRI 传输链路，其结构如图 5-44 所示。星形组网适用于大多数场景，在链路故障场景下仅影响与 BBU 直接通信的 AAU，可靠性较高。
- 负荷分担组网：BBU 通过同一块基带板上的两个接口与 AAU 相连，确保两个链路的物理带宽满足小区带宽需求，其结构如图 5-45 所示。负荷分担组网适用于单条 eCPRI 链路带宽不足的场景。在链路故障场景下会引起小区链路带宽不足而导致服务失败。

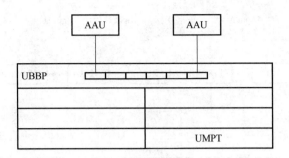

图 5-44　星形组网

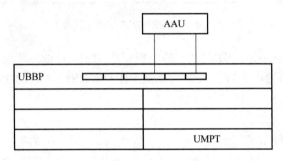

图 5-45　负荷分担组网

- 链型组网：BBU 通过单一 eCPRI 接口与多个 AAU 级联，其结构如图 5-46 所示。链型组网适用于 eCPRI 链路物理带宽满足多个 AAU 共享时的带宽需求。在链路故障场景下会影响故障点下级链路连接的所有 AAU。

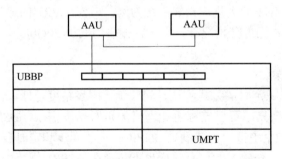

图 5-46　链型组网

（3）节点功能拆分

eCPRI 规范的设计出发点，主要是降低原有 CPRI 接口的带宽需求，节约传输成本。其核心的设计思想是对空口物理层内部的功能进行切分，将部分物理层功能释放到射频单元来实现，如图 5-47 所示[35]。

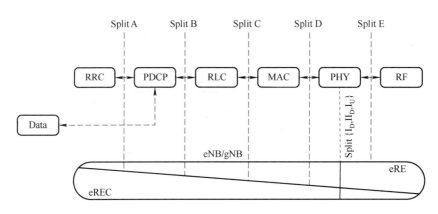

图 5-47　eCPRI 的节点功能划分

eCPRI 将高物理层 High-PHY 以上的数据交给 BBU 处理，将低物理层 Low-PHY 的数据移至 RRU 部分的 DU 处理，大幅度降低 BBU 和 RRU 之间的接口速率要求，以达到降低光模块成本的目的。当然，这样势必会带来 RRU 复杂度的提升。

eCPRI 规范主要关注三个不同参考层面的功能拆分，两个下行链路上的拆分和一个上行链路上的拆分，即 I_D 拆分、II_D 拆分和 I_U 拆分。不同类型的上/下行链路拆分可以任意组合。I_D 拆分是基于比特的，II_D 拆分和 I_U 拆分是基于 I/Q 信号的。在不同的节点拆分之间，实时控制流的比特速率有所不同。根据以往经验，拆分越接近 MAC 层，则需要在 eREC 和 eRE 之间发送更多实时控制的数据。

eCPRI 规范给出了具体的功能拆分示例，如图 5-48 所示[35]。

采用节点功能拆分之后，可以大大降低 eCPRI 对前传带宽的需求。以 64 根发送天线、载波带宽为 100MHz 的大规模天线系统为例[35]，对 CPRI 的速率要求是 236Gbit/s，而对 eCPRI 的要求在不同拆分情况下，上下行链路均低于 20Gbit/s。eCPRI 大幅度降低了对光模块的要求，从而大大降低传输成本。

（4）时间同步方案

CRPI 使用 TDM 帧定时的方式实现时间同步，同步精度较低。而 eCRPI 通过同步参考源进行定时和同步恢复，可以兼容更加严格的定时精度需求。eCPRI 时间同步方案如图 5-49 所示。eRE 的空中接口需要满足 3GPP 制定的同步和定时要求。同步信息将不采用 eCPRI 特定协议进行传输，此信息流程也不包括在 eCPRI 规范中，而是可以采用现有协议，如 SyncE 等，但不排除其他解决方案。同步信息被看作是实时性要求比较严格的信息，占用 eCPRI 实体间总带宽的一部分进行传输。

3. 风险和挑战

关于 eCPRI 面临的风险和挑战，下面从安全问题和协议演进两个方面进行阐述。

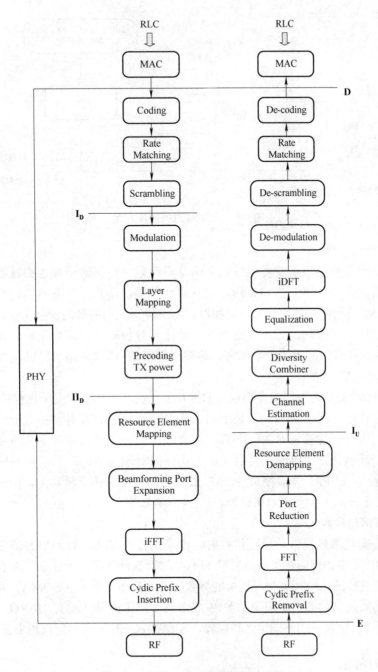

图 5-48 eCPRI 物理层功能拆分示例

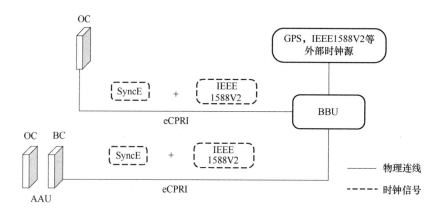

图 5-49　eCPRI 时间同步方案

（1）安全问题

网络安全一直是通信系统发展过程中的重要课题，任何通信技术的发展和演进都要充分考虑网络安全。eCPRI 接口采用以太网进行传输，增加了信息泄露、篡改和网络攻击的风险。为了给网际互连协议（IP）和以太网流量提供高质量的安全保护，eCPRI 提供的安全服务包括访问控制、无连接完整性、数据源身份验证、防止重放（部分序列完整性的一种形式）和有限的通信流量加密。这些服务在 IP 或以太网层提供，为 IP、以太网或上层协议提供安全保护。

而且 eCPRI 采用传输层安全协议（TLS）进行认证、加密和完整性保护。TLS 采用数字证书进行认证，数字证书认证是指利用非对称密钥的原理对设备身份进行认证的方式。发送方使用自己的私钥对数据签名，接收方使用证书公钥验证签名的合法性。通信双方通过数字证书认证可以确定是否与证书认证的对端通信，从而确保通信不被欺骗，不被窃听。此外，eCPRI 开启空口 PDCP 加密机制，支持防泛洪功能，即检测报文超过一定门限时，上报网元会受到攻击告警。

（2）协议演进风险

eCPRI 方案将部分基带功能迁移到射频模块。目前 AAU 设备中的部分功能是基于 FPGA 实现的，未来协议演进可能需要对 FPGA 进行软件升级，一旦 FPGA 预留不足，存在 AAU 硬件更换的风险。另外，还可能导致向非正交多址接入（NOMA）系统演进的困难。eCPRI 需要更高效的自适应调制编码/混合自动重传请求（AMC/HARQ）来提高可靠性，因此，存在协议演进的不确定性和风险，需要在 eCPRI 规范制定过程中有所考虑。

5.4.3　上/下行解耦

1．概述

一般而言，在传统通信系统中，同一频段中的上行载波和下行载波是需要绑定和配对使用的，即一个上行载波对应一个下行载波。对于 FDD 系统而言，上下行载波属于同一频带中的不同频段，带宽相等。而对于 TDD 系统而言，上下行载波共用相同的频段，只是在时隙上做区分。上下行时隙之间存在保护间隔，避免产生上下行干扰。由于终端和基站的处理能力、发射功率等存在相当大的差异，可能会造成上下行覆盖不平衡的问题。

与 4G LTE 相比，5G NR 系统采用的频率更高，信号在传播过程中会经历更加严重的衰减，并且 TDD 模式下的时隙配比差异，也会导致上下行覆盖不平衡的问题，上行覆盖成为 5G 网络部署的瓶颈，影响用户体验。

为了应对上行覆盖瓶颈，5G NR 引入了很多提升覆盖的手段，例如：

- LTE 和 NR 双连接，利用低频(e)LTE 提供覆盖和控制面锚点。
- 在低频实现 LTE 与 NR 上/下行的频谱共享，包括静态或动态频谱共享。
- 引入中频段的 26dBm 高功率终端，比传统终端发射功率提升 3dB。
- 上行控制和数据信道多时隙重复发射。
- 在 3GPP Rel-17 即将引入的覆盖增强技术。
- 上下行解耦技术，即补充上行 SUL。

本小节将介绍 NR 上下行解耦技术。NR 上下行解耦定义了新的频谱配对方式，支持在一个小区中配置多个上行载波，并且上行传输可以与 LTE 系统进行频谱共享。

需要说明的是，上下行解耦技术与传统载波聚合的一个区别在于，上下行解耦技术中的两个上行载波均属于同一小区，而在载波聚合技术中，两个载波属于不同小区。这使得两者在随机接入、资源管理和功率控制等方面有着不同的处理方式。

2. 上下行解耦方案

上下行解耦方案通过使用较低频段来承载 5G 上行数据，改善 C 频段（例如 3.5GHz 频段）的覆盖范围和用户体验速率，可在相同的覆盖范围内实现 C 频段和 LTE 频段（如 1.8GHz）的同站点部署[36]。

举例来说，如图 5-50 所示[37]，3.5GHz 和 1.8GHz 频段之间的上行链路覆盖范围存在明显差距，如果采用上下行解耦技术，边缘用户可以使用 1.8GHz 的 LTE 频段传输 NR 上行数据，从而有效提升 NR 在 3.5GHz 的上行覆盖范围。

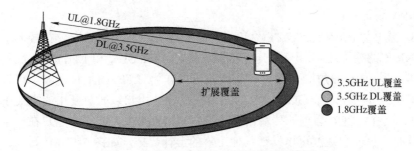

图 5-50　3.5GHz+1.8GHz 覆盖差异示意图

在 3GPP NR 标准协议中，上述用于扩展上行覆盖的低频载波被称为 SUL，除 SUL 之外的上行载波被称为普通上行（NUL）[38]。SUL 载波可以是现有的 LTE 频段，也可以是单独的一个上行频段。

当使用 LTE 上行频段作为 SUL 时，在每一个 TTI 内，LTE 和 NR 以频分多路复用（FDM）的方式共享上行频谱，如图 5-51 所示。

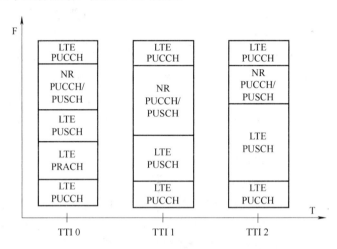

图 5-51　LTE 和 NR 以 FDM 的形式共享上行频谱

由于 NR SUL 不占用 LTE 的控制信道，所以对 LTE 的 PUCCH 无影响。LTE 和 NR 的 PUSCH 以 FDM 的形式共存。当载波带宽为 20MHz 时，LTE 最多可以共享给 NR 90%的上行频谱资源；当载波带宽为 10MHz 时，LTE 最多可以共享给 NR 80%的上行频谱资源。

3. 部署模式

5G 系统有非独立组网（NSA）和独立组网（SA）两种组网方式。相应地，上下行解耦技术在 NSA 和 SA 组网模式下有不同的特点。3GPP NR 标准协议中定义了 SUL 频段以及相应的 NSA 和 SA 频段的可用组合[4-5]。

（1）NSA 场景

在 NSA 场景下，UE 通过 LTE 空口进行随机接入，可在 LTE 基站的控制下采用双连接技术与 NR 网络建立连接。一个典型部署场景是，NR SUL 和 LTE FDD 的上行载波为同一个载波。从 UE 的角度来看，该载波既可以作为 LTE 的上行载波又可以作为 NR SUL，如图 5-52 所示。目前 3GPP NR 标准协议仅支持用户以时分复用的方式在 NR NUL 和 NR SUL 上进行 NR 数据的传输。但从基站的角度来看，当某个用户在一个上行载波上发送数据时，另一个载波可以发送其他用户的上行数据，如图 5-53 所示。

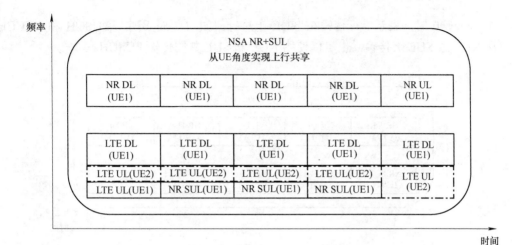

图 5-52　NSA 场景下的 SUL 部署方案（UE 角度）

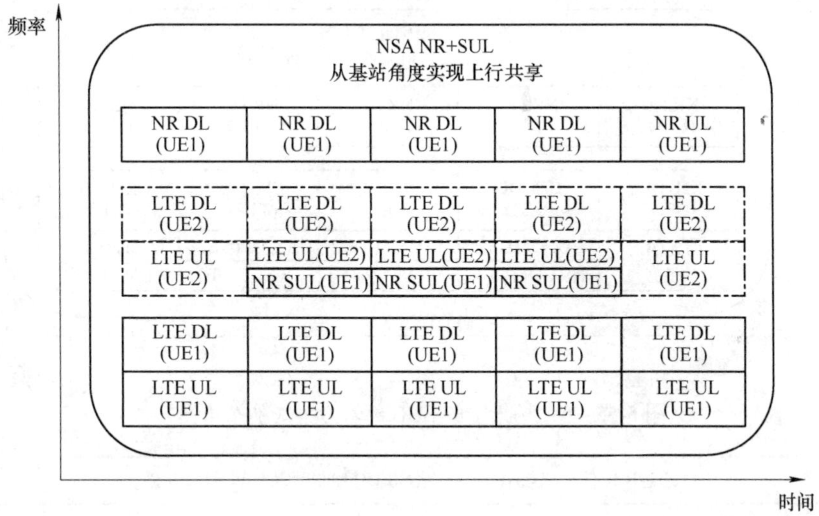

图 5-53　NSA 场景下的 SUL 部署方案（基站角度）

（2）SA 场景

在 SA 场景下，NR 与 LTE 相互独立。对于 NR UE 而言，LTE 小区以及来自 LTE 小区的资源调度是不可见的，如图 5-54 所示。从基站的角度来看，LTE 和 NR 系统可以共享 LTE 的低频资源，即 LTE 基站可以调度 LTE UE 在该载波上进行上行传输，如图 5-55 所示。

4.　上行载波选择

RRC 通过配置 SC_UL_index 参数来指示 PUSCH 和 PUCCH 是在 NUL 载波还是 SUL 载波上进行数据传输。当 SC_UL_index=1 时，表示上行传输在 NR SUL 上进行；当

SC_UL_index=0 时，表示上行传输在 NUL 上进行。如图 5-56 所示，PUSCH 和 PUCCH 均可在 NUL 或 SUL 上传输，也可以使用 NUL 和 SUL 共同传输 PUSCH。

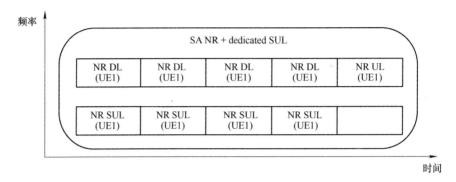

图 5-54　SA 场景下的 SUL 部署方案（UE 角度）

图 5-55　SA 场景下的 SUL 部署方案（基站角度）

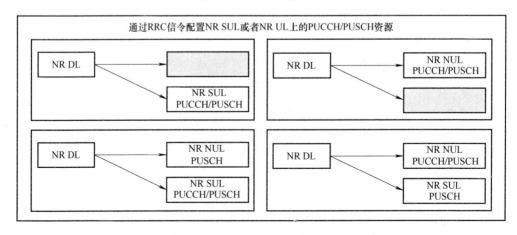

图 5-56　NR SUL 和 NUL 的配置指示

（1）初始载波选择

处于空闲状态的 UE 可以根据信道质量选择小区中的 NUL 或者 SUL 来进行随机接入，以增加 UE 在小区边缘时的接入成功率。一般来说，当 UE 位于信道质量良好的小区中心时，可以使用常规 TDD 载波；而当 UE 位于不能保证上行覆盖的小区边缘时，可以配置 SUL，如图 5-57 所示。

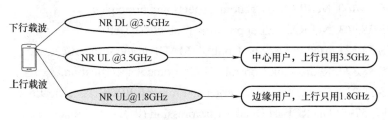

图 5-57　边缘用户和中心用户的载波配置示例图

（2）上行载波变更

当 UE 被同时配置有 SUL 和 NUL 时，可以在 NUL 或 SUL 上动态地或半静态地调度 UE，以达到充分利用小区上行资源的目的。对于动态调度，可以在 NUL 或 SUL 上调度具有不同要求的数据流量。而半静态调度指的是，建立双连接后，由于 NUL 与 SUL 的覆盖差异，UE 在 NR 小区内移动时会产生上行链路变更。

在上行载波切换的过程中，为了避免 SUL 和 NUL 之间的信号传输重叠，需要统一对时序进行调整，即 NUL 和 SUL 共享来自网络的相同的定时提前（TA）调整命令。

参 考 文 献

[1]　吴伟陵，牛凯. 移动通信原理[M]. 2 版. 北京：电子工业出版社，2009.10.

[2]　3GPP TR 38.820. 7-24 GHz frequency range.

[3]　3GPP TR 38.807. Study on requirements for NR beyond 52.6 GHz.

[4]　3GPP TS 38.101-1. User Equipment (UE) radio transmission and reception, Part 1: Range 1 Standalone.

[5]　3GPP TS 38.101-2. User Equipment (UE) radio transmission and reception, Part 2: Range 2 Standalone.

[6]　3GPP TS 38.300. NR and NG-RAN Overall Description.

[7]　3GPP TS 37.340. Multi-connectivity.

[8]　3GPP TS 38.401. NG-RAN Architecture description.

[9]　3GPP TS 38.410. NG-RAN NG general aspects and principles.

[10] 3GPP TS 38.413. NG-RAN NG Application Protocol (NGAP).

[11] 3GPP TS 38.420. NG-RAN Xn general aspects and principles.

[12] 3GPP TS 38.423. NG-RAN Xn application protocol (XnAP).

[13] 3GPP TS 38.470. NG-RAN F1 general aspects and principles.

[14] 3GPP TS 38.473. NG-RAN F1 application protocol (F1AP).

[15] 3GPP TS 38.460. NG-RAN E1 general aspects and principles.

[16] 3GPP TS 38.463. NG-RAN E1 application protocol (E1AP).

[17] 3GPP TS 38.321. Medium Access Control (MAC) protocol specification.

[18] 3GPP TS 38.322. Radio Link Control (RLC) protocol specification.

[19] 3GPP TS 38.323. Packet Data Convergence Protocol (PDCP) specification.

[20] IETF RFC 5795. The RObust Header Compression (ROHC): Framework.

[21] IETF RFC 3095. RObust Header Compression (ROHC): Framework and four profiles: RTP, UDP, ESP and uncompressed.

[22] IETF RFC 4815. RObust Header Compression (ROHC): Corrections and Clarifications to RFC 3095.

[23] IETF RFC 6846. RObust Header Compression (ROHC): A Profile for TCP/IP (ROHC-TCP).

[24] IETF RFC 5225. RObust Header Compression (ROHC) Version 2: Profiles for RTP, UDP, IP, ESP and UDP Lite.

[25] 3GPP TS 37.324. Service Data Adaptation Protocol (SDAP) specification.

[26] 3GPP TS 38.331. Radio Resource Control (RRC) protocol specification.

[27] 3GPP TS 38.304. User Equipment (UE) procedures in Idle mode and RRC Inactive state.

[28] https://blog.csdn.net/Rong_Toa/article/details/88674488.

[29] 朱峰，李洪城，唐钰. 5G 系统中 RAN 侧集中单元（CU）和分布单元（DU）架构分析[J]. 通信世界，2019（08）：40-43.

[30] 高音，韩济任，刘壮. NR 中集中式网元和分布式网元架构现状与进展[J/OL]. 中兴通讯技术，2020（01）：1-17.

[31] 闫渊，陈卓. 5G 中 CU-DU 架构，设备实现及应用探讨[J]. 移动通信，2018，42（01）：27-32.

[32] 3GPP TR 38.801. Study on new radio access technology: Radio access architecture and interfaces.

[33] 王洪梅，崔明. 5G 无线网络 CU/DU 部署方案探讨[J]. 中国新通信，2019，21（16）：122-123.

[34] https://blog.csdn.net/loongkingwhat/article/details/82385150.

[35] eCPRI Specification, Common Public Radio Interface: eCPRI Interface Specification, V2.0,

2019.

[36] Wan Lei, Guo, Zhiheng, Wu Yong, et al. 4G/5G spectrum sharing for enhanced mobile broad-band and IoT services[J]. IEEE Vehicular Technology Magazine, 2018.

[37] Target Networks in 5G Era. Embracing Mobile Network 2020s. Huawei, 2017.

[38] L Wan, Z Guo, X Chen. Enabling Efficient 5G NR and 4G LTE Coexistence[J]. IEEE Wireless Communications,2019,6(1): 6-8.

第6章　5G NR 空中接口及关键技术

本章主要介绍 5G NR 系统空中接口相关内容和空口关键技术，其中 6.1 节主要介绍 5G 空口时频资源；6.2 节主要介绍 5G 空口上、下行信道和参考信号；6.3 节主要介绍大规模天线技术；6.4 节主要介绍波束管理相关内容。

6.1　空口时频资源

6.1.1　时域结构

与 LTE 系统相似，NR 系统也以无线帧作为基本的数据发送周期进行上/下行传输，一个无线帧的长度为 10ms，每个无线帧包含 10 个长度为 1ms 的子帧，每个子帧包含若干时隙。对于常规循环前缀（Normal CP），每个时隙包含 14 个正交频分复用（OFDM）符号；对于扩展循环前缀（Extended CP），每个时隙包含 12 个 OFDM 符号[1]。如图 6-1 所示。

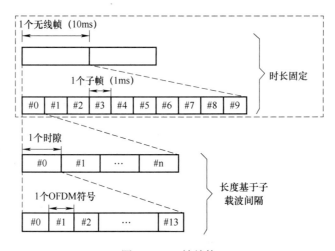

图 6-1　NR 帧结构

为了支持 5G 在不同场景、不同业务需求下的灵活部署，NR 引入了参数集（Numerology）的概念。通过配置不同的参数集取值，NR 总共可支持 5 种子载波间隔：

15kHz、30kHz、60kHz、120kHz 和 240kHz，如表 6-1 所示，其中 μ 表示参数集的取值，Δf 表示子载波间隔。不同的子载波间隔可用于不同的频段范围，其中 15kHz 和 30kHz 子载波间隔主要应用于 6GHz 以下的频段；120kHz 子载波间隔主要应用于 6GHz 以上的频段；60kHz 子载波间隔既可用于 6GHz 以下频段，也可用于 6GHz 以上频段；240kHz 子载波间隔只能用于下行广播和同步信号。

表 6-1　NR 支持的子载波间隔

μ	$\Delta f = 2^{\mu} \cdot 15 / \text{kHz}$	循环前缀类型
0	15	常规
1	30	常规
2	60	常规，扩展
3	120	常规
4	240	常规

当 NR 子载波间隔为 15kHz 时，NR 的 OFDM 符号长度与 LTE 对齐；当 NR 的子载波间隔为 $2^{\mu} \cdot 15$kHz 时，2^{μ} 个 OFDM 符号时域长度等于 15kHz 时 1 个 OFDM 的时域长度，如图 6-2 所示。

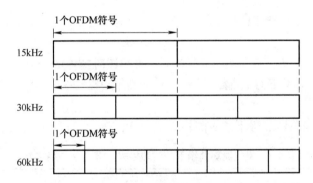

图 6-2　不同子载波间隔下的 OFDM 符号级对齐

NR 帧结构中，由于每时隙包含的 OFDM 数目是固定的（考虑常规循环前缀），因此子载波间隔越大，每个 OFDM 符号的持续时间越短，相应的时隙就越短，每个子帧包含的时隙数就越多。换言之，在配置不同子载波间隔的同时，也间接地配置了每子帧包含的时隙数，具体如表 6-2 所示。

表 6-2　NR 支持的每子帧时隙配置

μ	时隙数/子帧	OFDM 符号数/时隙
0	1	14
1	2	14

（续）

μ	时隙数/子帧	OFDM 符号数/时隙
2	4	14（常规循环前缀）
		12（扩展循环前缀）
3	8	14
4	16	14

为了能更进一步地降低时延，NR 在时隙结构上较 LTE 下了更大的功夫，引入了自包含时隙和迷你时隙的概念。另一方面，在时隙配置上，NR 也摒弃了 LTE 的固定帧结构配置方案，采用了更加灵活的半静态时隙配置与动态时隙配置相结合的方式，使得 NR 系统可以兼顾灵活性和可靠性，既可以满足大规模组网的需求，也可以满足动态业务的需求，从而提高整体网络的效率。

1. 自包含时隙

根据每个时隙内 OFDM 符号传输方向的不同，NR 的时隙可分为三种类型。

- 下行时隙：用字母"D"表示，表明该时隙内的所有 OFDM 符号只用于下行传输。
- 上行时隙：用字母"U"表示，表明该时隙内的所有 OFDM 符号只用于上行传输。
- 灵活时隙：用字母"X"或"F"表示，表明该时隙内的 OFDM 符号既可用于上行传输，也可用于下行传输；另外，该时隙内的一些 OFDM 符号用作保护间隔（GP）。

更具体地，常规循环前缀下的时隙格式在 3GPP TS 38.213 中给出，如表 6-3 所示[2]。

表 6-3　常规循环前缀下的时隙格式（节选部分表格）

格式	一个时隙内的符号序号													
	0	1	2	3	4	5	6	7	8	9	10	11	12	13
0	D	D	D	D	D	D	D	D	D	D	D	D	D	D
1	U	U	U	U	U	U	U	U	U	U	U	U	U	U
2	F	F	F	F	F	F	F	F	F	F	F	F	F	F
3	D	D	D	D	D	D	D	D	D	D	D	D	D	F
4	D	D	D	D	D	D	D	D	D	D	D	D	F	F
5	D	D	D	D	D	D	D	D	D	D	D	F	F	F
…	…	…	…	…	…	…	…	…	…	…	…	…	…	…
48	D	F	U	U	U	U	U	D	F	U	U	U	U	U
49	D	D	D	D	F	F	U	D	D	D	D	F	F	U
50	D	D	F	F	U	U	U	D	D	F	F	U	U	U
51	D	F	F	U	U	U	U	D	F	F	U	U	U	U

（续）

格式	一个时隙内的符号序号													
	0	1	2	3	4	5	6	7	8	9	10	11	12	13
52	D	F	F	F	F	F	U	D	F	F	F	F	F	U
53	D	D	F	F	F	F	U	D	D	F	F	F	F	U
54	F	F	F	F	F	F	F	D	D	D	D	D	D	D
55	D	D	F	F	F	U	U	U	D	D	D	D	D	D
56~254	保留													
255	UE 基于 TDD-UL-DL-ConfigurationCommon 或 TDD-UL-DL-ConfigDedicated 以及已检测到的下行控制信息（DCI）格式决定该时隙的时隙格式													

如果同一个时隙内包含下行 OFDM 符号、上行 OFDM 符号和 GP，则称该时隙为自包含时隙。自包含时隙又可分为上行和下行两种。

- 下行自包含时隙包括对下行数据的接收和相应混合自动重传响应消息（HARQ-ACK）的反馈。
- 上行自包含时隙包括对上行调度信息的接收和相应上行数据的传输。

这种自包含结构的设计初衷是为了更快地进行 HARQ 反馈和上行数据调度，降低往返时延；同时，能采用更小的周期发送探测参考信号（SRS），从而能够更迅速地跟踪信道状态，提升系统性能。

2．迷你时隙

通过引入参数集的定义，NR 能够支持 5 种子载波间隔配置，并且可以支持比 LTE 更短的时隙长度。这看似表明 NR 可以支持更低时延的传输，实际上，随着子载波间隔的增加，相应的 CP 长度会变短。因此，单单依靠缩短时隙长度不能支持所有场景下的低时延传输。为了解决这一问题，NR 采用了一种更有效的方式，即支持基于迷你时隙（mini-slot）的调度，每个 mini-slot 由一个 slot 中的部分连续 OFDM 符号组成。通过支持这种更小颗粒度的调度，至少可以收获以下两方面的好处：

- 该调度方式可以支持在一个时隙中的任何一个 OFDM 符号开始传输。这在不牺牲鲁棒性的前提下，可以显著降低时延。
- 该调度方式可以更有效地支持模拟波束赋形。由于模拟波束赋形是频域平坦的，即在同一时刻只能生成一个方向的模拟波束，因此如果需要做多波束扫描，只能采用时分的方式。这就带来了一个问题，即使系统只需几个符号就能完成一个波束方向的数据传输，还是需要等待到下一个时隙才能开始传输第二个波束方向的数据，这造成了一定程度上的时域资源浪费，该问题对于具有丰富频域资源的毫米波频段更为显著。通过采用 mini-slot 的调度方式，多个波束可以在一个或若干连续时隙内依次完成扫描，在降低时延的同时提升了时域资源的利用效率。

6.1.2 频域结构

NR 中最小的物理单元称为资源元素（RE）。一个 RE 在时域上占据 1 个 OFDM 符号，在频域上占据 1 个子载波。在频域上连续的 12 个子载波组成一个资源块（RB），如图 6-3 所示。RB 是数据信道资源分配中频域的基本调度单位。需要指出的是，NR 中 RB 的定义与 LTE 不同。在 LTE 中，一个 RB 在频域包含 12 个子载波，在时域长度为 1 个时隙，因此 LTE 的 RB 是一个二维的概念；而在 NR 中，RB 只是一个频域的概念，1 个 RB 的频域大小为 12 个连续的子载波。

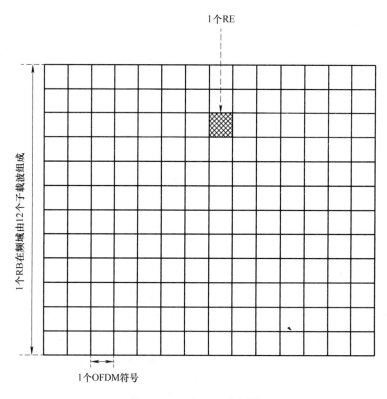

图 6-3　RE 和 RB 示意图

在定义了 RE 和 RB 之后，就可以宏观地描述一定时间内整个系统可用的传输资源，NR 中把这一宏观概念定义为资源格（Resource Grid）。资源格的定义实际上沿用了 LTE 的相关概念，但它们的不同在于：NR 资源格中的 RE 和子载波数目都取决于参数集的配置。根据 3GPP TS 38.211 的定义：一个资源格在频域包含传输带宽内所有可用的物理资源块（PRB），具体数值由高层参数 carrierBandwidth 给出，该参数包含在 SCS-SpecificCarrier 信息元素（IE）中。一个资源格在时域的长度等于一个子帧的长度，具体包含的 OFDM 数目取决于参数集的配置。需要说明的是,资源格的定义与传输方向有关,上、下行的资源格的定义不同。

由于不同参数集配置的子载波间隔不同,因此对于相同的系统带宽,不同参数集配置的资源格包含的载波数并不相同。但正如时域的对齐一样,NR 在频域也保证了 RB 级的边界对齐,以及符号级的边界对齐。换言之,两个子载波间隔为 15kHz 的 RB 与一个子载波间隔为 30kHz 的 RB 占用的频域范围完全一致,如图 6-4 所示。

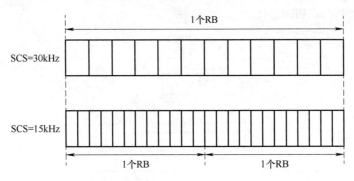

图 6-4 不同参数集配置下频域的符号级对齐

总体来说,资源格定义了一块频域空间,指示了上行或者下行传输资源的频域范围,但是这一块空间在频域的具体位置尚未可知。为此,NR 引入了"Point A"作为一个频域的参考点,其频域位置与 0 号公共资源块(CRB)的 0 号子载波的中心位置一致,与子载波间隔无关。换言之,CRB 第一个子载波的频域中心位置即是"Point A"。另外,CRB 表征更大的频域空间范围,包含了资源格定义的频域空间。同时,NR 标准定义了资源格与"Point A"的频域偏移量,由高层参数 offsetToCarrier 指示,该参数也包含在 SCS-SpecificCarrier IE 中。UE 可以通过广播的系统消息获得"Point A"的频域位置,再加上频域偏移量,便可以获得资源格的频域边界,从而获得资源格所占用的频域范围,如图 6-5 所示。

图 6-5 "Point A"与资源格的频域位置关系

在对资源格的描述中,出现了两个概念:CRB 和 PRB。通俗地讲,可以将 CRB 理解为频域的一个坐标轴，以 RB 为单位，坐标轴的原点就是频域参考点"Point A"。CRB 在频域上从 0 开始编号，每隔 1 个 RB（即 12 个子载波）编号值加 1。而 PRB 定义在 BWP（Bandwidth Part，见 6.1.3 小节）中，也是从 0 开始编号，0 号 PRB 表示相应 BWP 的第一个 RB。PRB 用于描述实际传输的信号，它的频域位置也可以通过"Point A"加频域偏移导出。换言之，可以将 PRB 理解为 CRB 上的一个线段。

综上所述，根据表征的频域范围可将上述频域相关概念由大至小依次排序为：CRB、资源格、BWP、PRB、RE。如图 6-6 所示。

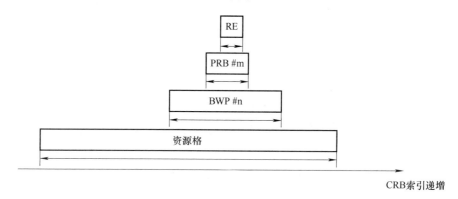

图 6-6　NR 频域结构示意图

6.1.3　BWP

BWP 是 NR 标准定义的一个新的概念，从字面上看，它表征一部分的带宽。在 LTE 时代，系统默认所有的设备都能够支持 20MHz 的最大系统带宽，这避免了一些系统设计上的麻烦，同时也允许控制信道可以在整个系统带宽上进行传输，从而最大限度地利用频率多样性。但是 NR 系统则不能继续沿用这一设计理念，原因也很明显，因为 NR 支持的系统带宽范围太大了。从设备方面来说，要支持这么大带宽上的信号接收和处理，一方面，设备成本会增高；另一方面，设备的功耗也会大幅提高。为此，NR 引入了 BWP 的概念。

BWP 是系统带宽的一个子集，它由一组连续的 CRB 组成，3GPP 标准中使用 $N_{\text{BWP},i}^{\text{start},\mu}$ 表示第 i 个 BWP 的起始 CRB 位置，用 $N_{\text{BWP},i}^{\text{size},\mu}$ 表示第 i 个 BWP 频域包含的 CRB 数目，每个 BWP 都可配置独立的参数集。BWP 频域示意图如图 6-7 所示。另外，5G 基站（gNB）可以为不同的 UE 配置不同的

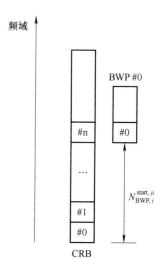

图 6-7　BWP 频域示意图

BWP，供 UE 进行相应的传输和接收。通过引入 BWP 的定义，NR 系统可以收获至少以下三个方面的好处：

- 可以让仅支持较小带宽的 UE 能够接入 NR 大带宽网络。
- 可以根据 UE 的业务情况调整 BWP 的大小，达到终端节能的目的。
- 可以为不同的 BWP 配置不同的参数集，从而满足不同业务的承载需求。

根据配置的场景不同，可以将 BWP 分为以下 4 类：初始 BWP、专用 BWP、激活态 BWP 和默认 BWP，具体如下所述。

（1）初始 BWP（Initial BWP）

如字面所述，表示 UE 在初始接入阶段使用的 BWP。UE 在开机后，首先需要进行小区搜索和随机接入过程以接入一个 NR 小区，从而获得后续的服务。在小区搜索过程中，UE 通过接收物理广播信道（PBCH）上的主系统消息（MIB），可以获得 0 号控制资源集（CORESET#0）的相关信息。一般情况下，CORESET#0 的频域范围和初始 BWP 相同，因此可以将 CORESET#0 所占用的频域带宽看作是初始 BWP。

（2）专用 BWP（Dedicated BWP）

当 UE 接入 NR 小区，处于连接态后，gNB 可以通过无线资源控制（RRC）为 UE 配置专用的 BWP 资源。根据 3GPP TS 38.211 规定：

- 在下行链路，gNB 至多可以给每个 UE 配置 4 个 BWP，每个时刻只有 1 个下行 BWP 处于激活状态，并且 UE 只能在处于激活状态的 BWP 上接收物理下行共享信道（PDSCH）、物理下行控制信道（PDCCH）或者信道状态信息参考信号（CSI-RS）。
- 在上行链路，gNB 至多可以给每个 UE 配置 4 个 BWP，每个时刻只有 1 个上行 BWP 处于激活状态。如果 UE 被配置了补充上行（SUL），则 gNB 可以在 SUL 上为 UE 配置 4 个额外的上行 BWP，每个时刻只有 1 个上行 SUL BWP 处于激活状态。UE 只能在处于激活状态的 BWP 上传输物理上行共享信道（PUSCH）和物理上行控制信道（PUCCH）。对于一个激活的小区，UE 只能在处于激活状态的 BWP 上传输 SRS。

（3）激活态 BWP（Active BWP）

如专用 BWP 中所述，UE 虽然可以被配置多个 BWP，但是只有处于激活态的 BWP 上的资源才可供 UE 进行数据和控制信息的传输和接收。即给 UE 配置的专用 BWP 只是一个大的资源集合，处于激活态的 BWP 才是 UE 真正可用的带宽资源。

（4）默认 BWP（Default BWP）

在 BWP 的相关 RRC 信令配置中，有一个用于 BWP 切换定时器参数 bwp-InactivityTimer。在激活了某个 BWP 时，定时器 bwp-InactivityTimer 启动。当定时器超时后，UE 自动切换到默认 BWP 工作。默认 BWP 也是专用 BWP 中的一个，如果没有配置默认 BWP，则使用初始 BWP 作为默认 BWP。图 6-8 展示了 UE 从某一 BWP 切换至默认 BWP 的过程。

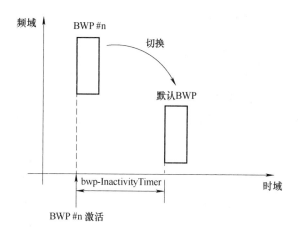

图 6-8   UE 从某一 BWP 切换至默认 BWP 示意图

除了通过定时器来实现 BWP 的切换之外，gNB 可以通过 DCI 指示 UE 在各个专用 BWP 之间进行切换。对于 FDD 系统，上、下行的 BWP 可以独立地进行切换；而对于 TDD 系统，上、下行 BWP 必须一起切换。

6.2   空口信道与信号

6.2.1   概述

物理层以传输信道的形式向介质访问控制（MAC）层提供服务，MAC 层又以逻辑信道的形式向无线链路控制（RLC）层提供服务。逻辑信道基于其承载的信息类型来定义，大体可分为控制信道和业务信道。传输信道基于信息在无线接口的传输方式和传输特性来定义。传输信道的数据以传输块（TB）的形式进行传输，每个传输时间间隔（TTI）内只能传输 1 个（空分复用小于 4 层时）或 2 个（空分复用多于 4 层时）具有动态大小的 TB。关于逻辑信道和传输信道的相关介绍请参见 5.3.2 和 5.3.3 小节。

物理信道对应一组用于传输特定传输信道的时频资源，通过传输信道向 MAC 层提供服务。上、下行的数据传输分别使用 DL-SCH 和 UL-SCH 传输信道类型。根据 3GPP TS 38.211 标准，NR 共定义了 6 种物理信道，分别用于上、下行链路。

1）下行链路定义的物理信道包括：

- 物理下行共享信道（PDSCH），用于下行数据的传输，包括单播数据、寻呼信号、随机接入响应消息等数据的传输。
- 物理下行控制信道（PDCCH），用于下行控制信息（DCI）的传输，包括上、下行传输或接收的调度信息的传输。

- 物理广播信道（PBCH），用于下行广播消息的传输，主要包括用户接入小区所必需的系统消息的传输。

2）上行链路定义的物理信道包括：

- 物理随机接入信道（PRACH），用于随机接入过程。
- 物理上行共享信道（PUSCH），用于上行数据的传输，也可用于传输上行控制信息（UCI）。
- 物理上行控制信道（PUCCH），用于 UCI 的传输，主要包括上行数据调度请求（SR）、HARQ-ACK 以及 CSI 的传输。

有些物理信道并没有对应的传输信道实体，例如 PDCCH 和 PUCCH。这些信道被称为 L1/L2 控制信道，用于 DCI 和 UCI 的传输。

本节以物理层作为介绍重点，着重介绍物理层的相关处理流程、信道与信号。

6.2.2　物理层处理流程

NR 的物理层处理流程和 LTE 基本一致，主要包括信道编码、加扰、调制、层映射、多天线处理、资源映射和天线传输等过程，如图 6-9 所示。

图 6-9　物理层传输处理流程

1．信道编码

信道编码，也称为差错控制编码，通过引入一定的冗余度以达到提高信号传输可靠性的目的。信道编码历经卷积码、Turbo 码，再到 5G 系统的极化码（Polar Code）和低密度奇偶校验码（LDPC），通信系统的可靠性逐步获得提升。3GPP Rel-15 版本定义了 eMBB 场景的信道编码方式：控制、广播信道使用 Polar 码，业务信道使用 LDPC 码。

总体来说，信道编码包括循环冗余校验（CRC）附着、编码块分割、编码和速率匹配，相关流程可参考 3GPP TS 38.212[3]的第 5 小节，在此不做详述。

2．加扰

加扰是将编码后的序列与扰码序列做比特级的乘法从而得到加扰序列的过程，其目的主要是抑制小区间干扰。通过为邻小区分配不同的扰码序列，可以使小区间的干扰随机化，从而确保接收端能够充分获得由信道编码带来的增益。在 NR 系统中，大多数物理信道的传输都需要经过加扰处理，每种物理信道采用的加扰序列的初始化方式都有所区别，这里以 PUSCH 和 PDSCH 的加扰为例进行说明，其他信道的加扰过程可以参考 3GPP TS 38.211。

对于 PUSCH，由于目前上行只考虑单 TB 的传输，因此，PUSCH 的加扰只考虑一个码字的情况（码字可以理解为经过信道编码的 TB）。加扰过程是一个比特级的运算过程，通过将原始序列与扰码序列按一定的算法进行操作从而得到加扰后的序列。加扰过程中的一个核心部分就是扰码序列的生成。同 LTE 类似，NR 中的扰码序列也是通过 31 阶 Gold 序列生成的伪随机序列。以序列长度为 M_N 为例，相应的 31 阶 Gold 序列的生成方式如下：

$$c(n) = \left(x_1(n + N_c) + x_2(n + N_c) \right) \bmod 2$$
$$x_1(n + 31) = \left(x_1(n + 3) + x_1(n) \right) \bmod 2$$
$$x_2(n + 31) = \left(x_2(n + 3) + x_2(n + 2) + x_2(n + 1) + x_2(n) \right) \bmod 2$$

其中，$N_c = 1600$；$x_1(n)$ 和 $x_2(n)$ 是两个 m 序列，$x_1(n)$ 的初始化方式为：$x_1(0) = 1$，$x_1(n) = 0, n = 0,1,\ldots,30$，$x_2(n)$ 的初始化取决于序列的应用，初始化序列记为 $c_{init} = \sum_{i=0}^{30} x_2(i) \cdot 2^i$。PUSCH 的扰码序列生成器的初始化序列为：

$$c_{init} = n_{RNTI} \cdot 2^{15} + n_{ID}$$

其中，n_{RNTI} 为无线网络临时标识符（RNTI）的取值。当满足以下 3 个条件时，n_{ID} 的值可由高层参数 dataScramblingIdentityPUSCH 配置，取值范围为 $\{0,1,\ldots,1023\}$：①调度该 PUSCH 传输的 DCI 格式不为 0_0；②RNTI 为 C-RNTI, MCS-CRNTI, SP-CSI-RNTI 或 CS-RNTI；③配置了高层参数 dataScramblingIdentityPUSCH。若不满足上述条件，则 n_{ID} 的值等于小区 ID。

对于 PDSCH，当传输层数大于 4 时，PDSCH 可以在一个 TTI 内传输两个 TB。因此，PDSCH 的加扰需要考虑至多两个码字同时传输的情况。根据 3GPP TS 38.211，PDSCH 的扰码序列生成器的初始化序列为：

$$c_{init} = n_{RNTI} \cdot 2^{15} + q^{14} + n_{ID}$$

其中，q 表示码字编号，取值为 $\{0,1\}$，对于单码字传输，$q = 0$。n_{ID} 的取值与 PUSCH 类似，当满足以下 3 个条件时，n_{ID} 的值可由高层参数 dataScramblingIdentityPDSCH 配置，取值范围为 $\{0,1,\ldots,1023\}$：①调度该 PDSCH 传输的 DCI 格式不为 1_0；②RNTI 为 C-RNTI, MCS-CRNTI 或 CS-RNTI；③配置了高层参数 dataScramblingIdentityPDSCH。若不满足上述条件，则 n_{ID} 的值等于小区 ID。

3. 调制

调制过程的输入序列为加扰后的数据比特，输出序列为复调制符号。NR 的上、下行均支持 QPSK、16QAM、64QAM 和 256QAM 调制方案，在兼容了 LTE 调制方式的同时引入比 LTE 更高阶的调制技术,进一步提升频谱效率。另外,为了提高功放效率,当上行传输的波形采用 DFT-S-OFDM 时,可以采用 $\pi/2$-BPSK 调制,该调制方案尤其适用于功率受限的场景。

4.　层映射

层映射过程将调制后的符号分散到不同的传输层上,以达到多层数据并行传输的目的。这里可以将"层"的概念理解为可同时传输的数据流数。层映射之后,经过多天线预编码处理,可以将不同层的数据匹配到相对应的天线端口,最后再经由物理天线将数据信号发送出去,从而实现多流数据的并行传输,可以显著提高系统的吞吐量。

NR 系统中,每个码字可以映射到至多 4 个传输层上。对于单码字上、下行传输,单个码字映射到 1～4 层进行传输;对于下行的双码字传输,第一个码字映射到 1～4 层,第二个码字映射到 5～8 层进行传输。具体的映射规则可参考 3GPP TS 38.211。

5.　多天线处理

多天线预编码处理的目的是将不同的传输层的数据映射到不同的天线端口上。与物理天线不同,天线端口是一个抽象的概念,每个天线端口表征一种特定的无线信道。天线端口的引入是为了接收端能够更好地了解无线信道和数据传输之间的关系。如果两个符号使用同一个天线端口进行传输,则其中一个符号的传输信道可以由另一个符号的传输信道推知,即同一天线端口传输不同的符号时所历经的无线信道"被认为"是相同的。换言之,如果两个信号采用相同的天线端口发送,那么接收端就可以认为这两个信号历经了完全相同的无线信道。

对于下行链路,每个天线端口都对应于特定的参考信号。接收端可以做出如下假设:通过使用该参考信号进行信道估计,便能够获得对应天线端口的详细信道信息。更进一步,接收端可以使用该信道信息来帮助相同天线端口传输数据的检测。以 PDSCH 及与其相关联的解调参考信号(DMRS)为例,当满足下述条件时,PDSCH 上的符号所历经的无线信道可以由 DMRS 符号所历经的无线信道推知:①PDSCH 符号和 DMRS 符号对应的天线端口相同;②PDSCH 符号和 DMRS 符号在相同的 PDSCH 资源上;③PDSCH 符号和 DMRS 符号在相同的时隙;④PDSCH 符号和 DMRS 符号在相同的预编码资源块组(PRG)上。

NR 为不同的信道和参考信号分配了不同的天线端口序号段,如表 6-4 所示,其中 SRS、PRACH、CSI-RS 和同步信号块(SSB)的相关内容会在后续章节进行介绍。

对于不同天线端口传输的两个符号,如果它们所历经的无线信道存在一定的相似性,则也应该对其加以利用,作为信道假设的条件。为此,3GPP 标准定义了天线端口的准共址(QCL)特性。如果两个天线端口具备 QCL 关系,则其中一个天线端口传输的符号所历经的信道的大尺度特性可以由另一个天线端口传输的符号所历经的信道推知。这里所说的信道大尺度特性包括：多普勒扩展、多普勒频移、平均时延、时延扩展以及空间接收参数等。NR 标准一共定义了 4 类 QCL 关系。

表 6-4　NR 天线端口分配情况

天线端口序号范围	上行	下行
从 0 开始	PUSCH 的 DMRS	—
从 1000 开始	SRS 和 PUSCH	PDSCH
从 2000 开始	PUCCH	PDCCH
从 3000 开始	—	CSI-RS
从 4000 开始	PRACH	SSB

- QCL-TypeA：{多普勒频移，多普勒扩展，平均时延，时延扩展}。
- QCL-TypeB：{多普勒频移，多普勒扩展}。
- QCL-TypeC：{多普勒频移，平均时延}。
- QCL-TypeD：{空间接收参数（Spatial Rx parameter）}。

QCL 关系用于指示两个天线端口的具体准共址情况。以"QCL-TypeA"为例，它表示两个天线端口传输的符号所历经信道具有相同的多普勒频移、多普勒扩展、平均时延和时延扩展。某些情况下，天线端口的 QCL 关系由 NR 标准直接给出。除此之外，网络侧可以通过信令显性的通知 UE 某两个天线端口是否具备 QCL 关系。

综上来说，不管是天线端口还是 QCL，其目的都是为了接收端能够更便捷地掌握信号所历经的无线信道情况，从而更有效地进行信号检测和解调。

6. 资源映射

资源映射过程将各个天线端口待传输的符号映射到一组可用的 RE 上，这些 RE 位于一组由 MAC 调度器分配的 RB 上，具体映射过程分为两步。

步骤 1：调度器将这些待传输的符号以频域优先的方式映射到一组虚拟资源块（VRB）上。这种频域优先，时域次之的映射方式是为了降低时延，使得收发双方都能及时处理数据。

步骤 2：将 VRB 映射到 PRB 上，这些 RPB 位于用于传输的 BWP 上。由于被调度传输的 PRB 上的某些 RE 可能并不能用作传输信道的数据传输，例如这些 RE 已经用于传输下列信号：①DMRS；②其他类型的参考信号，例如 CSI-RS 和 SRS 等；③下行的 L1/L2 控制信号；④同步信号或系统消息；⑤为提供前向兼容性而保留的下行资源等。因此在第一步做 VRB 映射的时候，需要避开这些 RE。

VRB 和 PRB 都定义在 BWP 上，从 0 开始编号。NR 中，有两种 VRB 到 PRB 的映射方式，分别是非交织映射和交织映射。其中 PUSCH 只能采用非交织映射，PDSCH 可以采用两种映射方式，具体使用的映射方案由网络侧指示，如果没有指明映射方案，则

UE 假设采用非交织映射方案。

对于非交织映射，BWP 上的 VRB 直接映射到相同 BWP 的 PRB 上，也即第 n 号 VRB 直接映射到第 n 号 PRB。非交织映射的特点是映射方式比较简单，可以降低信道估计的复杂度。但相应地，只能获得较小的频率分集增益。

对于交织映射，BWP 上的 VRB 会映射到整个 BWP 范围内的某些 PRB 上，以获得频域的分集增益。为了降低信道估计的复杂度，NR 在交织映射时，没有采用非交织映射的 RB 到 RB 的映射方式，而是以捆绑的 RB 块（RB-bundle）作为映射粒度。NR 中的非交织映射过程如下。

步骤 1：将 BWP 分割为若干个 RB-bundles。一般地，编号为 i 的 BWP 可以被分为 N_{bundle} 个 RB-bundles：

$$N_{\text{bundle}} = \left\lceil \left(N_{\text{BWP},i}^{\text{size}} + \left(N_{\text{BWP},i}^{\text{start}} \bmod L_i \right) \right) / L_i \right\rceil$$

其中，$N_{\text{BWP},i}^{\text{size}}$ 表示编号为 i 的 BWP 包含的 PRB 数；$N_{\text{BWP},i}^{\text{start}}$ 表示编号为 i 的 BWP 起始位置的 CRB 编号；$L_i = 2$ 或 4 表示一个 RB-bundle 包含的 PRB 数，由高层参数 vrb-ToPRB-Interleaver 指示。由于 BWP 包含的 PRB 数不一定能正好被 L_i 整除，因此并不是所有的 RB-bundle 都包含了 L_i 个 PRB，编号为 0 和 $N_{\text{bundle}} - 1$ 的 RB-bundle 可能包含少于 L_i 个 PRB，其中编号为 0 的 RB-bundle 包含 $L_i - \left(N_{\text{BWP},i}^{\text{start}} \bmod L_i \right)$ 个 PRB；如果 $\left(N_{\text{BWP},i}^{\text{size}} + N_{\text{BWP},i}^{\text{start}} \right) \bmod L_i > 0$，则编号为 $N_{\text{bundle}} - 1$ 的 RB-bundle 包含 $\left(N_{\text{BWP},i}^{\text{size}} + N_{\text{BWP},i}^{\text{start}} \right) \bmod L_i$ 个 PRB，否则编号为 $N_{\text{bundle}} - 1$ 的 RB-bundle 包含 L_i 个 PRB。

步骤 2：完成 VRB 到 PRB 的映射。具体映射规则如下：①编号为 $N_{\text{bundle}} - 1$ 的 VRB-bundle 映射到编号为 $N_{\text{bundle}} - 1$ 的 PRB-bundle；②VRB-bundle $j, j \in \{0, 1, \ldots, N_{\text{bundle}} - 2\}$，映射到 PRB-bundle $f(j)$，其中：

$$f(j) = rC + c$$
$$j = cR + r$$
$$r = 0, 1, \ldots, R - 1$$
$$c = 0, 1, \ldots, C - 1$$
$$R = 2$$
$$C = \lfloor N_{\text{bundle}} / 2 \rfloor$$

如果没有配置 RB bundle 包含的 PRB 数，则 UE 假设 $L_i = 2$。

6.2.3　下行物理信道与信号

下行物理信道包括 PBCH、PDSCH 和 PDCCH，分别用于承载系统广播消息，下行用户数据，上/下行调度、功率控制等控制消息。下行参考信号主要包括 DMRS，相位追踪参考信号（PT-RS）和 CSI-RS。其中下行 DMRS 又分为 PBCH 的 DMRS，PDCCH 的 DMRS 以及 PDSCH 的 DMRS。本小节主要针对下行物理信道以及下行参考信号进行介绍。

1. PBCH

UE 通过解调 PBCH 上传输的信号可以获得接入 NR 小区所需要的最基本信息，包括 MIB 和剩余系统信息（RMSI）的传输位置。RMSI 通过系统信息块 1（SIB1）指示。MIB 主要包含了 UE 在初始接入系统时所必须获取的一些系统消息，例如系统帧号（SFN）、子载波间隔配置等；SIB1 主要包含了无线资源控制信息。

一般来说，PBCH 与同步信号有较大的关联性，它们都用于辅助 UE 进行初始小区搜索。同步信号主要包含主同步信号（PSS）和辅同步信号（SSS）。UE 通过解调 PSS 和 SSS 可以获得物理小区 ID，完成下行帧同步和符号同步。在 LTE 系统中，PBCH、PSS 以及 SSS 位于整个系统带宽的中心位置，每隔 5ms 传输一次。与 LTE 不同，NR 为了降低长时间在线的信号数量，将 PBCH 和同步信号打包成一个同步信息块（SSB），用于 UE 的初始小区搜索过程。SSB 在时域占用 4 个 OFDM 符号，在频域占用 20 个 PRB，即 240 个子载波，其具体的时、频域占用的资源情况如表 6-5 所示（具体见 3GPP TS 38.211 7.4.3 小节）。图 6-10 更直观地展示了 SSB 内各信道和信号占用的资源情况。

表 6-5 SSB 的时、频域资源占用情况

信道或信号	时域占用的 OFDM 符号的编号 （从 SSB 的起始符号算起）	子载波编号 （从 SSB 的起始子载波算起）
PSS	0	56, 57, …, 182
SSS	2	56, 57, …, 182
置 0	0	0, 1, …, 55, 183, 184, …, 239
	2	48, 49, …, 55, 183, 184, …, 191
PBCH	1, 3	0, 1, …, 239
	2	0, 1, …, 47, 192, 193, …, 239
PBCH 的 DM-RS	1, 3	$0+v, 4+v, 8+v, …, 236+v$
	2	$0+v, 4+v, 8+v, …, 44+v$ $192+v, 196+v, 200+v, …, 236+v$

注：$v = N_{ID}^{cell} \mod 4$，其中 N_{ID}^{cell} 为小区 ID。

根据表 6-5 可知，在一个 SSB 中 PBCH 共占用了 576（240×2+48×2=576）个 RE。由于 NR 不支持小区参考信号（CRS），因此无法沿用 LTE 的方法进行 PBCH 信道的解调。取而代之，NR 使用 PBCH DMRS 来实现 PBCH 的相干解调，PBCH DMRS 包含在上述 576 个 RE 中。更具体地，PBCH 信道的每个 RB 中都包含有 3 个 RE 的 DMRS 信号。

为避免小区间 PBCH DMRS 的相互干扰，3GPP 在制定标准时，已将各小区内的 PBCH DMRS 在频域上依据小区 ID 相互错开，具体的方法是将 DM-RS 较 PBCH 的频域位置偏移 v 个子载波，其中 v 为当前小区物理 ID 模 4 的值。以小区物理 ID 为 15 为例，图 6-11 展示了一个 RB 上的 PBCH DMRS 位置。

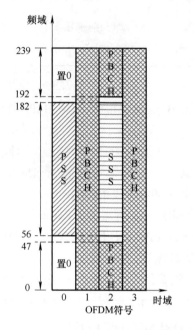

图 6-10　SSB 的时、频域资源占用情况示意图　　　图 6-11　PBCH DMRS 的频域位置示意图

（物理小区 ID 为 15）

以上主要介绍了 NR 的 SSB 结构，接下来具体说明 PBCH 携带的信息比特。表 6-6 直观地列出了 PBCH 携带的信息，包括由高层生成的比特和由物理层生成的比特。其中由高层生成的比特主要包含 MIB 消息，用比特序列 $\bar{a}_0, \bar{a}_1, \bar{a}_2, \cdots, \bar{a}_{\bar{A}-1}$ 表示，$\bar{A}$ 为高层生成的 PBCH 需携带的比特数；由物理层额外添加的比特用于指示时、频域的相关处理，用 $\bar{a}_{\bar{A}}, \bar{a}_{\bar{A}+1}, \bar{a}_{\bar{A}+2}, \cdots, \bar{a}_{\bar{A}+7}$ 表示，共 8 比特。

表 6-6　PBCH 携带的信息

信息名称	生成方式
系统帧号（高 6 位）	高层生成
公共子载波间隔	
SSB 子载波偏移（低 4 位）	
DMRS TypeA 的位置	
PDCCH-SIB1 配置	

（续）

信息名称	生成方式
小区禁止标识	高层生成
频率内重选标识	
系统帧号（低 4 位）	物理层生成
SSB 子载波偏移（最高位）	
半帧比特	
SSB 索引（高 3 位）	

表 6-6 中涉及的内容具体如下所述。

- 系统帧号：共 10 比特，其中高 6 位携带在 MIB 信息中，低 4 位由 PBCH 的 $\overline{a}_{\overline{A}}, \overline{a}_{\overline{A}+1}, \overline{a}_{\overline{A}+2}, \overline{a}_{\overline{A}+3}$ 指示。

- 公共子载波间隔：用于指示 SIB1，用于初始接入的 Msg.2/4，寻呼以及广播的系统消息的子载波间隔。对于 FR1 频段，公共子载波间隔可配置为 15kHz 或 30kHz；对于 FR2 频段，公共子载波间隔可配置为 60kHz 或 120kHz。

- SSB 子载波偏移：用于指示 SSB 的 0 号子载波和序号为 N_{CRB}^{SSB} 的 CRB 的 0 号子载波之间的子载波偏移，其中 N_{CRB}^{SSB} 由高层参数 offsetToPointA 指示。3GPP 标准中采用 k_{SSB} 表示该频域偏移的具体取值，k_{SSB} 最多包含 5 个比特，取值范围为 $\{0,1,2,\cdots,31\}$，其低 4 位由 MIB 中的 SSB 子载波偏移直接指示，最高位由 PBCH 的 $\overline{a}_{\overline{A}+5}$ 指示。当 $k_{SSB} \leqslant 23$（FR1 频段）或 $k_{SSB} \leqslant 11$（FR2 频段）时，UE 可以确定 Type 0-PDCCH 公共搜索空间（CSS）集合的 CORESET，即 CORESET#0 的时频资源位置；当 k_{SSB} 不属于上述范围时，UE 不能由 MIB 信息确定 Type 0-PDCCH CSS 集合的 CORESET，相应地，Type 0-PDCCH CSS 集合的 CORESET 可能由高层参数 PDCCH-ConfigSIB1 提供。

- DMRS TypeA 的位置：用于指示下行和上行第一个 DMRS 符号的位置。

- PDCCH-SIB1 配置：用于确定公共 CORESET、CSS 和必要的 PDCCH 参数。当 SSB 子载波偏移信息 $k_{SSB} > 23$（FR1 频段）或 $k_{SSB} > 11$（FR2 频段）时，该参数用于指示 UE 可能携带 SIB1 信息的 SSB 的频域位置或告知 UE 在某一频段范围内网络侧没有提供携带 SIB1 信息的 SSB。

- 小区禁止标识：用于指示 UE 是否允许接入该小区。

- 频率内重选标识：当 UE 被禁止接入该小区时，用于指示是否允许 UE 接入其他同频小区。

- 半帧指示：用于指示 SSB 位于 10ms 帧的前半帧还是后半帧。

- SSB 索引：当系统配置的最大波束数目为 64 时，需要 6 位来指示 SSB 的索引号，其中 SSB 索引的低 3 位可以通过解调 PBCH 的 DMRS 隐性获得，高 3 位由

PBCH 的 $\overline{a}_{\overline{A}+5}, \overline{a}_{\overline{A}+6}, \overline{a}_{\overline{A}+7}$ 指示。当系统配置的最大波束数目不为 64 时，PBCH 的 $\overline{a}_{\overline{A}+5}$ 比特用于指示 SSB 子载波偏移，$\overline{a}_{\overline{A}+6}$ 和 $\overline{a}_{\overline{A}+7}$ 比特保留。

在引入 SSB 的概念之后，NR 需要在频域和时域上定义 SSB 的特性，以便 UE 可以更加有效地检测到 SSB 信息。一方面，根据 NR 的设计理念，需要尽可能减少长期在线的信号数量；另一方面，由于 NR 的系统带宽可达到 LTE 带宽的数倍，因此需要定义更大的频域检测粒度，以降低 UE 检测 SSB 的复杂度。

（1）SSB 的频域位置

LTE 系统中，PSS 和 SSS 总是位于整个系统带宽的中心位置，因此当 LTE 的 UE 检测到 PSS 和 SSS 之后，它就找到了整个带宽的中心频点。UE 开机时，它可能并不知道待接入系统的带宽范围，但是 UE 清楚自己所支持的频带范围。因此 UE 会在其支持的频段范围内进行频点扫描，尝试检测 PSS 和 SSS，扫频的频率间隔根据信道栅格（Channel Raster）确定。信道栅格定义了一组射频（RF）参考频点，上、下行链路都使用这组参考频点来指示射频信道的频域位置。对于 LTE 系统来说，所有频段的信道栅格大小都是 100kHz，换言之，载波的中心频率必须是 100kHz 的整数倍；对于 NR 系统来说，不同频段范围的信道栅格可能具有不同的频域粒度，可能的取值包括：15kHz、30kHz、60kHz、100kHz 和 120kHz。

由于 NR 系统带宽可达到 LTE 带宽的数倍，因此若根据信道栅格定义的频域粒度来检测 SSB，UE 需要扫描非常多的频点。为了加快 UE 检测 SSB 的速率，以便 UE 可以更快地接入小区，NR 标准定义了专门用于 SSB 检测的新栅格类型——同步栅格（Synchronization Raster）。

同步栅格定义了一组频域间隔比信道栅格更大的频点，专门用于放置 SSB。SSB 的频域放置规则为：SSB 的第 10 号 PRB 的 0 号子载波的频点对应于同步栅格定义的频点位置。3GPP TS 38.104 为不同的频段范围定义了不同的同步栅格频域粒度，如表 6-7 所示，其中 SS_{REF} 表示 SSB 可放置的频点；全局同步信道序号（GSCN）为 SS_{REF} 的编号，每个 GSCN 对应一个 SSB 频点，GSCN 取值范围是 2～26639，分别对应 0～100GHz 的频域范围。从表 6-7 中可以看出：频段越高，同步栅格在频域越稀疏，频域粒度从 1200kHz 到 1.44MHz 再到 17.28MHz。

表 6-7 全局频域范围的 SSB 频点及其 GSCN 参数

频率范围/MHz	SS_{REF}（SSB 频点位置）	GSCN	GSCN 范围
0～3000	$N \times 1200\text{kHz} + M \times 50\text{kHz}, \ N = 1:2499, M \in \{1,3,5\}$	$3N + (M-3)/2$	2～7498
3000～24250	$3000\text{MHz} + N \times 1.44\text{MHz}, \ N = 0:14756$	$7499 + N$	7499～22255
24250～100000	$24250.08\text{MHz} + N \times 17.28\text{MHz}, \ N = 0:4383$	$22256 + N$	22256～26639

（2）SSB 的时域位置

3GPP TS 38.213 定义了 5 种 SSB 图样以满足 5G NR 不同工作频段、场景的需求。

SSB 图样 A、B 和 C 适用于 FR1 频段，SSB 的时域位置如下所述。

- SSB 图样 A：子载波间隔为 15kHz，SSB 的第一个符号可位于前半帧内编号为 $(\{2,8\}+14\times n)$ 的符号上，其中 n 的具体取值与 NR 系统的工作频段相关：当工作频段小于等于 3GHz 时，$n=0,1$；当工作频段范围大于 3GHz 且属于 FR1 频段时，$n=0,1,2,3$。

- SSB 图样 B：子载波间隔为 30kHz，SSB 的第一个符号可位于前半帧内编号为 $(\{4,8,16,20\}+28\times n)$ 的符号上。当 NR 系统工作频段范围小于等于 3GHz 时，$n=0$；当工作频段范围大于 3GHz 且属于 FR1 频段时，$n=0,1$。

- SSB 图样 C：子载波间隔为 30kHz，SSB 的第一个符号可位于前半帧内编号为 $(\{2,8\}+14\times n)$ 的符号上。对于 FDD 系统，当 NR 系统工作频段范围小于等于 3GHz 时，$n=0,1$；当工作频段范围大于 3GHz 且属于 FR1 频段时，$n=0,1,2,3$；对于 TDD 系统，当 NR 系统工作频段范围小于等于 2.4GHz 时，$n=0,1$；当工作频段范围大于 2.4GHz 且属于 FR1 频段时，$n=0,1,2,3$。

SSB 图样 D 和 E 适用于 FR2 频段，SSB 的时域位置如下所述：

- SSB 图样 D：子载波间隔为 120kHz，SSB 的第一个符号可位于前半帧内编号为 $(\{4,8,16,20\}+28\times n)$ 的符号上，其中 $n\in\{0,1,\cdots,18\}$ 并且 $n\neq 4,9,14$。

- SSB 图样 E：子载波间隔为 240kHz，SSB 的第一个符号可位于前半帧内编号为 $(\{8,12,16,20,32,36,40,44\}+56\times n)$ 的符号上，其中 $n\in\{0,1,\cdots,8\}$ 并且 $n\neq 4$。

表 6-8 和表 6-9 分别展示了 NR 在 FR1 和 FR2 的不同工作频段下的 SSB 子载波间隔和 SSB 图样类型。

表 6-8　NR 不同工作频段对应的 SSB 子载波间隔及图样（FR1）

NR 工作频段	SSB 子载波间隔/kHz	SSB 图样
n1	15	图样 A
n2	15	图样 A
n3	15	图样 A
n5	15	图样 A
	30	图样 B
n7	15	图样 A
n8	15	图样 A
n12	15	图样 A
n20	15	图样 A
n25	15	图样 A
n28	15	图样 A
n34	15	图样 A

（续）

NR 工作频段	SSB 子载波间隔/kHz	SSB 图样
n38	15	图样 A
n39	15	图样 A
n40	15	图样 A
n41	15	图样 A
	30	图样 C
n50	15	图样 A
n51	15	图样 A
n66	15	图样 A
	30	图样 B
n70	15	图样 A
n71	15	图样 A
n74	15	图样 A
n75	15	图样 A
n76	15	图样 A
n77	30	图样 C
n78	30	图样 C
n79	30	图样 C

表 6-9　NR 不同工作频段对应的 SSB 子载波间隔及图样（FR2）

NR 工作频段	SSB 子载波间隔/kHz	SSB 图样
n257	120	图样 D
	240	图样 E
n258	120	图样 D
	240	图样 E
n260	120	图样 D
	240	图样 E
n261	120	图样 D
	240	图样 E

以 NR 工作频段 n78 为例，对应的 SSB 子载波间隔为 30kHz，SSB 图样类型为 C。用 I_{SSB} 表示每个 SSB 的第一个符号索引位置，则 I_{SSB} 满足：

$$I_{SSB} \in \{\{2,8\} + 14n, n = 0,1,2,3\}$$

即 SSB 共有 8 个可能放置的位置。实际上，除了标准规定外，SSB 可放置的位置还与 NR 具体的帧结构相关，以 2.5ms 双周期帧结构为例，SSB 可用的时域位置如图 6-12 所示。

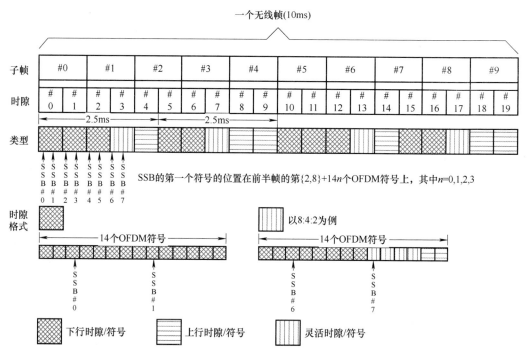

图 6-12　NR 2.5ms 双周期帧结构下 SSB 可用的时域位置

需要说明的是，在 2.5ms 双周期帧结构下，只有当其第一个灵活时隙的符号配比为 12:2:0 时（即该时隙的 14 个 OFDM 符号中，前 12 个用于下行传输，最后 2 个用作保护间隔），可以支持 8 个 SSB，否则该帧结构最多支持 7 个 SSB。这些 SSB 携带完全相同的信息，可以采用不同的波束进行发送。这是 NR 与 LTE 在同步信号的传输上最大的区别。通过多波束扫描的方式，可以显著地提升 SSB 的覆盖性能。根据 3GPP 标准规定，对于 FR1 频段，NR 最多支持 8 波束的 SSB 传输，对于 FR2 频段，NR 可以支持多达 64 波束的 SSB 传输，可以进一步提升覆盖性能。

SSB 在时域上采用周期性的传输方式，传输周期可以配置为 {5, 10, 20, 40, 80, 160}ms，默认为 20ms。需要说明的是，这里的传输周期并不是两个 SSB 之间的时间间隔，而是两个 SS burst set（同步信号突发集合）之间的时间间隔。一个 SS burst set 在时域上长度为 5ms，其中包含了一组 SSB，图 6-12 中的 SSB #0～SSB#7 位于一个 SS burst set 内。换言之，对于任何一种 SSB 图样，不管在实际传输中具体配置了多少个 SSB，它们都需要在一个 SS burst set 的持续时间（5ms）内发送完毕。

（3）PSS

NR 共定义了 1008 个唯一的物理小区标识（PCI），PCI 通过下列方式计算得到：

$$N_{\text{ID}}^{\text{Cell}} = 3N_{\text{ID}}^{(1)} + N_{\text{ID}}^{(2)}$$

其中，$N_{\mathrm{ID}}^{\mathrm{Cell}}$ 标识物理小区 ID；$N_{\mathrm{ID}}^{(1)} \in \{0,1,\ldots,335\}$，由 SSS 指示；$N_{\mathrm{ID}}^{(2)} \in \{0,1,2\}$，由 PSS 指示。

UE 在进行小区搜索时，首先需要检测的信号就是 PSS。由于 PSS 只有三种取值，因此，协议中采用三个长度为 127 的 m 序列来分别对应这三种取值。更具体地，PSS 的生成序列 $d_{\mathrm{PSS}}(n)$ 可以表示为：

$$d_{\mathrm{PSS}}(n) = 1 - 2x(m)$$
$$m = (n + 43N_{\mathrm{ID}}^{(2)}) \bmod 127$$
$$0 \leqslant n < 127$$

其中

$$x(i+7) = (x(i+4) + x(i)) \bmod 2$$

序列初始值为：

$$[x(6)x(5)x(4)x(3)x(2)x(1)x(0)] = [1110110]$$

（4）SSS

当 UE 完成 PSS 的检测之后，便可以获知 SSS 的具体传输时刻，通过解调 SSS 携带的信息，UE 即可获得当前小区的 PCI。

SSS 的基本结构与 PSS 类似，采用 336 个长度为 127 的 m 序列指示 $N_{\mathrm{ID}}^{(1)}$ 的值，相应的生成序列 $d_{\mathrm{SSS}}(n)$ 可以表示为：

$$d_{\mathrm{SSS}}(n) = [1 - 2x_0((n+m_0)\bmod 127)][1 - 2x_1((n+m_1)\bmod 127)]$$
$$m_0 = 15\left\lfloor \frac{N_{\mathrm{ID}}^{(1)}}{112} \right\rfloor + 5N_{\mathrm{ID}}^{(2)}$$
$$m_1 = N_{\mathrm{ID}}^{(1)} \bmod 112$$
$$0 \leqslant n < 127$$

其中

$$x_0(i+7) = (x_0(i+4) + x_0(i)) \bmod 2$$
$$x_1(i+7) = (x_1(i+4) + x_1(i)) \bmod 2$$

序列初始值为：

$$[x_0(6)x_0(5)x_0(4)x_0(3)x_0(2)x_0(1)x_0(0)] = [0\ 0\ 0\ 0\ 0\ 0\ 1]$$
$$[x_1(6)x_1(5)x_1(4)x_1(3)x_1(2)x_1(1)x_1(0)] = [0\ 0\ 0\ 0\ 0\ 0\ 1]$$

2. PDCCH

PDCCH 用于承载下行 DCI 的传输，主要包括下行调度信息、上行调度信息、时隙格式指示和功率控制命令等。UE 在成功解调 DCI 后，可以根据 DCI 的具体配置执行上行信息的发送、下行信息的接收或其他相应操作。

同 LTE 中 PDCCH 的处理流程相似，NR 系统中，UE 也需要在一个或多个搜索空间中尝试盲检由 gNB 传输的 PDCCH 以获得相应的 DCI 信息。在更进一步介绍 PDCCH 之前，本小节先介绍 PDCCH 的一些基本概念，包括控制信道元素（CCE）、控制资源集（CORESET）、搜索空间（Search Space）等。

（1）CCE

CCE 是 PDCCH 的基本组成单元，一个 CCE 由 6 个资源元素组（REG）组成，一个 REG 等于 1 个 OFDM 符号的 RB 大小，表示 12 个子载波（频域）×1 个 OFDM 符号（时域）的时频资源。每个 REG 的 1 号、5 号和 9 号子载波上的 RE 承载 PDCCH 的 DMRS，用于 PDCCH 的解调，通过 2000 号天线端口发送；剩余 9 个 RE 承载 DCI。因此，一个 CCE 共包含 72 个 RE，其中 18 个 RE 用于 DMRS 的传输，剩余 54 个 RE 用于 PDCCH 控制信息的传输。由于 PDCCH 采用 QPSK 调制，因此一个 CCE 只能传输 108 位的控制信息。

PDCCH 可以由 1 个或多个 CCE 构成，对应于 PDCCH 的聚合等级。例如，PDCCH 由 2 个 CCE 构成，则 PDCCH 的聚合等级为 2，具体如表 6-10 所示。需要说明的是，LTE 系统支持的最高 PDCCH 聚合等级为 8，在 NR 中引入聚合等级 16 是为了应对 NR 的极端覆盖需求。

表 6-10　3GPP 标准支持的 PDCCH 聚合等级

聚合等级	CCE 数量
1	1
2	2
4	4
8	8
16	16

PDCCH 实际采用的聚合等级与编码速率以及 DCI 的有效载荷大小（Payload size）相关。通过引入不同的 PDCCH 聚合等级，一方面可以支持不同的 DCI 格式，另一方面可以适应不同的无线信道环境。当无线信道状况恶劣时，可以采用较高的 PDCCH 聚合等级以更好地保护控制信息；当无线信道状况良好时，可以采用较低的 PDCCH 聚合等级以节约资源。

（2）CORESET

CORESET 定义了一组时频资源，该组资源在时域可以位于一个时隙内的任何位置，在频域可位于系统工作带宽的任何位置，不受限于 BWP 的划分。但是对 UE 来说，UE 不处理超出其激活 BWP 范围的 CORESET。

根据目前的 3GPP 标准，对于服务小区内的 UE，gNB 可以为该 UE 的每个下行 BWP 配置最多 3 个 CORESET。一个 CORESET 在频域由 $N_{RB}^{CORESET}$ 个 RB 组成，$N_{RB}^{CORESET}$ 为 6

的整数倍，即 CORESET 的频域配置粒度为 6 个 RB；在时域由 $N_{\text{symb}}^{\text{CORESET}}$ 个符号组成，其中 $N_{\text{symb}}^{\text{CORESET}} \in \{1,2,3\}$。考虑到 CORESET 在时域一般会放置在下行参考信号和相关数据传输之前，为了避免 CORESET 与 PDSCH 的前置 DMRS 冲突，协议规定只有当高层参数 dmrs-TypeA-Position =3，即 PDSCH 的 DMRS 位于时隙第 4 个 OFDM 符号时，CORESET 的时域符号数 $N_{\text{symb}}^{\text{CORESET}}$ 才能等于 3（关于 DMRS 的详细介绍见本节第 4 部分）。

CORESET 的最小物理资源单位为 REG，一个 CORESET 内的 REG 按照时间优先的顺序从 0 开始编号，如图 6-13 所示。

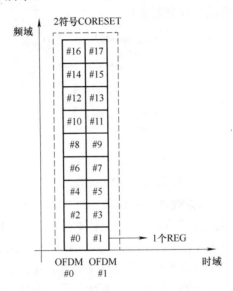

图 6-13　一个 CORESET 内的 REG 编号示意图

对于 NR 系统，CORESET 对于下行控制信息的传输非常重要。UE 可以在 CORESET 所对应的物理资源上使用一个或多个搜索空间来尝试解调候选控制信道以获取相应的 DCI 信息，从而执行对应的传输或其他操作。UE 可以被配置多个 CORESET，这些 CORESET 资源可能会存在交叠，每个 CORESET 只与一种 CCE-REG 映射相关联。更具体地，CCE-REG 映射可以为交织映射或非交织映射。

- 非交织 CCE-REG 映射：PDCCH 待传输的信号映射到相对集中的 CORESET 资源上。非交织映射方式下，gNB 可以根据无线信道状态，选择在具有良好信道情况的物理资源上传输下行控制信息。
- 交织 CCE-REG 映射：PDCCH 待传输的信号分散映射到 CORESET 的多组不连续的时频资源上。相比非交织的映射方式，交织映射可以收获更大的频域分集增益。

CCE-REG 映射的粒度为捆绑的资源元素组（REG bundle），REG bundle 为时、频域多个连续的 REG。例如，第 i 个 REG bundle 包含的 REG 编号为 $\{iL, iL+1, \cdots, iL+L-1\}$，其中 $i \in \{0, 1, \cdots, N_{RB}^{CORESET} N_{symb}^{CORESET} / L - 1\}$，$L$ 为 REG bundle 的大小，其取值与采用的 CCE-REG 映射方式相关，具体取值范围为 $L \in \{2, 3, 6\}$。

对于非交织 CCE-REG 映射，REG bundle 的大小为 6，即 $L = 6$。由于 1 个 CCE 正好由 6 个 REG bundle 组成，此时编号为 j 的 CCE 直接映射到编号为 j 的 REG bundle。

对于交织 CCE-REG 映射，当 CORESET 的时域符号数 $N_{symb}^{CORESET} = 1$ 时，$L \in \{2, 6\}$；当 $N_{symb}^{CORESET} \in \{2, 3\}$ 时，$L \in \{N_{symb}^{CORESET}, 6\}$。CCE-REG 的交织映射情况比较复杂，需要定义函数 $f(x)$ 以表征 CCE-REG 的具体映射情况：

$$f(x) = (rC + c + n_{shift}) \bmod (N_{RB}^{CORESET} N_{symb}^{CORESET} / L)$$

$$x = cR + r$$

$$r = 0, 1, \cdots, R - 1$$

$$c = 0, 1, \cdots, C - 1$$

$$C = N_{RB}^{CORESET} N_{symb}^{CORESET} / (LR)$$

其中，$R \in \{2, 3, 6\}$ 表示交织器大小，C 必须为整数。

对于由 ControlResourceSet IE 配置的 CORESET：

- $N_{RB}^{CORESET}$ 由高层参数 frequencyDomainResources 指示。frequencyDomainResources 为一个长度为 45 的比特序列，每个比特对应一个 PRB 组，包含 6 个连续的 PRB，且各比特对应的 PRB 之间没有交叠。比特序列最高位对应 BWP 频域起始位置的第一个 RB 组，依次类推。值得注意的是，第一个 PRB 组的起始 PRB 并不是相应 BWP 的起始 RB 位置 N_{BWP}^{start}，而是索引号为 $6\lceil N_{BWP}^{start}/6 \rceil$ 的 CRB。Frequency-DomainResources 指示的比特序列中，比特值 "1" 表示相应的 RB 组属于该 CORESET 的频域资源；比特值 "0" 表示相应的 RB 组不属于该 CORESET 的频域资源。除此之外，当某个比特对应的 RB 没有全部包含在配置该 CORESET 的 BWP 中时，该比特值也设置为 0。

- $N_{symb}^{CORESET}$ 由高层参数 duration 指示，其中只有当高层参数 dmrs-TypeA-Position 的值为 "3" 时，$N_{symb}^{CORESET}$ 的值才可以取 "3"。

- 交织映射方式由高层参数 cce-REG-MappingType 指示。

- L 由高层参数 reg-BundleSize 指示。

- R 由高层参数 interleaverSize 指示。

- $n_{shift} \in \{0, 1, \cdots, 274\}$ 由高层参数 shiftIndex 指示，如果未提供该值，则 n_{shift} 的值等于物理小区 ID。

对于由 ControlResourceSetZero IE 配置的 CORESET#0：

- $N_{\mathrm{RB}}^{\mathrm{CORESET}}$ 和 $N_{\mathrm{symb}}^{\mathrm{CORESET}}$ 的取值情况与系统带宽和子载波间隔相关，具体参考 3GPP TS 38.213 的第 13 小节。
- UE 假设采用交织映射方式。
- $L = 6$。
- $R = 2$。
- n_{shift} 的值等于物理小区 ID。
- 当 CORESET#0 由 MIB 或 SIB1 配置时，UE 假设采用常规循环前缀。
- UE 假设一个 REG bundle 内采用相同的预编码。

交织 CCE-REG 映射下，编号为 j 的 CCE 映射到编号为 $\{f(6j/L), f(6j/L+1), \cdots, f(6j/L+6/L-1)\}$ 的 REG bundle。非交织和交织 CCE-REG 映射的示意图如图 6-14 所示，图中假设 REG bundle 的大小 $L = 6$，CORESET 的时域 OFDM 符号数 $N_{\mathrm{symb}}^{\mathrm{CORESET}} = 2$。

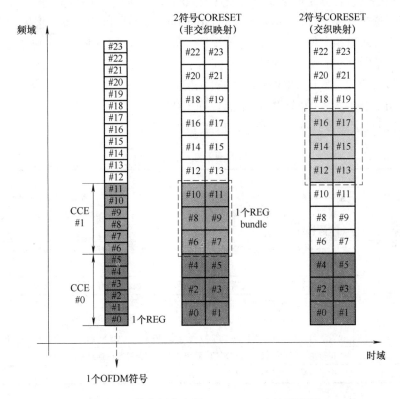

图 6-14　非交织和交织 CCE-REG 映射示意图

（3）搜索空间

一个 PDCCH 搜索空间由一组候选 PDCCH 组成，同一搜索空间内的 PDCCH 具有相同的聚合等级，每个搜索空间与一个 CORESET 相关联，不同的搜索空间可以与同一个

CORESET 相关联。

3GPP NR 标准定义了两类搜索空间，分别称为公共搜索空间（CSS）和 UE 专用搜索空间（USS）。CSS 根据具体用途可细分为 5 种搜索空间集合，分别为 Type0-PDCCH CSS、Type0A-PDCCH CSS、Type1-PDCCH CSS、Type2-PDCCH CSS 和 Type3-PDCCH CSS。

一般地，在 UE 尚未接入 NR 小区或尚未与 gNB 建立 RRC 连接之前，UE 需要在 CSS 中搜索相应的 PDCCH 信息以便完成小区接入。相应信息包括用于指示系统信息、随机接入响应信息及寻呼信息的控制信息；当 UE 与 gNB 建立 RRC 连接之后，gNB 可通过 RRC 信令给 UE 分配专用的搜索空间，以便 UE 获取相应的 DCI。

根据目前的 3GPP 标准，对于服务小区内的 UE，gNB 可以为该 UE 的每个下行 BWP 配置最多 10 个搜索空间集合。除了 0 号搜索空间外，每个搜索空间集合都可以通过 SearchSpace IE 进行搜索空间配置，配置参数如表 6-11 所示。0 号搜索空间，即 ID 为 0 的搜索空间，通过 PBCH 或 ServingCellConfigCommon IE 进行配置。根据搜索空间配置信息，UE 可以知道相应搜索空间的时隙周期、偏移、持续时间以及时隙内的监测符号信息。通过这些信息，UE 可以知道搜索空间对应的符号级时域信息，而该时域信息实际上也就是与该搜索空间关联的 CORESET 的时域信息。更进一步，UE 根据 CORESET ID 可以找到该 CORESET 配置的时频资源信息，而 CORESET 上承载了 PDCCH 的传输信息，换言之，UE 通过上述方式即可找到可能放置 PDCCH 信息的时频资源区域。

表 6-11　搜索空间配置信息

参数	描　　述
搜索空间 ID	指示搜索空间的索引号。搜索空间 ID 在一个服务小区内的各 BWP 之间是唯一的
CORESET ID	指示关联的 CORESET 索引号。当该值不为 0 时，该搜索空间与该值指示的 CORESET 位于相同的 BWP
监测时隙周期及偏移	指示 PDCCH 监测周期及时隙偏移。监测周期最小可配置为 1 个时隙，最大可配置为 2560 个时隙
持续时间	指示每个监测时机中搜索空间持续的连续时隙数量，取值范围是 2~2559
时隙内的监测符号	指示 PDCCH 监测时机的起始符号位置。该参数为长度为 14 的比特序列，其最高位表示时隙内的第 1 个 OFDM 符号，次高位表示时隙内第 2 个 OFDM 符号，依次类推。当某比特位的值设置为 1 时，表示对应的 OFDM 符号为相关联的 CORESET 的第 1 个 OFDM 的符号位置
候选 PDCCH 数量	指示每个聚合等级下的 PDCCH 候选数量。聚合等级包括{1,2,4,8,16}
搜索空间类型	指示搜索空间类型。可配置为公共搜索空间或 UE 专用搜索空间

但是，由于网络侧可以动态配置 PDCCH 的聚合等级和 DCI 格式，而 UE 无法事先知道这些信息，因此 UE 无法仅通过搜索空间和相应 CORESET 的配置信息直接找到承载 PDCCH 信息的具体时频资源，只能基于试错法遍历检测所有候选 PDCCH 以尝试获得 DCI 信息，上述过程即称为盲检 PDCCH。在检测过程中，如果 CRC 校验通过，则 UE

认为相应控制信息有效，UE 可以根据解码获得的下行控制信息进行后续操作；如果 CRC 校验未通过，则有可能相应信息在传输过程中产生了不可纠正的错误，也可能该信息是针对另一个 UE 的控制信息，此时 UE 忽略相应 PDCCH 的传输内容。

为了降低 UE 的盲检复杂度，NR 标准通过制定候选 PDCCH 的起始 CCE 编号与 PDCCH 聚合等级的关系规则来降低候选 PDCCH 数量，具体规则为：候选 PDCCH 的起始 CCE 编号要能被 PDCCH 聚合等级整除，也即对聚合等级为 2 的候选 PDCCH，UE 只对起始 CCE 编号为 $\{0,2,4,\cdots 2n\}$ 的 PDCCH 进行盲检，对聚合等级为 4 的候选 PDCCH，UE 只对起始 CCE 编号为 $\{0,4,8,\cdots 4n\}$ 的 PDCCH 进行盲检，以此类推。每个搜索空间的候选 PDCCH 在 CORESET 内的 CCE 索引可根据一个函数确定，具体可见 3GPP TS 38.213 的 10.1 节。

（4）DCI 格式

PDCCH 信道用于承载 DCI。根据具体的用途，DCI 共支持 8 种格式，如表 6-12 所示。

表 6-12 DCI 格式

用途	DCI 格式	说　　明
PUSCH 调度	0_0	回退 DCI 格式，支持部分 NR 功能。包含的比特数较少，DCI 大小相对固定
	0_1	非回退 DCI 格式，支持所有的 NR 特性，DCI 大小具体取决于系统中是否配置了相应的特性
PDSCH 调度	1_0	回退 DCI 格式，同 0_0 类似，仅支持部分 NR 功能
	1_1	非回退 DCI 格式，同 0_1 类似，支持所有的 NR 特性，DCI 大小具体取决于系统中是否配置了相应的特性
其他用途	2_0	用于传输时隙格式信息（SFI）
	2_1	用于指示 UE 资源抢占情况，资源包括 PRB 和 OFDM 符号
	2_2	用于指示 PUCCH 和 PUSCH 的发射功率控制信息
	2_3	用于指示 SRS 的发射功率控制信息

DCI 格式 0_0 和 0_1 用于指示 PUSCH 调度控制信息，其中 DCI 0_0 称为回退格式（fallback format），仅支持部分 NR 特性，其 DCI 内的信息域通常不可配置，DCI 载荷大小相对固定。引入回退格式的目的是为了减少控制信令的开销；DCI 0_1 称为非回退格式（non-fallback format），支持所有的 NR 特性。在实际传输中，根据系统具体的特性配置，DCI 0_1 中的某些信息域可能会有所缺失，因此 DCI 0_1 的具体载荷大小取决于整体系统配置，但是一旦 UE 知道配置了何种特性，就能知道 DCI 的具体载荷大小。

DCI 格式 0_0 和 0_1 中包含的信息域如表 6-13 所示。其中涉及的各项内容的含义如下所述：

- DCI 格式指示（Identifier for DCI formats）：用于指示 DCI 是上行还是下行 DCI。当该信息域的值为“0”时，表示上行 DCI。

表 6-13　DCI 0_0 & 0_1 包含的信息比特

信息域	DCI 0_0 中的比特数	DCI 0_1 中的比特数
DCI 格式指示	1	1
载波指示	—	$\{0,3\}$
BWP 指示	—	$\{0,1,2\}$
频域资源分配	$\left\lceil \log_2(N_{RB}^{UL,BWP}(N_{RB}^{UL,BWP}+1)/2) \right\rceil$	见文字描述部分
时域资源分配	4	$\{0,1,2,3,4\}$
跳频标志	1	$\{0,1\}$
调制编码方案	5	5
新数据指示	1	1
冗余版本	2	2
HARQ 进程号	4	4
PUSCH 的发射功率控制命令	2	2
填充比特	—	—
UL/SUL 指示	1	$\{0,1\}$
第 1 个下行分配索引	—	$\{1,2\}$
第 2 个下行分配索引	—	$\{0,2\}$
SRS 资源指示	—	见文字描述部分
预编码信息及层数	—	$\{0,1,2,3,4,5,6\}$
天线端口	—	$\{2,3,4,5\}$
SRS 请求	—	$\{2,3\}$
CSI 请求	—	$\{0,1,2,3,4,5,6\}$
CBG 传输信息	—	$\{0,2,4,6,8\}$
PTRS-DMRS 关系	—	$\{0,2\}$
beta_offset 指示	—	$\{0,2\}$
DMRS 序列初始化	—	$\{0,1\}$
UL-SCH 指示	—	1

- 载波指示（Carrier indicator）：如果存在跨载波调度的情况，则该信息域用于指示与当前传输的 DCI 相关的分量载波编号。

- BWP 指示（Bandwidth part indicator）：用于上行 BWP 激活。具体比特大小与高层配置的上行 BWP 数量相关，不包括初始上行 BWP。

- 频域资源分配（Frequency domain resource assignment）：用于指示 PUSCH 传输的频域位置。①对于 DCI 0_0，共 $\left\lceil \log_2(N_{RB}^{UL,BWP}(N_{RB}^{UL,BWP}+1)/2) \right\rceil$ 比特，其中 $N_{RB}^{UL,BWP}$ 表示初始上行 BWP 的大小；②对于 DCI 0_1，如果只配置了资源分配类

型 0，则共 N_{RBG} 比特，其中 N_{RBG} 表示给调度的 UE 分配的 RB 组的数量；如果只配置了资源分配类型 1，则共 $\left\lceil \log_2(N_{RB}^{UL,BWP}(N_{RB}^{UL,BWP}+1)/2) \right\rceil$ 比特；如果同时配置了这两种资源分配类型，则共 $(\max(\left\lceil \log_2(N_{RB}^{UL,BWP}(N_{RB}^{UL,BWP}+1)/2) \right\rceil, N_{RBG})+1)$ 比特，其中最高位用于指示资源分配类型，最高位比特值为"1"表示资源分配类型为类型 1，最高位比特值为"0"表示资源分配类型为类型 0。对于 PUSCH 跳频传输，不同频点的频域位置也由该信息域进行指示。

- 时域资源分配（Time domain resource assignment）：用于指示 PUSCH 传输的时域位置。
- 跳频标志（Frequency hopping flag）：用于指示是否开启 PUSCH 跳频传输，比特值为"0"表示不启用 PUSCH 跳频传输，比特值为"1"表示启用 PUSCH 跳频传输。
- 调制编码方案（MCS）：用于指示 UE 有关调制方案，码率以及传输块大小等相关信息。
- 新数据指示（NDI）：用于指示该上行传输是重传的 TB 还是新传输的 TB。
- 冗余版本（RV）：用于指示冗余版本的值。冗余版本共 4 个，编号分别为 $\{0,1,2,3\}$。
- HARQ 进程号（HARQ process number）：用于指示 UE 进行重传的 HARQ 进程编号。
- PUSCH 的发射功率控制命令（TPC command for scheduled PUSCH）：用于调整 PUSCH 的发射功率。
- 填充比特（Padding bits）：用于对 DCI 进行补零填充。
- UL/SUL 指示（UL/SUL indicator）：用于指示 SUL 情况。比特值为"0"表示相应上行链路不是 SUL，比特值为"1"表示相应上行链路为 SUL。对于 DCI 0_0，该信息域位于 DCI 0_0 的最后一个比特位置，且位于填充比特之后，如果在补零填充前 DCI 1_0 的比特数比 DCI 0_0 的比特数少，则该域占 0 比特，即 DCI 0_0 不配置 UL/SUL 指示比特。
- 第 1 个下行分配索引（1st downlink assignment index）：对于半静态 HARQ-ACK 码本，该信息域大小为 1 比特；对于动态 HARQ-ACK 码本，该信息域大小为 2 比特。
- 第 2 个下行分配索引（2nd downlink assignment index）：对于具有 2 个子码本 HARQ-ACK 的动态 HARQ-ACK 码本，该信息域大小为 2 比特；其他情况下，该信息域大小为 0 比特。
- SRS 资源指示（SRS resource indicator）：用于指示 SRS 资源。当高层参数

txConfig = nonCodebook 时，该信息域大小为 $\left\lceil \log_2 \left(\sum_{k=1}^{\min(L_{\max}, N_{\mathrm{SRS}})} \binom{N_{\mathrm{SRS}}}{k} \right) \right\rceil$ 比特，其

中 N_{SRS} 是 SRS 资源集中配置的 SRS 资源数量，$L_{\max}$ 为 UE 支持的基于非码本的 PUSCH 传输的最大流数；当高层参数 txConfig = Codebook 时，该信息域大小为 $\lceil \log_2(N_{\mathrm{SRS}}) \rceil$ 比特。

- 预编码信息及层数（Precoding information and number of layers）：用于指示预编码信息及传输层数信息。该信息域包含的比特数与天线端口数及高层参数 txConfig 的配置有关。
- 天线端口（Antenna ports）：用于指示天线端口信息，包括 DMRS 的码分复用（CDM）组数，DMRS 端口号及前置 DMRS 符号数量。
- SRS 请求（SRS request）：用于指示 SRS 传输请求。当 UE 没有被配置 SUL 时，该信息域大小为 2 比特；当 UE 配置了 SUL 时，该信息域大小为 3 比特。
- CSI 请求（CSI request）：用于指示 CSI 传输请求。该信息域大小由高层参数 reportTriggerSize 决定。
- CBG 传输信息（CBGTI）：用于指示 TB 内的码块组（CBG）数量，由高层参数 maxCodeBlockGroupsPerTransportBlock 决定。
- PTRS-DMRS 关系（PTRS-DMRS association）：用于指示 PT-RS 和 DMRS 端口的关系。如果未配置高层参数 PTRS-UplinkConfig 并且变换预编码器被禁用，或者变换预编码器被开启，或者高层参数 maxRank=1，该信息域大小为 0 比特；其他情况下该信息域大小为 2 比特。
- beta_offset 指示（beta_offset indicator）：用于控制 PUSCH 上使用的 UCI 资源数目。当高层参数 betaOffsets = semiStatic 时，该信息域的大小为 0 比特；其他情况该信息域的大小为 2 比特，具体见 3GPP TS 38.213 的 9.3 小节。
- DMRS 序列初始化（DMRS sequence initialization）：用于 DMRS 初始化序列的选择。如果启用变换预编码器，则该信息域的大小为 0 比特；如果禁用变换预编码器，则该信息域的大小为 1 比特。
- UL-SCH 指示（UL-SCH indicator）：用于指示 UL-SCH 是否在 PUSCH 上传输，其中该信息域的值为"0"表示 UL-SCH 不在 PUSCH 上传输；该信息域的值为 1 表示 UL-SCH 在 PUSCH 上传输。

DCI 格式 1_0 和 1_1 用于指示 PDSCH 调度控制信息，同 DCI 格式 0_0 和 0_1 类似，其中 DCI 1_0 为回退格式，仅支持部分 NR 特性，其 DCI 内的信息域通常不可配置，DCI 载荷大小相对固定；DCI 1_1 为非回退格式。

DCI 1_0 携带的信息比特与其 CRC 加扰使用的 RNTI 类型有关，具体如表 6-14 所示。不同 CRC 加扰情况下，DCI 1_0 携带的信息内容如下所述。

表 6-14 DCI 1_0 携带的比特信息

信息域	DCI 1_0 CRC 加扰使用的 RNTI 类型					
	C-RNTI 或 CS-RNTI 或 MCS-C-RNTI		P-RNTI	SI-RNTI	RA-RNTI	TC-RNTI
	初始接入	其他情况				
DCI 格式指示	√	√	—	—	—	√
频域资源分配	√	√	√	√	√	√
时域资源分配	—	√	√	√	√	√
VRB-PRB 映射	—	√	√	√	√	√
调制编码方案	—	√	√	—	√	√
新数据指示	—	√	—	—	—	√
冗余版本	—	√	—	√	—	√
HARQ 进程号	—	√	—	—	—	√
下行分配索引	—	√	—	—	—	√
PUCCH 发射功率控制命令	—	√	—	—	—	√
PUCCH 资源指示	—	√	—	—	—	√
PDSCH-HARQ 反馈时间索引	—	√	—	—	—	√
短消息指示	—	—	√	—	—	—
短消息	—	—	√	—	—	—
系统信息指示	—	—	—	√	—	—
随机接入前导索引	√	—	—	—	—	—
UL/SUL 指示	√	—	—	—	—	—
SSB 索引	√	—	—	—	—	—
PRACH 掩码索引	√	—	—	—	—	—
TB 缩放	—	—	√	—	√	—
保留比特	√	—	√	√	√	—

1）当 DCI 1_0 的 CRC 使用 C-RNTI 或者 CS-RNTI 或者 MCS-C-RNTI 进行扰码时，DCI 1_0 携带如下信息：

- DCI 格式指示：共 1 比特，用于指示 DCI 是上行还是下行 DCI，当该信息域的值为 "1" 时，表示下行 DCI。
- 频域资源分配：共 $\left\lceil \log_2(N_{RB}^{DL,BWP}(N_{RB}^{DL,BWP}+1)/2) \right\rceil$ 比特，其中 $N_{RB}^{DL,BWP}$ 表示初始下行 BWP 的大小。

如果 DCI 1_0 的 CRC 使用 C-RNTI 扰码并且信息域 "频域资源分配" 的比特全为 1，此时 DCI 1_0 用于随机接入流程，其剩余的信息域如下所述：

- 随机接入前导索引（Random Access Preamble index）：共 6 比特，用于指示用于随

机接入的前导序列。

- UL/SUL 指示：共 1 比特，用于指示 SUL 情况。如果信息域"随机接入前导索引"的比特值非全 0 并且 UE 配置了 SUL，则该信息域指示用于传输 PRACH 的上行载波。否则，保留该信息域。
- SSB 索引（SS/PBCH index）：共 6 比特，用于 PRACH 传输过程，指示在确定随机接入时机（RACH Occasion）时使用的 SSB。如果信息域"随机接入前导索引"的比特值全部为 0，则保留该信息域。
- PRACH 掩码索引（PRACH Mask index）：共 4 比特，用于 PRACH 传输过程，指示与随机接入时机相关联的 SSB 索引号。如果信息域"随机接入前导索引"的比特值全部为 0，则保留该信息域。
- 保留比特（Reserved bits）：共 10 比特，目前尚未使用的保留比特。

除去上述这种情况，DCI 1_0 的剩余信息域如下所述。

- 时域资源分配：共 4 比特，用于指示 PDSCH 传输的时域位置。
- VRB-PRB 映射（VRB-to-PRB mapping）：共 1 比特，用于指示 VRB 和 PRB 之间的映射关系，其中该信息域的比特值为"0"表示非交织映射，该信息域的比特值为"1"表示交织映射。
- 调制编码方案：共 5 比特，用于指示 UE 有关调制方案，码率以及传输块大小等相关信息。
- 新数据指示：共 1 比特，用于指示该上行传输是重传的 TB 还是新传输的 TB。
- 冗余版本：共 2 比特，用于指示冗余版本的值。
- HARQ 进程号：共 4 比特，用于指示 UE 进行重传的 HARQ 进程编号。
- 下行分配索引（DAI）：共 2 比特，用于指示累计的下行分配信息。
- PUCCH 发射功率控制命令（TPC command for scheduled PUCCH）：共 2 比特，用于调整 PUCCH 的发射功率。
- PUCCH 资源指示（PUCCH resource indicator）：共 3 比特，用于指示 PUCCH 资源集中的 PUCCH 资源。
- PDSCH-HARQ 反馈时间索引（PDSCH-to-HARQ_feedback timing indicator）：共 3 比特，用于指示与 PDSCH 对应的 HARQ 反馈时隙。具体见 6.2.4 小节。

2）当 DCI 1_0 的 CRC 使用 P-RNTI 扰码时，DCI 1_0 携带的信息包括："频域资源分配""时域资源分配""VRB-PRB 映射""调制编码方案"。除此之外，还包含一些新增信息，具体如下所述。

- 短消息指示（Short Messages Indicator）：共 2 比特，其中比特值为"00"表示保留该信息域，"01"表示 DCI 中只携带寻呼的调度信息，"10"表示 DCI 中只携带短消息，"11"表示 DCI 中同时携带寻呼的调度信息和短消息。
- 短消息（Short Messages）：共 8 比特，用于短消息的传输。

- TB 缩放（TB scaling）：共 2 比特，用于指示 TB 缩放系数。
- 保留比特：共 6 比特。

需要说明的是，如果 DCI 只携带短消息，则保留下列信息域："频域资源分配""时域资源分配"、"VRB-PRB 映射"、"调制编码方案"、"短消息"和"TB 缩放"。

3）当 DCI 1_0 的 CRC 使用 SI-RNTI 扰码时，DCI 1_0 携带的信息包括："频域资源分配""时域资源分配""VRB-PRB 映射""调制编码方案"和"冗余版本"。除此之外，还包含一些新增信息，具体如下所述：

- 系统信息指示（System information indicator）：共 1 比特，该信息域比特值为"0"表示 SIB1，比特值为"1"表示系统消息（SI）。
- 保留比特：共 15 比特。

4）当 DCI 1_0 的 CRC 使用 RA-RNTI 扰码时，DCI 1_0 携带的信息包括："频域资源分配""时域资源分配""VRB-PRB 映射""调制编码方案""TB 缩放"以及 16 比特的保留比特。

5）当 DCI 1_0 的 CRC 使用 TC-RNTI 扰码时，DCI 1_0 携带的信息包括："DCI 格式指示""频域资源分配""时域资源分配""VRB-PRB 映射""调制编码方案""新数据指示""冗余版本""HARQ 进程号""下行分配索引""PUCCH 的发射功率控制命令""PUCCH 资源指示"和"PDSCH-HARQ 反馈时间索引"。

DCI 1_1 携带的信息内容如下所述，其中与 DCI 0_0 相同的信息域不做详述。

- DCI 格式指示：共 1 比特，用于指示 DCI 是上行还是下行 DCI。
- 载波指示：0 比特或 3 比特，如果存在跨载波调度的情况，则该信息域用于指示与当前传输的 DCI 相关的分量载波编号。
- BWP 指示：共 0～2 比特，用于下行 BWP 激活，具体比特大小与高层配置的下行 BWP 数量相关，不包括初始下行 BWP。
- 频域资源分配：用于指示 PDSCH 传输的频域位置，如果只配置了资源分配类型 0，则共 N_{RBG} 比特，其中 N_{RBG} 表示给调度的 UE 分配的 RB 组的数量；如果只配置了资源分配类型 1，则共 $\lceil \log_2(N_{RB}^{DL,BWP}(N_{RB}^{DL,BWP}+1)/2) \rceil$ 比特；如果同时配置了这两种资源分配类型，则共 $(\max(\lceil \log_2(N_{RB}^{DL,BWP}(N_{RB}^{DL,BWP}+1)/2) \rceil, N_{RBG})+1)$ 比特，其中最高位比特用于指示资源分配类型，最高位比特值为"1"表示资源分配类型为类型 1，最高位比特值为"0"表示资源分配类型为类型 0。
- 时域资源分配：共 0～4 比特，用于指示 PDSCH 传输的时域位置。
- VRB-PRB 映射：共 1 比特，用于指示 VRB 和 PRB 之间的映射关系。
- PRB 捆绑大小指示（PRB bundling size indicator）：共 1 比特，用于指示 PRB bundling 的大小。如果高层参数 prb-BundlingType 未配置，或者 prb-BundlingType 值为"static"，则保留该信息域；如果高层参数 prb-BundlingType 的值为

"dynamic"，则该信息域为 1 比特。

- 速率匹配指示（Rate matching indicator）：共 0～2 比特，具体大小由高层参数 rateMatchPatternGroup1 和 rateMatchPatternGroup2 相关。如果有两个速率匹配图样组，则最高位用来指示 rateMatchPatternGroup1，最低位用来指示 rateMatchPatternGroup2。

- ZP CSI-RS 触发器（ZP CSI-RS trigger）：共 0～2 比特，用于触发非周期零功率 CSI-RS（ZP CSI-RS）的传输。该信息域的大小为 $\lceil \log_2(N_{ZP}+1) \rceil$ 比特，其中 N_{ZP} 表示由高层配置的非周期 ZP CSI-RS 资源集的数量。该信息域的每个比特触发一个对应的非周期 ZP CSI-RS 资源集，其中比特值"00"作为保留比特，不触发非周期 ZP CSI-RS，"01"触发"ZP-CSI-RS-ResourceSetIds = 1"的资源集，"10"触发"ZP-CSI-RS-ResourceSetIds =2"的资源集，"11"触发"ZP-CSI-RS-ResourceSetIds = 3"的资源集。

- 调制编码方案：共 5 比特，用于指示 UE 有关调制方案，码率以及传输块大小等相关信息。当高层参数 maxNrofCodeWordsScheduledByDCI 的值为"2"时，有两套"调制编码方案"信息域，分别针对 2 个 TB。

- 新数据指示：共 1 比特，用于指示该上行传输是重传的 TB 还是新传输的 TB。当高层参数 maxNrofCodeWordsScheduledByDCI 的值为"2"时，有两套"新数据指示"信息域，分别对应两个 TB。

- 冗余版本：共 2 比特，用于指示冗余版本的值。当高层参数 maxNrofCodeWords-ScheduledByDCI 的值为"2"时，有两套"冗余版本"信息域，分别对应两个 TB。

- HARQ 进程号：共 4 比特，用于指示 UE 进行重传的 HARQ 进程编号。

- 下行分配索引：共{0,2,4}比特，用于指示累计的下行分配信息。如果下行配置了多于 1 个服务小区，并且高层参数 pdsch-HARQ-ACK-Codebook 值为动态，即采用动态 HARQ-ACK 码本，则该信息域的大小为 4 比特，其中 2 个最高位比特表示计数 DAI（C-DAI），2 个最低位比特表示总 DAI（T-DAI）；如果下行只配置了 1 个服务小区并且采用动态 HARQ-ACK 码本，则该信息域的大小为 2 比特，表示计数 DAI；其他情况下，该信息域的大小为 0 比特。

- PUCCH 的发射功率控制命令：共 2 比特，用于调整 PUCCH 的发射功率。

- PUCCH 资源指示：共 3 比特，用于指示 PUCCH 资源集中的 PUCCH 资源。

- PDSCH-HARQ 反馈时间索引：共 0～3 比特，指示与 PDSCH 对应的 HARQ 反馈时隙。

- 天线端口：共 4～6 比特，用于指示天线端口信息，包括 DMRS 的 CDM 组数，DMRS 端口号及前置 DMRS 符号数量。

- 传输配置指示（TCI）：共 0 或 3 比特，用于指示 PDSCH 天线端口和参考信号的准共址关系以帮助 PDSCH 的解调。如果高层参数 tci-PresentInDCI 未被启用，则该信息域的大小为 0 比特；其他情况下，该信息域的大小为 3 比特。

- SRS 请求：共 2~3 比特，用于指示 SRS 传输请求。如果 UE 没有被配置 SUL，该信息域大小为 2 比特；如果 UE 配置了 SUL，该信息域大小为 3 比特。
- CSI 请求：用于指示 CSI 传输请求，该信息域大小由高层参数 reportTriggerSize 决定。
- CBG 传输信息：共{0,2,4,6,8}比特。用于指示 TB 内的 CBG 数量，由高层参数 maxCodeBlockGroupsPerTransportBlock 决定。
- CBG 擦除信息（CBGFI）：共 1 比特。用于 TB 重传，如果该信息域的值为 "0"，表示先前时刻接收到的 CBG 可能发生损坏；如果该信息域的值为 "1"，表示重传的 CBG 可以与先前传输的相同 CBG 进行合并。
- DMRS 序列初始化：共 1 比特，用于 DMRS 初始化序列的选择。

DCI 2_0 用于指示时隙格式，其 CRC 采用 SFI-RNTI 进行扰码，携带的比特大小可以由高层参数进行配置，最大支持 128 比特。

DCI 2_1 用于指示 UE 资源抢占情况，即指示 UE 在哪些 PRB 和 OFDM 符号上没有该用户的数据。DCI 2_1 CRC 采用 INT-RNTI 加扰，携带的比特大小可以由高层参数进行配置，最大支持 126 比特。DCI 2_1 可以指示多组资源抢占情况，其中每组资源抢占情况指示占用 14 个比特。

DCI 2_2 用于传输 PUCCH 和 PUSCH 的 TPC 命令，其 CRC 分别采用 TPC-PUCCH-RNTI 和 TPC-PUSCH-RNTI 进行加扰。

DCI 2_3 用于传输一组针对 SRS 传输的 TPC 命令，其 CRC 采用 TPC-SRS-RNTI 进行加扰。

3．PDSCH

PDSCH 主要用于承载下行用户数据。UE 通过解码 DCI 1_0 和 DCI 1_1 上携带的控制信息，可以获得相应 PDSCH 资源的时、频域信息，进而获得相应的下行数据。根据当前 3GPP 标准，PDSCH 支持 QPSK、16QAM、64QAM 和 256QAM 这 4 种调制方式，最高支持 8 层传输，其中当传输层数小于等于 4 时，采用 1 个码字；当传输层数大于 4 时，采用 2 个码字。

（1）PDSCH 频域资源分配

NR 系统中，PDSCH 支持两种类型的频域资源分配方式，分别称为类型 0（Type 0）和类型 1（Type 1）。下面对这两种不同的频域资源分配方式进行介绍。

1）下行资源分配类型 0：RB 的分配信息包含一个位图（bitmap），用于指示分配给所调度 UE 的资源块组（RBG）信息。所谓 RBG，是指一组连续的 VRB，其大小由 BWP 的大小和 PDSCH-config IE 中配置的高层参数 rbg-Size 共同决定。NR 标准定义了两种 RBG 的配置，不同配置下的 RBG 大小有所不同，如表 6-15 所示。

表 6-15 不同 BWP 带宽下的 RBG 大小 P

BWP 带宽	配置 1	配置 2
1～36	2	4
37～72	4	8
73～144	8	16
145～275	16	16

对于带宽为 $N_{\text{BWP}}^{\text{size}}$ 个 PRB 的下行 BWP，其 RBG 的总数 N_{RBG} 的大小为：

$$N_{\text{RBG}} = \left\lceil (N_{\text{BWP}}^{\text{size}} + (N_{\text{BWP}}^{\text{start}} \bmod P))/P \right\rceil$$

其中，第一个 RBG 的大小为 $\text{RBG}_0^{\text{size}} = P - N_{\text{BWP}}^{\text{start}} \bmod P$；最后一个 RBG 的大小与 $((N_{\text{BWP}}^{\text{start}} + N_{\text{BWP}}^{\text{size}}) \bmod P)$ 的计算结果有关，如果 $(N_{\text{BWP}}^{\text{start}} + N_{\text{BWP}}^{\text{size}}) \bmod P > 0$，则最后一个 RBG 的大小为 $\text{RBG}_{\text{last}}^{\text{size}} = (N_{\text{BWP}}^{\text{start}} + N_{\text{BWP}}^{\text{size}}) \bmod P$，否则 $\text{RBG}_{\text{last}}^{\text{size}} = P$；除此之外，剩余的 RBG 的大小均为 P。

PDSCH 资源分配类型 0 中，位图的大小共 N_{RBG} 比特，每个位图比特对应一个 RBG。RBG 从 BWP 的最低频点处开始，按照频率递增的顺序进行编号，编号范围从 0 至 $N_{\text{RBG}} - 1$。RBG 位图与 RBG 编号之间的映射关系为：位图的最高位比特映射到 RBG #0，位图的最低位比特映射到 RBG #$(N_{\text{RBG}} - 1)$，以此类推。位图比特值为 1 表示对应的 RBG 分配给了 UE，位图比特值为 0 表示对应的 RBG 没有分配给 UE。

2）下行资源分配类型 1：根据 RB 分配信息，gNB 在激活的 BWP 内分配给被调度 UE 一组连续的非交织或交织的 VRB。除此之外，下行资源分配类型 1 的资源分配域中包含了一个资源指示值（RIV），该值对应一个起始 VRB（RB_{start}）和连续分配的 RB 长度（L_{RBs}），RIV 的定义方式如下：如果 $(L_{\text{RBs}} - 1) \leqslant \left\lfloor N_{\text{BWP}}^{\text{size}}/2 \right\rfloor$，则 $\text{RIV} = N_{\text{BWP}}^{\text{size}}(L_{\text{RBs}} - 1) + \text{RB}_{\text{start}}$；否则，$\text{RIV} = N_{\text{BWP}}^{\text{size}}(N_{\text{BWP}}^{\text{size}} - L_{\text{RBs}} + 1) + (N_{\text{BWP}}^{\text{size}} - 1 - \text{RB}_{\text{start}})$；其中 $1 \leqslant L_{\text{RBs}} \leqslant N_{\text{BWP}}^{\text{size}} - \text{RB}_{\text{start}}$。

（2）PDSCH 时域资源分配

UE 由 DCI 调度进行 PDSCH 接收时，除了 PDSCH 的频域资源位置，UE 还需要知道相应的时域资源位置，包括时隙号、时隙中的起始的 OFDM 符号位置以及时域 OFDM 符号的长度等信息。如果要将这些信息直接发送给 UE，将会产生很大的开销。为此，NR 预先配置了若干不同类型的时域资源分配表格。在 gNB 调度 UE 进行 PDSCH 接收时，相应 DCI 只需指示一个行索引，UE 通过查表的方式即可获得上述时域信息。该行索引包含在 DCI 的"时域资源分配信息"信息域中，其具体的值 m 指向表格第 $m+1$ 行的内容，包括时隙偏移 K_0；起始和长度指示（SLIV）或者直接指示了起始的符号 S 以及时域长度 L；PDSCH 映射类型。时域分配表格每一行包含的具体信息如下所示：

- 时隙位置：分配给 PDSCH 的时隙为 $\left\lfloor n \cdot \dfrac{2^{\mu_{\text{PDSCH}}}}{2^{\mu_{\text{PDCCH}}}} \right\rfloor + K_0$，其中 n 表示相应调度 DCI 的时隙位置，K_0 的取值与 PDSCH 的参数集有关，μ_{PDSCH} 和 μ_{PDCCH} 分别表示 PDSCH 和 PDCCH 的子载波间隔配置。

- 起始符号位置和时域长度：S 表示时隙内的起始符号位置，L 表示分配给 PDSCH 的连续符号数，从 S 开始计数。S 和 L 可以根据 SLIV 推导获得，具体方法如下：如果 $(L-1) \leqslant 7$，则 $\text{SLIV} = 14 \cdot (L-1) + S$；否则，$\text{SLIV} = 14 \cdot (14 - L + 1) + (14 - 1 - S)$，其中 $0 < L \leqslant 14 - S$。

- PDSCH 映射方式：分为类型 A 和类型 B，不同映射类型下有效的 S 和 L 的组合方式如表 6-16 所示。不同映射类型对应不同的 DMRS 放置位置，具体见本节第 4 部分关于下行 DMRS 的介绍。

表 6-16　有效的 S 和 L 的组合方式

PDSCH 映射类型	常规 CP			扩展 CP		
	S	L	$S+L$	S	L	$S+L$
类型 A	{0,1,2,3}[①]	{3,…,14}	{3,…,14}	{0,1,2,3}[①]	{3,…,12}	{3,…,12}
类型 B	{0,…,12}	{2,4,7}	{2,…,14}	{0,…,10}	{2,4,6}	{2,…,12}

① 仅当高层参数 dmrs-TypeA-Position = 3 时，S 的值才可取 3。

4. 下行 DMRS

DMRS 主要用于数据解调。PDSCH、PDCCH 和 PBCH 都有各自的下行 DMRS 以便解调相应数据。考虑到 5G 多样的部署场景，DMRS 在设计上充分考虑了灵活性与低时延特性，具体表现在以下几方面。

- 多层传输：5G NR 系统中，对于下行单用户 MIMO，最多支持 8 层传输；对于下行多用户 MIMO，最多支持 12 层传输，其中分配给每个 UE 的传输层数的最大值为 4。

- DMRS 前置：为了降低时延，NR 系统将 DMRS 尽可能地放置在调度发生的起始位置，以便接收机可以尽早地获得信道估计。一旦获得了信道估计，接收机可以及时处理接收到的符号，而不需要在数据处理前将整个时隙的数据缓存下来，从而实现低时延的目的。

以 PDSCH 的 DMRS 为例，不同的 PDSCH 映射类型下，虽然 DMRS 的时域起始符号位置有所差别，但都处于调度发生的起始位置附近。对于 PDSCH 映射类型 A，DMRS 的起始符号位于时隙内的第 3 个或第 4 个 OFDM 符号，也即编号为#2 或#3 的 OFDM 符号，且仅当高层参数 dmrs-TypeA-Position 的值为 "pos3" 时，DMRS 的起始符号位于时隙内第 4 个 OFDM 符号。该种映射方式直接将 DMRS 放置在时隙边界，没有考虑实际数据传输的起始位置，适用于数据占用大部分时隙符号的传输场景，而之所以从时隙起始的第 3/4 个 OFDM 符号开始放置，是为了给 CORESET 空出相应的时域资源；对于 PDSCH 映射类型 B，DMRS 的起始符号位于调度的 PDSCH 资源的起始位置。该种映射方式的 DMRS 放置在传输数据的起始位置，适用于具有更低时延需求的数据传输。

- 附加 DMRS：为了应对 5G NR 系统可能面临的高速移动场景，需要放置更多的 DMRS 以提高对快速时变信道的估计精度。根据当前 NR 标准，在一个时隙内最多可以配置 3 组附加 DMRS，从而提高 DMRS 的时域密度，以满足更高精度的信道估计。

PBCH 和 PDCCH 的 DMRS 相关介绍已经包含在了相应的小节中，本节主要介绍 PDSCH 的 DMRS。

（1）PDSCH DMRS 的时域符号位置

PDSCH DMRS 的时域符号位置与 PDSCH 持续时间 l_d，PDSCH 映射类型（类型 A/类型 B），DMRS 符号数（1 符号/2 符号）相关。

PDSCH 映射类型和 DMRS 符号数共同影响附加 DMRS 的数量和位置。对于单符号 DMRS，当 PDSCH 映射类型为类型 A 时，最多配置 3 组附加 DMRS，当 PDSCH 映射类型为类型 B 时，最多配置 1 组附加 DMRS；对于双符号 DMRS，最多配置 1 组附加 DMRS。

单符号 DMRS 和双符号 DMRS 的时域位置如表 6-17 和表 6-18 所示。表中 l_0 表示 DMRS 符号的起始位置，对于 PDSCH 映射类型 A，l_0 的取值由高层参数 dmrs-TypeA-Position 决定，当 dmrs-TypeA-Position=Pos3 时，$l_0 = 3$，否则 $l_0 = 2$；对于 PDSCH 映射类型 B，$l_0 = 0$；$\overline{l}$ 表示 DMRS 的符号位置，需要说明的是，DMRS 的最终符号位置为 $l = \overline{l} + l'$，其中 l' 为时域索引，与 DMRS 符号数相关，对于单符号 DMRS，$l' = 0$；对于双符号 DMRS，$l' = 0$ 或 1；l_1 的值为 11 或者 12，与 PDSCH 映射类型 A 的配置有关。

表 6-17 单符号 PDSCH DMRS 的符号位置 $\overline{l}$

持续符号 l_d	DMRS 符号位置 $\overline{l}$							
	PDSCH 映射类型 A				PDSCH 映射类型 B			
	附加 DMRS 位置				附加 DMRS 位置			
	pos0	pos1	pos2	pos3	pos0	pos1	pos2	pos3
2	—	—	—	—	l_0	l_0		
3	l_0	l_0	l_0	l_0	—	—		
4	l_0	l_0	l_0	l_0	l_0	l_0		
5	l_0	l_0	l_0	l_0	—	—		
6	l_0	l_0	l_0	l_0	l_0	$l_0,4$		
7	l_0	l_0	l_0	l_0	l_0	$l_0,4$		
8	l_0	$l_0,7$	$l_0,7$	$l_0,7$	—	—		

（续）

持续符号 l_d	DMRS 符号位置 $\bar{l}$							
	PDSCH 映射类型 A				PDSCH 映射类型 B			
	附加 DMRS 位置				附加 DMRS 位置			
	pos0	pos1	pos2	pos3	pos0	pos1	pos2	pos3
9	l_0	$l_0,7$	$l_0,7$	$l_0,7$	—	—		
10	l_0	$l_0,9$	$l_0,6,9$	$l_0,6,9$	—	—		
11	l_0	$l_0,9$	$l_0,6,9$	$l_0,6,9$	—	—		
12	l_0	$l_0,9$	$l_0,6,9$	$l_0,5,8,11$	—	—		
13	l_0	l_0,l_1	$l_0,7,11$	$l_0,5,8,11$	—	—		
14	l_0	l_0,l_1	$l_0,7,11$	$l_0,5,8,11$	—	—		

表 6-18　双符号 PDSCH DMRS 的符号位置 $\bar{l}$

持续符号 l_d	DMRS 符号位置 $\bar{l}$					
	PDSCH 映射类型 A			PDSCH 映射类型 B		
	附加 DMRS 位置			附加 DMRS 位置		
	pos0	pos1	pos2	pos0	pos1	pos2
<4	—	—		—	—	
4	l_0	l_0		—	—	
5	l_0	l_0		—	—	
6	l_0	l_0		l_0	l_0	
7	l_0	l_0		l_0	l_0	
8	l_0	l_0		—	—	
9	l_0	l_0		—	—	
10	l_0	$l_0,8$		—	—	
11	l_0	$l_0,8$		—	—	
12	l_0	$l_0,8$		—	—	
13	l_0	$l_0,10$		—	—	
14	l_0	$l_0,10$		—	—	

　　不同的 PDSCH 映射类型关于 l 和 l_d 的定义不同：对于 PDSCH 映射类型 A，l 从时隙的起始位置算起，l_d 指相应时隙第一个 OFDM 符号至所调度的 PDSCH 资源在该时隙内的最后一个 OFDM 符号所持续的符号数；对于 PDSCH 映射类型 B，l 从所调度的 PDSCH 资源的起始位置算起，l_d 指所调度的 PDSCH 资源的持续的 OFDM 符号数。

　　（2）PDSCH DMRS 类型及频域结构

　　PDSCH DMRS 支持两种不同的类型配置：类型 1 和类型 2，DMRS 类型可以由高层参数 dmrs-Type 进行配置。两种 DMRS 类型在频域均采用梳状加正交覆盖码的结构；在时域可采用单符号和双符号两种结构；它们的主要区别在于频域密度以及支持的天线端口数目不同。

对于 DMRS 类型 1，单符号 DMRS 支持最多 4 个天线端口，端口号为 1000～1003；双符号 DMRS 支持最多 8 个天线端口，端口号为 1000～1007。相应的频域位置 k 由下述方式确定：

$$k = 4n + 2k' + \Delta$$

其中，$n = 0,1,\dots$；$k' = 0,1$；Δ 表示频域偏移参数，取值包括 0 和 1，具体取值如表 6-19 所示，其中 $w_f(k')$ 和 $w_t(l')$ 分别为频域和时域的符号函数，共同决定相应序列的符号。

表 6-19 PDSCH DMRS 类型 1 相关参数

天线端口 p	CDM 组 λ	Δ	$w_f(k')$		$w_t(l')$	
			$k' = 0$	$k' = 1$	$l' = 0$	$l' = 1$
1000	0	0	+1	+1	+1	+1
1001	0	0	+1	−1	+1	+1
1002	1	1	+1	+1	+1	+1
1003	1	1	+1	−1	+1	+1
1004	0	0	+1	+1	+1	−1
1005	0	0	+1	−1	+1	−1
1006	1	1	+1	+1	+1	−1
1007	1	1	+1	−1	+1	−1

从表 6-19 中可以看出，对于单符号 DMRS，DMRS 端口 1000 和 1001 占用相同的子载波：$\{4n, 4n+2, 4n+4, 4n+6, \dots\}$，中间间隔 1 个子载波，它们通过码分的方式进行区分；DMRS 端口 1002 和 1003 占用相同的子载波：$\{4n+1, 4n+3, 4n+5, 4n+7, \dots\}$，较 1000 和 1001 端口的频域位置向上偏移 1 个子载波。对于双符号 DMRS，DMRS 端口 1000、1001、1004 和 1005 占用相同的子载波：$\{4n, 4n+2, 4n+4, 4n+6, \dots\}$；DMRS 端口 1002、1003、1006 和 1007 占用相同的子载波：$\{4n+1, 4n+3, 4n+5, 4n+7, \dots\}$，如图 6-15 和图 6-16 所示。

对于 DMRS 类型 2，单符号 DMRS 支持最多 6 个天线端口，端口号为 1000～1005；双符号 DMRS 支持最多 12 个天线端口，端口号为 1000～1011。相应的频域位置 k 由下述方式确定：

$$k = 6n + k' + \Delta$$

其中，$n = 0,1,\dots$，$k' = 0,1$，Δ 表示频域偏移参数，取值包括 0、2 和 4，具体取值如表 6-20 所示，其中 $w_f(k')$ 和 $w_t(l')$ 分别为频域和时域的符号函数，共同决定相应序列的符号。

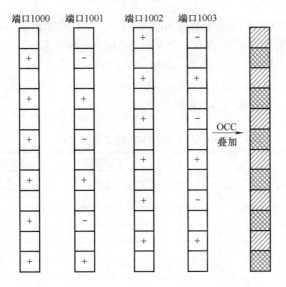

图 6-15　DMRS 类型 1-单符号 DMRS 频域结构示意图

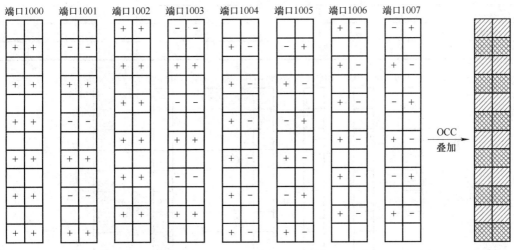

图 6-16　DMRS 类型 1-双符号 DMRS 频域结构示意图

　　从表 6-20 中可以看出，对于单符号 DMRS，DMRS 端口 1000 和 1001 占用相同的子载波：$\{6n,6n+1,6n+6,6n+7,\cdots\}$，中间间隔 4 个子载波；DMRS 端口 1002 和 1003 占用相同的子载波：$\{6n+2,6n+3,6n+8,6n+9,\cdots\}$，与 DMRS 端口 1000 和 1001 占用的子载波相邻；DMRS 端口 1004 和 1005 占用相同的子载波：$\{6n+4,6n+5,6n+10,6n+11,\cdots\}$，

与 DMRS 端口 1002 和 1003 占用的子载波相邻。对于双符号 DMRS，DMRS 端口 1000、1001、1006 和 1007 占用相同的子载波：$\{6n,6n+1,6n+6,6n+7,\cdots\}$，中间间隔 4 个子载波；DMRS 端口 1002、1003、1008 和 1009 占用相同的子载波：$\{6n+2,6n+3,6n+8,6n+9,\cdots\}$；DMRS 端口 1004、1005、1010 和 1011 占用相同的子载波：$\{6n+4,6n+5,6n+10,6n+11,\cdots\}$，如图 6-17 和图 6-18 所示。

表 6-20　PDSCH DMRS 类型 2 相关参数

天线端口 p	CDM 组 λ	Δ	$w_f(k')$		$w_t(l')$	
			$k'=0$	$k'=1$	$l'=0$	$l'=1$
1000	0	0	+1	+1	+1	+1
1001	0	0	+1	−1	+1	+1
1002	1	2	+1	+1	+1	+1
1003	1	2	+1	−1	+1	+1
1004	2	4	+1	+1	+1	+1
1005	2	4	+1	−1	+1	+1
1006	0	0	+1	+1	+1	−1
1007	0	0	+1	−1	+1	−1
1008	1	2	+1	+1	+1	−1
1009	1	2	+1	−1	+1	−1
1010	2	4	+1	+1	+1	−1
1011	2	4	+1	−1	+1	−1

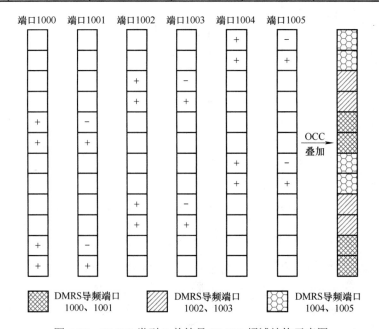

图 6-17　DMRS 类型 2-单符号 DMRS 频域结构示意图

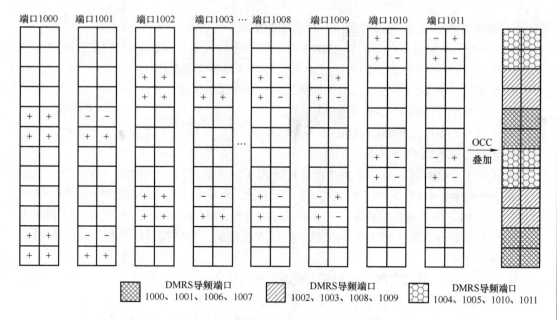

图 6-18　DMRS 类型 2-双符号 DMRS 频域结构示意图

综上，可以看出，DMRS 类型 1 和 DMRS 类型 2 在频域结构上有很多相似的地方，比如：都采用梳状结构；属于同一 CDM 的 DMRS 端口之间均采用正交覆盖码（OCC）进行区分。它们的不同主要在于：

- DMRS 类型 1 具有更高的频域密度，可以更好地应对频率选择性信道，但是最多只能支持 8 个天线端口。
- DMRS 类型 2 牺牲了一定的频域密度，换来了更大的复用增益，最大可支持 12 个天线端口，能够更好地支持多用户 MIMO。

5. CSI-RS

CSI-RS 最早在 LTE Rel-10 版本引入，用于下行信道信息的测量及获取。在此之前，下行信道信息的获取仅依赖于 UE 对小区特定参考信号（CRS）的测量。CRS 在频域占用整个传输带宽，传输周期为 1ms，其优势在于 UE 不管什么时间接入网络，都可以对 CRS 进行测量从而获得信道信息；其劣势在于这种长期在线的参考信号会占用过多的资源。与 CRS 不同，CSI-RS 不必连续传输，可以由网络侧进行配置。相较于 CRS，CSI-RS 在信道测量方面更加灵活有效，同时可以支持 4 层空分复用。因此 NR 系统中沿用了 LTE CSI-RS 的概念，并对 CSI-RS 的功能进行了扩展，主要用于 CSI 的获取、波束管理和时频追踪等。

（1）CSI-RS 基础资源结构

5G NR 系统中，CSI-RS 最大可配置 32 个不同的天线端口，端口号为 {3000，

3001,...,3031}，每个天线端口对应一个待探测的信道。

一个单端口 CSI-RS 在"1 个 RB×1 个时隙"所对应的资源空间中占用一个 RE，原则上，该 RE 可以位于该资源块内的任意位置，但是要遵守下列准则：

- 不能与其他 DL 物理信道/信号冲突。
- 不能与配置给该 UE 的 CORESET 冲突。
- 不能与该 UE 的 PDSCH DMRS 冲突。
- 不能与传输的 SSB 冲突。

多端口 CSI-RS 可以看作是多个正交传输的 CSI-RS，每个 CSI-RS 对应一个天线端口，共享分配给多端口 CSI-RS 传输的 RE。一般地，N 端口 CSI-RS 占用"1 个 RB×1 个时隙"资源中的 N 个 RE。多端口 CSI-RS 之间的正交性通过码分复用（CDM）、频分复用（FDM）和时分复用（TDM）的方式来实现，基础的正交结构包括三种，如图 6-19 所示，分别为：

- FD-CDM2：频域占用 2 个相邻子载波，时域占用 1 个符号。
- CDM4 (FD2, TD2)：频域占用 2 个相邻子载波，时域占用 2 个相邻符号。
- CDM8 (FD2, TD4)：频域占用 2 个相邻子载波，时域占用 4 个相邻符号。

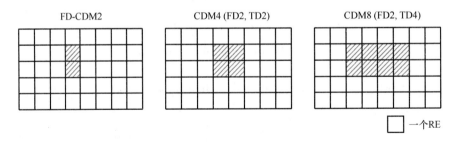

图 6-19　CSI-RS 基础正交结构示意图

多端口 CSI-RS 结构都基于上述 3 种基础结构实现。以 12 端口为例，可以采用 6 组 FD-CDM2 实现，或采用 3 组 CDM4 (FD2, TD2)实现，如图 6-20 所示。

（2）CSI-RS 时频资源结构

CSI-RS 配置在给定的下行 BWP 内，并且使用该 BWP 的参数集。CSI-RS 可以配置为覆盖整个 BWP 带宽，也可以配置为只占用 BWP 带宽的一小部分，CSI-RS 的带宽和频域起始位置都由 CSI-FrequencyOccupation IE 进行配置，包括两个参数：

- 起始 RB 位置：表示 CSI-RS 的起始 RB 相对于 CRB#0 而言偏移的 RB 数目，其值只能是 4 的整数倍。
- CSI-RS 带宽：即 CSI-RS 包含的 RB 数，也必须是 4 的倍数，最小值是 24，最大可以覆盖相应 BWP 全部带宽。

CSI-RS 的时频结构主要由 CSI-RS 端口数、频域密度、CSI-RS 基础结构正交类型和

CSI-RS 基础结构时频位置等参数共同决定，具体参数如表 6-21 所示。

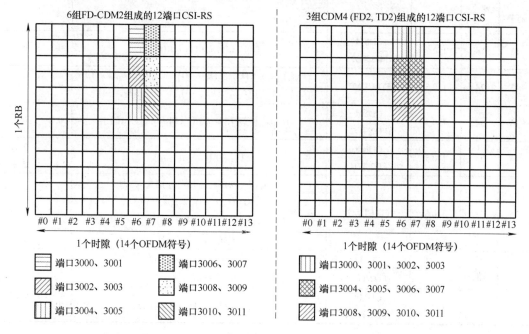

图 6-20　12 端口 CSI-RS 的时频资源结构示意图

表 6-21　CSI-RS 在一个 RB-时隙块内的资源位置

行号	端口数目	密度 ρ	正交结构	$(\bar{k}, \bar{l})$	k'	l'
1	1	3	—	$(k_0, l_0), (k_0+4, l_0), (k_0+8, l_0)$	0	0
2	1	1, 0.5	—	(k_0, l_0)	0	0
3	2	1, 0.5	FD-CDM2	(k_0, l_0)	0, 1	0
4	4	1	FD-CDM2	$(k_0, l_0), (k_0+2, l_0)$	0, 1	0
5	4	1	FD-CDM2	$(k_0, l_0), (k_0, l_0+1)$	0, 1	0
6	8	1	FD-CDM2	$(k_0, l_0), (k_1, l_0), (k_2, l_0), (k_3, l_0)$	0, 1	0
7	8	1	FD-CDM2	$(k_0, l_0), (k_1, l_0), (k_0, l_0+1), (k_1, l_0+1)$	0, 1	0
8	8	1	CDM4 (FD2,TD2)	$(k_0, l_0), (k_1, l_0)$	0, 1	0, 1
9	12	1	FD-CDM2	$(k_0, l_0), (k_1, l_0), (k_2, l_0), (k_3, l_0), (k_4, l_0), (k_5, l_0)$	0, 1	0
10	12	1	CDM4 (FD2,TD2)	$(k_0, l_0), (k_1, l_0), (k_2, l_0)$	0, 1	0, 1
11	16	1, 0.5	FD-CDM2	$(k_0, l_0), (k_1, l_0), (k_2, l_0), (k_3, l_0), (k_0, l_0+1),$ $(k_1, l_0+1), (k_2, l_0+1), (k_3, l_0+1)$	0, 1	0

（续）

行号	端口数目	密度 ρ	正交结构	$(\bar{k},\bar{l})$	k'	l'
12	16	1, 0.5	CDM4 (FD2,TD2)	$(k_0,l_0),(k_1,l_0),(k_2,l_0),(k_3,l_0)$	0, 1	0, 1
13	24	1, 0.5	FD-CDM2	$(k_0,l_0),(k_1,l_0),(k_2,l_0),(k_0,l_0+1),(k_1,l_0+1),(k_2,l_0+1),$ $(k_0,l_1),(k_1,l_1),(k_2,l_1),(k_0,l_1+1),(k_1,l_1+1),(k_2,l_1+1)$	0, 1	0
14	24	1, 0.5	CDM4 (FD2,TD2)	$(k_0,l_0),(k_1,l_0),(k_2,l_0),(k_0,l_1),(k_1,l_1),(k_2,l_1)$	0, 1	0, 1
15	24	1, 0.5	CDM8 (FD2,TD4)	$(k_0,l_0),(k_1,l_0),(k_2,l_0)$	0, 1	0, 1, 2, 3
16	32	1, 0.5	FD-CDM2	$(k_0,l_0),(k_1,l_0),(k_2,l_0),(k_3,l_0),(k_0,l_0+1),$ $(k_1,l_0+1),(k_2,l_0+1),(k_3,l_0+1),(k_0\,l_1)$ $(k_1,l_1),(k_2,l_1),(k_3,l_1),(k_0,l_1+1),(k_1,l_1+1),$ $(k_2,l_1+1),(k_3,l_1+1)$	0, 1	0
17	32	1, 0.5	CDM4 (FD2,TD2)	$(k_0,l_0),(k_1,l_0),(k_2,l_0),(k_3,l_0),(k_0\,l_1),$ $(k_1,l_1),(k_2,l_1),(k_3,l_1)$	0, 1	0, 1
18	32	1, 0.5	CDM8 (FD2,TD4)	$(k_0,l_0),(k_1,l_0),(k_2,l_0),(k_3,l_0)$	0, 1	0, 1, 2, 3

表 6-21 中各项参数的含义如下。

1）天线端口数目：指 CSI-RS 的天线端口数目，包括 $\{1,2,4,8,12,16,24,32\}$。

2）频域密度 ρ：指示 CSI-RS 的频域密度。其中，

- $\rho=0.5$ 表示 CSI-RS 每隔一个 RB 传一次。此时，CSI-RS 配置需要包括 RB 集的信息（奇数 RB 或偶数 RB）以指示 CSI-RS 在哪些 RB 上传输。当端口数为 $\{4,8,12\}$ 时，CSI-RS 频域密度不能配置为 0.5。

- $\rho=1$ 表示 CSI-RS 在每个 RB 上都进行传输。

- $\rho=3$ 仅针对单端口 CSI-RS，表示 CSI-RS 在每个 RB 上占用 3 个子载波，这种频域结构下的 CSI-RS 一般作为追踪参考信号（TRS），用于辅助 UE 跟踪并补偿由于振荡器缺陷等原因引发的时频变化。TRS 是一个包含多个周期性 CSI-RS 的资源集合，每个资源集合中包含 4 个单端口 CSI-RS 资源，它们位于连续两个时隙，同一时隙内有 2 个 CSI-RS（中间间隔 3 个符号），周期可以配置为 $\{10,20,40,80\}$ms。

3）正交结构：指相应多端口 CSI-RS 使用的基础正交结构。如前文所述，多天线端口的频域结构都是由 CSI-RS 基础结构图样构成，该参数指示了相应多天线端口所使用的 CSI-RS 基础结构图样，包括 FD-CDM2、CDM4 (FD2, TD2)和 CDM8 (FD2, TD4)三种。

4）时域与频域资源位置：CSI-RS 占用 RE 的时、频域位置分别用 l 和 k 表示。其中

$l = \overline{l} + l'$，$k = 12n + \overline{k} + k'$。$\overline{l}$ 的取值为 l_0 和 l_1，其中 $l_0 \in \{0,1,2,\ldots,13\}$，具体取值由高层参数 firstOFDMSymbolInTimeDomain 提供；$l_1 \in \{2,3,\ldots,12\}$，具体取值由高层参数 firstOFDMSymbolInTimeDomain2 提供。$\overline{k}$ 的取值包括 $\{k_0,k_1,k_2,\ldots,k_5\}$，$k_i$ 的取值遵从下列规则：

- $[b_3 \ldots b_0]$，$k_{i-1} = f(i)$，仅适用于表 6-21 的第 1 行。
- $[b_{11} \ldots b_0]$，$k_{i-1} = f(i)$，仅适用于表 6-21 的第 2 行。
- $[b_2 \ldots b_0]$，$k_{i-1} = 4f(i)$，仅适用于表 6-21 的第 4 行。
- $[b_5 \ldots b_0]$，$k_{i-1} = 2f(i)$，适用于表 6-21 的其他行。
- 其中比特序列 $[b_j]$ 由高层参数 frequencyDomainAllocation 提供，$f(i)$ 表示序列 $[b_j]$ 中，第 i 个值为 1 的比特的位置（计数从序列 $[b_j]$ 的最低位开始算起），以 $[b_j] = \{1,1,1,0\}$ 为例，此时 $f(i) = \{1,2,3\}$；以 $[b_j] = \{0,1,0,1\}$ 为例，此时 $f(i) = \{0,2\}$。

（3）CSI-RS 传输周期

一个 UE 可以配置 1 个或若干个 CSI-RS 资源集，或称为非零功率 CSI-RS（NZP CSI-RS）资源集，每个资源集内包含 1 个或若干个 CSI-RS。同一个 CSI-RS 资源集中的 CSI-RS 具备相同的周期性配置，具体包括周期传输、半持续传输或非周期传输 3 种类型。

CSI-RS 周期传输中，传输周期和时隙偏移由高层参数 CSI-ResourcePeriodicityAndOffset 进行配置，其中传输周期的具体取值包括 $\{4,5,8,10,16,20,32,40,64,80,160,320,640\}$ 个时隙；时隙偏移指示 CSI-RS 发送的时隙位置，时隙偏移值可以配置为 "0" 至 "传输周期-1" 中的任意一个整数值。以 CSI-RS 的传输周期为 4，时隙偏移为 0 为例，此时 CSI-RS 的时隙位置如图 6-21 所示，CSI-RS 在每个传输周期的第一个时隙进行发送，且在各个发送时隙的符号位置相同。

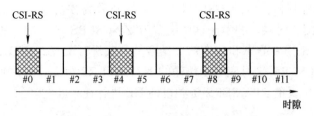

图 6-21　CSI-RS 传输周期和时隙偏移示意图

CSI-RS 半持续传输同周期传输一样，也可配置传输周期和时隙偏移。两者不同之处在于：CSI-RS 半持续传输需要 MAC-CE 进行激活，激活后便与周期传输一样，一直到被显性地去激活后，停止 CSI-RS 的传输。需要说明的是，同一个 CSI-RS 资源集中的 CSI-RS 具备相同的激活与去激活特性。

CSI-RS 非周期传输由 DCI 触发 CSI-RS 的传输。

（4）干扰测量

CSI-RS 可用于干扰测量，包括两种方式：一种方式通过 NZP CSI-RS 进行干扰测量，通过将在 NZP CSI-RS 资源上接收到的信号减去期望的接收信号能量从而获得干扰信号的能量；另一种方式通过信道状态信息干扰测量（CSI-IM）信号进行干扰测量。CSI-IM 有两种时频资源结构，每种结构都包含 4 个 RE，如图 6-22 所示。

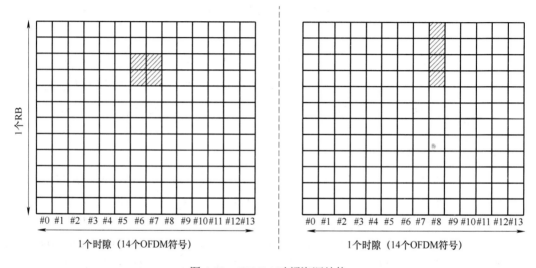

图 6-22　CSI-IM 时频资源结构

CSI-IM 资源同 CSI-RS 一样，也可配置为周期、半周期或非周期传输。一般地，配置了 CSI-IM 资源的相应 RE 上不传输任何当前服务小区的信号，因此，UE 通过对 CSI-IM 的测量便可以获得其他小区对当前服务小区的干扰。

对于这种不传输任何信号的 CSI-IM 资源，又可称为零功率 CSI-RS（ZP CSI-RS）。UE 在进行速率匹配的时候，要考虑这些配置为 ZP-CSI-RS 的资源。为了减少 DCI 信令开销，ZP-CSI-RS 采用半静态和动态信令结合的方式进行配置。gNB 通过半静态地配置多个非周期的 ZP-CSI-RS 来对应可能传输的 NZP-CSI-RS 资源，并通过 DCI 指示 UE 其中的一个或多个预定义的 ZP-CSI-RS 资源以便 UE 进行速率匹配。

6. 下行 PT-RS

PT-RS 用于跟踪由相位噪声引起的相位变化。在 LTE 时代，由于系统频段较低，相位噪声问题不显著，使用 CRS 即可达到相位追踪的目的，因此 LTE 系统没有引入 PT-RS 的必要。但是对于工作频段较高的 5G 系统，由于参考时钟源的倍频次数大幅增加以及器件工艺水平的限制等原因，相位噪声的影响显著增加。如果不能对这种相位变化进行准确的估计，将导致接收信号的 SNR 恶化，直接限制高阶星座调制的使用，严重影响系统容量。为此，5G 系统引入 PT-RS 以及相位估计补偿算法以应对由相位噪声产生的影响。

PT-RS 具有频域稀疏、时域密集的特性，并且只在分配给 PDSCH 的 RB 资源上进行传输，其资源位置不能与 DMRS、NZP/ZP-CSI-RS、SSB、PDCCH 发生冲突。下行 PT-RS 设计与上行基于 CP-OFDM 的 PT-RS 设计类似，相关参数配置在 PTRS-DownlinkConfig 中，具体见 6.2.4 小节的第 5 部分关于上行 PT-RS 的介绍。

6.2.4　上行物理信道与信号

上行物理信道包括 PUSCH、PUCCH 和 PRACH，分别用于承载上行用户数据，上行控制消息，随机接入信息等。上行参考信号主要包括 DMRS、PT-RS 和 SRS。其中上行 DMRS 又分为 PUCCH 的 DMRS 和 PUSCH 的 DMRS。本节主要针对上行物理信道以及上行参考信号进行介绍。

1. PUCCH

PUCCH 用于承载 UCI 的传输，主要包括 CSI、SR 和下行数据的 HARQ-ACK。CSI 主要包括信道质量指示（CQI）、预编码矩阵指示（PMI）和秩指示（RI）等信息，用于 UE 向 gNB 反馈下行信道的信息，以便 gNB 进行后续的调度工作；SR 主要用于 UE 向 gNB 请求上行数据调度；HARQ-ACK 主要用于 UE 向 gNB 反馈下行数据的接收状况。

（1）PUCCH 格式

5G NR 的 PUCCH 共支持 5 种格式，分别为 PUCCH 格式 0～4。其中 PUCCH 格式 0 和 2 由于在时域只支持 1～2 个 OFDM 符号，所以又称为短 PUCCH 格式，通常在 1 个时隙后 1 个或 2 个 OFDM 符号上进行传输，可用于短时延场景下的快速反馈；PUCCH 格式 1、3 和 4，在时域支持 4～14 个 OFDM 符号，称为长 PUCCH 格式，用于提升 PUCCH 的覆盖性能，如表 6-22 所示。

表 6-22　PUCCH 格式

PUCCH 格式	持续符号数	可携带的比特数
0	1～2	≤2
1	4～14	≤2
2	1～2	>2
3	4～14	>2
4	4～14	>2

PUCCH 格式 1、格式 3 和格式 4 可配置时隙内跳频传输，第一个跳频单元传输 $\left\lfloor N_{\text{symb}}^{\text{PUCCH},s}/2 \right\rfloor$ 个 OFDM 符号，第二个跳频单元传输剩余的 $N_{\text{symb}}^{\text{PUCCH},s} - \left\lfloor N_{\text{symb}}^{\text{PUCCH},s}/2 \right\rfloor$ 个 OFDM 符号，其中 $N_{\text{symb}}^{\text{PUCCH},s}$ 表示对应 PUCCH 格式在一个时隙内的总 OFDM 符号数。

NR 与 LTE 关于 PUCCH 设计的最大不同在于短格式的引入，其目的在于对低时延业务的支持，缩短 HARQ-ACK 的反馈时延。例如，如果在一个时隙中同时包含了下行符号和上行符号，则 gNB 可以调度 UE 在同一个时隙内进行下行数据的接收和上行 HARQ-ACK 的反馈。本节将对上述 5 种 PUCCH 格式进行介绍。

1）PUCCH 格式 0 在时域持续 1～2 个符号，在频域占据 1 个 RB。由于 PUCCH 格式 0 最多携带 2 个比特，所以只能用于 SR 和 HARQ-ACK 的传输。

PUCCH 格式 0 的序列 $x(n)$ 根据下列公式生成：

$$x(l \cdot N_{sc}^{RB} + n) = r_{u,v}^{(\alpha,\delta)}(n)$$

$$n = 0, 1, \cdots, N_{sc}^{RB} - 1$$

$$l = \begin{cases} 0, & \text{单符号PUCCH} \\ 0,1, & \text{双符号PUCCH} \end{cases}$$

其中，$\delta = 0$；$N_{sc}^{RB} = 12$，表示 1 个 RB 的子载波数；l 表示相应 PUCCH 资源映射到物理资源上的 RE 所对应的时域符号索引；$r_{u,v}^{(\alpha,\delta)}(n) = e^{j\alpha n}\overline{r}_{u,v}(n)$ 是一个具有低峰均功率比（PAPR）的序列，由循环移位参数 α 和基序列 $\overline{r}_{u,v}(n)$ 共同定义。$\overline{r}_{u,v}(n)$ 分为若干组，$u \in \{0,1,\cdots,29\}$ 表示组序号，v 表示组内的基序列序号，u 和 v 的取值与序列跳频相关，详见 3GPP TS 38.211 的 6.3.2.2 小节。基序列 $\overline{r}_{u,v}(n)$ 的定义与序列长度相关，对于 PUCCH 格式 0，其序列长度为 12，此时 $\overline{r}_{u,v}(n) = e^{j\varphi(n)\pi/4}$，$\varphi(n)$ 的部分取值如表 6-23 所示，详见 3GPP TS 38.211 的 5.2.2.2 小节。

表 6-23　$\varphi(n)$ 的定义（序列长度为 12 时）

u	$\varphi(0)$	$\varphi(1)$	$\varphi(2)$	$\varphi(3)$	$\varphi(4)$	$\varphi(5)$	$\varphi(6)$	$\varphi(7)$	$\varphi(8)$	$\varphi(9)$	$\varphi(10)$	$\varphi(11)$
0	−3	1	−3	−3	−3	3	−3	−1	1	1	1	−3
1	−3	3	1	−3	1	3	−1	−1	1	3	3	3
2	−3	3	3	1	−3	3	−1	1	3	−3	3	−3
3	−3	−3	−1	3	3	3	−3	3	−3	1	−1	−3
…	…	…	…	…	…	…	…	…	…	…	…	…
26	−1	1	3	−3	1	−1	1	−1	−1	−3	1	−1
27	−3	−3	3	3	3	−3	−1	1	−3	3	1	−3
28	1	−1	3	−1	−1	−1	−1	1	1	3	−3	1
29	−3	3	−3	3	−3	−3	3	−1	−1	1	3	−3

PUCCH 格式 0 采用序列选择的方式来传输信息比特。一方面原因在于它传输的比特数很少，因此只需要比对较少的候选序列即可以检测出传输序列，从而获得传输消息；另一方面原因在于采用序列选择的方式可以保证上行信息传输的单载波特性，从而可以降低 PAPR，提升覆盖性能。

从 PUCCH 格式 0 的序列生成方式可以看出，待传输序列通过对长度为 12 的基序列进行相位旋转产生，同一个基序列定义了 12 种不同的相移参数，从而可以生成 12 个正交的序列。考虑到 PUCCH 格式 0 最多传递 2 比特信息，换言之，理论上只需要 4 个正交序列就已足够，剩余的正交序列可供其他的 UE 使用，从而使得不同的 UE 可以复用相同的物理资源进行上行控制信息的传输。

2）PUCCH 格式 1 在时域持续 4～14 个符号，在频域占据 1 个 RB，最多携带 2 个比特。PUCCH 格式 1 除了需要传输 UCI，还需要传输 DMRS 用于相干接收。UCI 和 DMRS 所占的符号数的分配实际上是信道估计准确度与有效信息能量之间的权衡。PUCCH 格式 1 的 UCI 和 DMRS 在时域上间隔放置，它们所占的符号基本是均分的，并且它们采用相同的序列生成方式。它们的不同在于待传输的 DMRS 不用经过调制，而待传输的 UCI 信息需要经过相应的调制。当 UCI 比特数为 1 时，采用 BPSK 调制；比特数为 2 时，采用 QPSK 调制。

PUCCH 格式 1 的序列 $y(n)$ 根据下列公式生成：

$$y(n) = d(0) \cdot r_{u,v}^{(\alpha,\delta)}(n)$$
$$n = 0,1,\cdots,N_{sc}^{RB} - 1$$

其中，$d(0)$ 表示调制后的复符号；$r_{u,v}^{(\alpha,\delta)}(n)$ 序列与 PUCCH 格式 0 中的 $r_{u,v}^{(\alpha,\delta)}(n)$ 序列采用相同的生成方式。得到 $y(n)$ 后，还需要对 $y(n)$ 序列进行逐块扩展处理：

$$z\left(m'N_{sc}^{RB}N_{SF,0}^{PUCCH,1} + mN_{sc}^{RB} + n\right) = w_i(m) \cdot y(n)$$
$$n = 0,1,\cdots,N_{sc}^{RB} - 1$$
$$m = 0,1,\cdots,N_{SF,m'}^{PUCCH,1} - 1$$
$$m' = \begin{cases} 0, & \text{无时隙内跳频} \\ 0,1, & \text{有时隙内跳频} \end{cases}$$

其中，$N_{SF,m'}^{PUCCH,1}$ 表示第 $(m'+1)$ 个跳频块对应的正交序列长度，具体取值如表 6-24 所示；$w_i(m) = e^{j2\pi\varphi(m)/N_{SF,m'}^{PUCCH,1}}$ 表示正交序列，i 表示使用的正交序列的序号，$\varphi(m)$ 的取值如表 6-25 所示。

表 6-24　PUCCH 时域符号数与对应的正交序列长度 $N_{SF,m'}^{PUCCH,1}$

PUCCH 时域符号数	$N_{SF,m'}^{PUCCH,1}$		
	无时隙内跳频	时隙内跳频	
	$m'=0$	$m'=0$	$m'=1$
4	2	1	1
5	2	1	1
6	3	1	2
7	3	1	2
8	4	2	2

（续）

PUCCH 时域符号数	$N_{\text{SF},m'}^{\text{PUCCH},1}$		
	无时隙内跳频	时隙内跳频	
	$m' = 0$	$m' = 0$	$m' = 1$
9	4	2	2
10	5	2	3
11	5	2	3
12	6	3	3
13	6	3	3
14	7	3	4

表 6-25　不同 $N_{\text{SF},m'}^{\text{PUCCH},1}$ 下 $\varphi(m)$ 的取值

$N_{\text{SF},m'}^{\text{PUCCH},1}$	$\varphi(m)$						
	$i = 0$	$i = 1$	$i = 2$	$i = 3$	$i = 4$	$i = 5$	$i = 6$
1	[0]	—	—	—	—	—	—
2	[0,0]	[0,1]	—	—	—	—	—
3	[0,0,0]	[0,1,2]	[0,2,1]	—	—	—	—
4	[0,0,0,0]	[0,2,0,2]	[0,0,2,2]	[0,2,2,0]	—	—	—
5	[0,0,0,0,0]	[0,1,2,3,4]	[0,2,4,1,3]	[0,3,1,4,2]	[0,4,3,2,1]	—	—
6	[0,0,0,0,0,0]	[0,1,2,3,4,5]	[0,2,4,0,2,4]	[0,3,0,3,0,3]	[0,4,2,0,4,2]	[0,5,4,3,2,1]	—
7	[0,0,0,0,0,0,0]	[0,1,2,3,4,5,6]	[0,2,4,6,1,3,5]	[0,3,6,2,5,1,4]	[0,4,1,5,2,6,3]	[0,5,3,1,6,4,2]	[0,6,5,4,3,2,1]

　　PUCCH 格式 1 的复用能力与其时域持续的符号数及跳频配置相关。PUCCH 格式 1 在时域持续的符号数决定了相应正交序列的最大长度，当采用时隙内跳频时，正交序列被拆分成两个长度相近的短序列，序列总长度保持不变。通过引入正交序列，使用相同的基序列以及相位偏移的多个 UE 可以通过不同的正交码进行区分，因此可以有效地增加多 UE 场景下的复用容量。

　　3）PUCCH 格式 2 在时域持续 1～2 个符号，在频域占据 1～16 个 RB，可携带多于 2 个比特，因此可用于传输 CSI 信息或者联合传输多个 HARQ-ACK。

　　PUCCH 格式 2 待传输的信息在调制前首先需要进行扰码，假设待传输的比特序列为 $\{b(0),\cdots,b(M_{\text{bit}}-1)\}$，其中，$M_{\text{bit}}$ 为总比特数，经过扰码后的比特序列 $\{\tilde{b}(0),\cdots,\tilde{b}(M_{\text{bit}}-1)\}$ 根据下述公式获得：

$$\tilde{b}(i) = (b(i) + c(i)) \bmod 2$$

其中，扰码序列 $c(i)$ 的生成详见本章 6.2.2 小节，扰码序列生成器的初始化序列为：

$$c_{init} = n_{RNTI} \cdot 2^{15} + n_{ID}$$

其中，n_{RNTI} 为 RNTI 的值；n_{ID} 的值可由高层参数 dataScramblingIdentityPUSCH 配置，取值范围为 $\{0,1,\cdots,1023\}$，如果未配置该参数，则 n_{ID} 的值等于小区 ID。

扰码完成后，需对加扰序列进行 QPSK 调制，生成复调制符号序列 $d(0),\cdots,d(M_{symb}-1)$，其中 $M_{symb} = M_{bit}/2$。最后，将 QPSK 符号映射到相应的物理资源上进行传输。PUCCH 格式 2 使用的 RB 数由有效载荷以及配置的最大码率共同决定，最大不超过 16 个 RB。

PUCCH 格式 2 的 UCI 和 DMRS 采用频分复用的方式进行传输，其中 DMRS 在频域每隔两个 UCI 出现一次，共占用 1/3 的符号数。

4）PUCCH 格式 3 在时域持续 4～14 个符号，在频域可占据最多个 16 个 RB，可用于多于 2 比特的 UCI 传输。更具体的，PUCCH 格式 3 在频域可占据的 RB 数为 $M_{RB}^{PUCCH,3} = 2^{\alpha_2} \cdot 3^{\alpha_3} \cdot 5^{\alpha_5}$，其中 α_2、α_3、α_5 为一组非负整数，由于 $M_{RB}^{PUCCH,3} \leqslant 16$，因此 $M_{RB}^{PUCCH,3}$ 可取的值包括 $\{1,2,3,4,5,6,8,9,10,12,15,16\}$。

PUCCH 格式 3 采用与 PUCCH 格式 2 相同的扰码方式对待传输的信息进行加扰，加扰后经由 QPSK 或 $\pi/2$-BPSK 进行调制，调制后的序列不经过扩频处理，直接映射到对应的物理资源上。因此 PUCCH 格式 3 不具备码分复用能力，主要用于单用户大负载情况下的控制信息传输。

5）PUCCH 格式 4 在时域持续 4～14 个符号，在频域占用 1 个 RB，可用于多于 2 比特的 UCI 传输。

PUCCH 格式 4 在本质上与 PUCCH 格式 3 相同，它们采用相同的加扰和调制方式，主要不同在它具备码分复用能力。另外，由于在频域只占据 1 个 RB，因此 PUCCH 格式 4 能承载的比特数量要远小于 PUCCH 格式 3，主要用于多用户的控制信息传输。

PUCCH 格式 4 的控制信息在经过调制后得到复调制符号序列 $d(0),\cdots,d(M_{symb}-1)$，之后经过逐块扩展得到符号序列 $y(n)$：

$$y\left(lM_{sc}^{PUCCH,4}+k\right) = w_n(k) \cdot d\left(l\frac{M_{sc}^{PUCCH,4}}{N_{SF}^{PUCCH,4}} + k \bmod \frac{M_{sc}^{PUCCH,4}}{N_{SF}^{PUCCH,4}}\right)$$

$$k = 0,1,\cdots,M_{sc}^{PUCCH,4}-1,$$

$$l = 0,1,\cdots,\left(N_{SF}^{PUCCH,4}M_{symb}/M_{sc}^{PUCCH,4}-1\right)$$

其中，$M_{sc}^{PUCCH,4} = 12$ 表示 PUCCH 格式 4 在频域占用的子载波数量；$N_{SF}^{PUCCH,4}$ 表示 PUCCH 格式 4 的复用能力，可配置为 2 或 4，表示在相同的资源块上最大支持的复用 UE 数为 2 或 4；$w_n(k)$ 为正交序列，如表 6-26 和表 6-27 所示。最后，还要对符号序列 $y(n)$ 进行发送预编码处理，以得到最终的发射信号。

表 6-26　$N_{SF}^{PUCCH,4}=2$ 时 PUCCH 格式 4 使用的正交序列 w_n

n	w_n
0	[+1　+1　+1　+1　+1　+1　+1　+1　+1　+1　+1　+1]
1	[+1　+1　+1　+1　+1　+1　−1　−1　−1　−1　−1　−1]

表 6-27　$N_{SF}^{PUCCH,4}=4$ 时 PUCCH 格式 4 使用的正交序列 w_n

n	w_n
0	[+1　+1　+1　+1　+1　+1　+1　+1　+1　+1　+1　+1]
1	[+1　+1　+1　−j　−j　−j　−1　−1　−1　+j　+j　+j]
2	[+1　+1　+1　−1　−1　−1　+1　+1　+1　−1　−1　−1]
3	[+1　+1　+1　+j　+j　+j　−1　−1　−1　−j　−j　−j]

6）UE 在传输 UCI 时，通过下列准则判断需要使用的 PUCCH 格式：

- 如果传输持续 1 个或 2 个符号，并且 HARQ-ACK/SR 比特数为 1 或 2，则采用 PUCCH 格式 0。
- 如果传输持续 4 个或更多的符号，并且 HARQ-ACK/SR 比特数为 1 或 2，则采用 PUCCH 格式 1。
- 如果传输持续 1 个或 2 个符号，并且 UCI 比特数多于 2 个，则采用 PUCCH 格式 2。
- 如果传输持续 4 个或更多的符号，UCI 比特数多于 2 个，并且 PUCCH 资源不包含正交覆盖码，则采用 PUCCH 格式 3。
- 如果传输持续 4 个或更多的符号，UCI 比特数多于 2 个，并且 PUCCH 资源包含正交覆盖码，则采用 PUCCH 格式 4。

（2）PUCCH 传输资源配置

在 UE 与 gNB 建立 RRC 连接之前，gNB 无法为 UE 配置专用的 PUCCH 资源。此时，UE 只能使用 gNB 预定义的公共 PUCCH 资源进行上行控制消息的传输，相应资源由高层参数 pucch-ResourceCommon 指示。pucch-ResourceCommon 作为一个行索引，指向预定义的 PUCCH 资源集合表格中的一行，该资源集包含 16 个 PUCCH 资源，每个 PUCCH 资源包含一系列参数，包括 PUCCH 格式、起始 OFDM 符号位置、持续时间、PRB 偏移以及循环移位索引集等，具体如表 6-28 所示。

表 6-28　配置专用 PUCCH 资源前的公共 PUCCH 资源集信息

索引	PUCCH 格式	起始符号位置	持续符号数	PRB 偏移	初始循环移位索引集
0	0	12	2	0	{0, 3}
1	0	12	2	0	{0, 4, 8}
2	0	12	2	3	{0, 4, 8}
3	1	10	4	0	{0, 6}

（续）

索引	PUCCH 格式	起始符号位置	持续符号数	PRB 偏移	初始循环移位索引集
4	1	10	4	0	{0, 3, 6, 9}
5	1	10	4	2	{0, 3, 6, 9}
6	1	10	4	4	{0, 3, 6, 9}
7	1	4	10	0	{0, 6}
8	1	4	10	0	{0, 3, 6, 9}
9	1	4	10	2	{0, 3, 6, 9}
10	1	4	10	4	{0, 3, 6, 9}
11	1	0	14	0	{0, 6}
12	1	0	14	0	{0, 3, 6, 9}
13	1	0	14	2	{0, 3, 6, 9}
14	1	0	14	4	{0, 3, 6, 9}
15	1	0	14	$\left\lfloor N_{\text{BWP}}^{\text{size}}/4 \right\rfloor$	{0, 3, 6, 9}

　　由于此时 RRC 连接尚未建立，UE 需要传输的上行控制信息比较单一，仅需传输 1～2 比特的应答信息。因此，这些预定义的 PUCCH 资源均使用格式 0 或格式 1。

　　在 UE 与 gNB 建立 RRC 连接之后，gNB 可以通过 RRC 信令为 UE 配置 1～4 个 PUCCH 资源集合，每个资源集都配置下述参数：①PUCCH 资源集索引；②PUCCH 资源集内的 PUCCH 资源索引；③每个 PUCCH 资源能传输的最大 UCI 比特数。同时，每个 PUCCH 资源配置下述参数：①PUCCH 资源索引；②第一个 PRB 的索引；③跳频后第一个 PRB 的索引；④时隙内跳频指示；⑤PUCCH 格式配置。除上述参数之外，不同的 PUCCH 格式还配置了不同的其他参数：

- PUCCH 格式 0：配置初始循环移位索引，PUCCH 传输符号数和 PUCCH 传输起始符号索引。
- PUCCH 格式 1：配置初始循环移位索引，PUCCH 传输符号数和 PUCCH 传输起始符号索引，以及正交覆盖码索引。
- PUCCH 格式 2 和格式 3：配置占用的 PRB 数，PUCCH 传输符号数和 PUCCH 传输起始符号索引。
- PUCCH 格式 4：配置 PUCCH 传输符号数，正交覆盖码的长度，正交覆盖码索引和 PUCCH 传输起始符号索引。

　　理论上来说，gNB 可以为每个 UE 配置独享的 PUCCH 资源以保证上行传输质量，但这会造成大量的 PUCCH 开销。为了降低 PUCCH 开销，通常每个 PUCCH 资源都可被多个 UE 的 PUCCH 资源集共享。在 gNB 配置的资源集合中，第一个 PUCCH 资源集比较特殊，它所包含的 PUCCH 资源专门用于传输应答信息，因此最大传输 2 比特的 UCI。由于应答信息非常重要，为了避免第一个 PUCCH 资源集内的 PUCCH 资源被全部占用的情况，标准规定第一个 PUCCH 资源集最多可配置 32 个 PUCCH 资源，其他的 PUCCH 资源集最多可配置 8 个 PUCCH 资源。

如果 UE 要传输 O_{UCI} 比特的 UCI，则 UE 通过下述方式决定所使用的 PUCCH 资源集合：

- 如果 $O_{UCI} \leqslant 2$，则使用索引号为 0 的 PUCCH 资源集。相应的 UCI 包含 1 个或 2 个 HARQ-ACK 信息比特和/或 1 个 SR 信息。
- 如果 $2 < O_{UCI} \leqslant N_2$，则使用索引号为 1 的 PUCCH 资源集。其中 N_2 由索引号为 1 的 PUCCH 资源集中的高层参数 maxPayloadMinus1 提供，如果未配置该参数，则 $N_2 = 1706$。
- 如果 $N_2 < O_{UCI} \leqslant N_3$，则使用索引号为 2 的 PUCCH 资源集。其中 N_3 由索引号为 2 的 PUCCH 资源集中的高层参数 maxPayloadMinus1 提供，如果未配置该参数，则 $N_3 = 1706$。
- 如果 $N_3 < O_{UCI} \leqslant 1706$，则使用索引号为 3 的 PUCCH 资源集。

（3）PUCCH 上 UCI 的传输

PUCCH 上传输的 UCI 类型包括 HARQ-ACK 信息，SR 以及 CSI。UE 在一个时隙内可以传输 1 个或 2 个 PUCCH。根据目前的 3GPP 标准，如果 UE 在一个时隙内传输了 2 个 PUCCH，则其中至少有 1 个 PUCCH 使用短格式，即 PUCCH 格式 0 或格式 2。

1）HARQ-ACK 的传输：UE 在一个时隙内最多传输 1 个携带 HARQ-ACK 信息的 PUCCH。如果 UE 检测到 DCI 1_0 或 DCI 1_1 信息，且相应 DCI 调度了结束于时隙 n 的 PDSCH 接收，则 UE 在时隙 $n+k$ 传输携带相应 HARQ-ACK 信息的 PUCCH。k 由 DCI 中的信息域"PDSCH-HARQ 反馈时间索引"进行指示。对于 DCI 1_0，"PDSCH-HARQ 反馈时间索引"包含 3 个比特，具体取值为 $\{1,2,3,\cdots,8\}$。对于 DCI 1_1，"PDSCH-HARQ 反馈时间索引"包含 1~3 个比特，具体取值如表 6-29 所示。如果相应 DCI 中缺失"PDSCH-HARQ 反馈时间索引"信息域，则 k 的值由高层参数 dl-DataToUL-ACK 指示。

表 6-29　PDSCH-HARQ 反馈时间索引与映射值

PDSCH-HARQ 反馈时间索引			映射值
1 比特	2 比特	3 比特	
'0'	'00'	'000'	高层参数 dl-DataToUL-ACK 指示的第 1 个值
'1'	'01'	'001'	高层参数 dl-DataToUL-ACK 指示的第 2 个值
	'10'	'010'	高层参数 dl-DataToUL-ACK 指示的第 3 个值
	'11'	'011'	高层参数 dl-DataToUL-ACK 指示的第 4 个值
		'100'	高层参数 dl-DataToUL-ACK 指示的第 5 个值
		'101'	高层参数 dl-DataToUL-ACK 指示的第 6 个值
		'110'	高层参数 dl-DataToUL-ACK 指示的第 7 个值
		'111'	高层参数 dl-DataToUL-ACK 指示的第 8 个值

对于携带 HARQ-ACK 信息的 PUCCH 传输，UE 根据 HARQ-ACK 信息的比特数可

以确定使用的 PUCCH 资源集合，之后通过相应 DCI 的"PUCCH 资源指示"信息域确定使用的 PUCCH 资源。"PUCCH 资源指示"信息域的值与 PUCCH 资源索引的映射关系如表 6-30 所示。需要说明的是，第 1 个 PUCCH 资源集可以包含多于 8 个 PUCCH 资源，此时 PUCCH 资源索引 r_{PUCCH} 根据下述公式获得。

$$r_{\mathrm{PUCCH}} = \begin{cases} \left\lfloor \dfrac{n_{\mathrm{CCE},p} \cdot \lceil R_{\mathrm{PUCCH}}/8 \rceil}{N_{\mathrm{CCE},p}} \right\rfloor + \Delta_{\mathrm{PRI}} \cdot \left\lceil \dfrac{R_{\mathrm{PUCCH}}}{8} \right\rceil, & \text{如果} \Delta_{\mathrm{PRI}} < R_{\mathrm{PUCCH}} \bmod 8 \\[4mm] \left\lfloor \dfrac{n_{\mathrm{CCE},p} \cdot \lceil R_{\mathrm{PUCCH}}/8 \rceil}{N_{\mathrm{CCE},p}} \right\rfloor + \Delta_{\mathrm{PRI}} \cdot \left\lceil \dfrac{R_{\mathrm{PUCCH}}}{8} \right\rceil + R_{\mathrm{PUCCH}} \bmod 8, & \text{其他情况} \end{cases}$$

其中，$N_{\mathrm{CCE},p}$ 表示承载相应 PDCCH 的 CORESET p 中的 CCE 数目；$n_{\mathrm{CCE},p}$ 表示相应 PDCCH 的起始 CCE 的索引；Δ_{PRI} 表示相应 DCI 的"PUCCH 资源指示"信息域的值；R_{PUCCH} 表示 resourceList 的大小。

表 6-30 "PUCCH 资源指示"信息域与 PUCCH 资源集中的 PUCCH 资源索引的映射关系

"PUCCH 资源指示"信息域	PUCCH 资源
'000'	第 1 个 PUCCH 资源，相应的 pucch-ResourceId 由 resourceList 的第 1 个值指示
'001'	第 2 个 PUCCH 资源，相应的 pucch-ResourceId 由 resourceList 的第 2 个值指示
'010'	第 3 个 PUCCH 资源，相应的 pucch-ResourceId 由 resourceList 的第 3 个值指示
'011'	第 4 个 PUCCH 资源，相应的 pucch-ResourceId 由 resourceList 的第 4 个值指示
'100'	第 5 个 PUCCH 资源，相应的 pucch-ResourceId 由 resourceList 的第 5 个值指示
'101'	第 6 个 PUCCH 资源，相应的 pucch-ResourceId 由 resourceList 的第 6 个值指示
'110'	第 7 个 PUCCH 资源，相应的 pucch-ResourceId 由 resourceList 的第 7 个值指示
'111'	第 8 个 PUCCH 资源，相应的 pucch-ResourceId 由 resourceList 的第 8 个值指示

另外，如果 UE 先后检测到了 2 个 DCI，并且都需要传输 HARQ-ACK 信息，则第 2 个 DCI 调度的 HARQ-ACK 传输不会早于第 1 个 DCI 调度的 HARQ-ACK 传输。

2）SR 的传输：UE 可以使用 PUCCH 格式 0 或者 PUCCH 格式 1 传输 SR 信息，由高层参数 SchedulingRequestResourceConfig 配置相应的 SR 信息，具体包括：

- PUCCH 资源：由 SchedulingRequestResourceId 配置。
- SR 周期及偏移信息：由 periodicityAndOffset 配置。SR 的周期可配置为符号级或时隙级，其中符号级周期可配置为 2 个符号或者 6（7）个符号，只有在子载波间隔为 60kHz 并且采用了扩展循环前缀时，周期才可配置为 6 个符号。对于符号级的周期配置，UE 假设时隙偏移量为 0；时隙级周期可配置为{1,2,4,5,8,10,16,20,40,80,160,230,640}个时隙，具体可选的周期配置还与子载波间隔有关，在此不做详述。

UE 在发送 SR 的时候可能会遇到如下情况：当前时隙可用的符号数不足以完成此次 PUCCH 的传输。此时，UE 在该时隙不进行相应的 PUCCH 传输。

3）多个 UCI 的传输：当 UE 需要发送多个 UCI 时，这些 UCI 的时、频域资源可能会位于同一个时隙，甚至可能会有交叠。针对这一情况，NR 标准专门规定了 UE 侧行为以及 UCI 的复用方式。

多个 CSI 的传输：如果 UE 在一个时隙内被配置了多个 PUCCH 资源用于 CSI 报告的传输，用户按照下述方式进行处理：

- 如果 gNB 没有为 UE 配置高层参数 multi-CSI-PUCCH-ResourceList 或者用于 CSI 上报的 PUCCH 资源没有在一个时隙内发生交叠，则 UE 在该时隙内最多传输 2 个具有最高优先级的 CSI 报告。更具体地，UE 首先确定 1 个具有最高优先级的 CSI 报告以及其对应的 PUCCH 资源，根据该 PUCCH 资源中 PUCCH 格式的不同，UE 行为也有所不同：如果该 PUCCH 资源包含 PUCCH 格式 2，并且相应时隙内存在不与该 PUCCH 资源交叠的其他 PUCCH 资源，则 UE 从这些剩余 PUCCH 资源中选择具有最高优先级的 CSI 报告作为该时隙上报的第 2 个 CSI 报告；如果该 PUCCH 资源包含 PUCCH 格式 3 或格式 4，并且相应时隙内存在不与该 PUCCH 资源交叠的其他 PUCCH 资源，且这些 PUCCH 资源包含 PUCCH 格式 2，则 UE 从这些剩余 PUCCH 资源中选择具有最高优先级的 CSI 报告作为该时隙上报的第 2 个 CSI 报告。

- 如果 gNB 为 UE 配置了高层参数 multi-CSI-PUCCH-ResourceList，并且任意 PUCCH 之间的资源有交叠，则 UE 将 multi-CSI-PUCCH-ResourceList 中所有资源对应的 CSI 报告复用到一个 PUCCH 资源中进行传输。

HARQ-ACK 与 CSI 的复用传输：如果 gNB 为 UE 配置了高层参数 simultaneousHARQ-ACK-CSI，则 UE 可以将 HARQ-ACK 以及 CSI 报告复用在一个 PUCCH 资源内进行传输；否则，UE 丢弃 CSI 报告，只传输 HARQ-ACK 信息。

HARQ-ACK 与 SR 的复用传输：假设 UE 被配置在 1 个时隙内传输 K 个 PUCCH，对应携带 K 个 SR 信息，并且 SR 与 HARQ-ACK 的传输资源有交叠。此时，HARQ-ACK 与 SR 的复用方式与承载 HARQ-ACK 以及 SR 的 PUCCH 格式有关：

- 如果 HARQ-ACK 和 SR 都通过 PUCCH 格式 0 承载，则 UE 可以在一个 PUCCH 资源中传输 1 个 SR 以及最多 2 比特的 HARQ-ACK 信息。SR 的取值不同时，HARQ-ACK 的循环移位参数不同。

- 如果 HARQ-ACK 通过 PUCCH 格式 1 承载，SR 通过 PUCCH 格式 0 承载，则 UE 只在相应 PUCCH 资源上传输 HARQ-ACK 信息，采用 PUCCH 格式 1。

- 如果 HARQ-ACK 和 SR 通过 PUCCH 格式 1 承载，则根据 SR 的取值不同，UE 侧会有不同的行为。当 UE 需要在一个时隙的第一个 PUCCH 资源上传输肯定的 SR 信息（positive SR），在第二个 PUCCH 资源传输至多 2 比特的 HARQ-ACK 信息时，UE 在第一个 PUCCH 资源中复用传输 HARQ-ACK 信息和 SR 信息；当 UE 需要在一个时隙内的 2 个 PUCCH 资源上分别传输否定的 SR 信息（negative SR）

和至多 2 比特的 HARQ-ACK 信息时，则相应 HARQ-ACK 在其自身所对应的 PUCCH 资源上发送。

- 如果 HARQ-ACK 通过 PUCCH 格式 2/3/4 承载，则 UE 将 SR 信息复用在 HARQ-ACK 所对应的 PUCCH 资源上进行传输，此时 UCI 的比特总数为：$O_{UCI} = O_{ACK} + \lceil \log_2(K+1) \rceil$，其中 O_{ACK} 表示 HARQ-ACK 的信息比特数，$\lceil \log_2(K+1) \rceil$ 表示反馈 K 个 SR 状态所需要的比特数。根据 NR 标准规定，当 SR 资源与其他资源发生冲突时，这 K 个 SR 只能有 1 个 positive SR，再加上所有 SR 均为 negative SR 的情况，总共有 $K+1$ 种可能，因此共需 $\lceil \log_2(K+1) \rceil$ 比特指示。

CSI 与 SR 的复用传输：假设 UE 被配置在 1 个时隙内传输 K 个 PUCCH，对应携带 K 个 SR 信息，并且 SR 与 CSI 的传输资源有交叠。此时，UE 将 SR 信息比特与 CSI 信息比特合并，使用 CSI 所对应的 PUCCH 资源传输合并后的信息。如果用 O_{CSI} 表示 CSI 报告的比特数，则总的传输比特为 $O_{UCI} = \lceil \log_2(K+1) \rceil + O_{CSI}$。

（4）PUSCH 上 UCI 的传输

与 PUCCH 不同，PUSCH 上传输的 UCI 类型仅包含 HARQ-ACK 和 CSI，不包含 SR。主要有两方面原因，一方面 UE 已经被调度进行 PUSCH 传输了，不需要再去请求上行调度授权；另一方面，UE 上报的缓存状态报告中可以体现出 UE 是否还有需要传输的上行数据。因此，UE 不需要在 PUSCH 上传输 SR 信息。

PUSCH 上的 UCI 传输主要是为了解决上行数据信息和控制信息同时传输的问题。直观来看，UE 可以在 PUSCH 上传输数据信息，同时在 PUCCH 上传输控制信息，在频域上将两者区分开来，从而实现数据和控制消息的同时传输。但是这种方式会带来一些问题，比如会对 UE 的射频部分带来挑战。在进行 PUSCH 和 PUCCH 同时传输时，UE 可能很难满足带外发送需求等射频指标。因此，当 PUSCH 和 PUCCH 在时域发生交叠时，可以将 UCI 信息放在 PUSCH 上发送以避免上述问题。

为了实现 PUSCH 上的 UCI 复用传输，NR 标准定义了一个偏移值以便 UE 确定 UCI 传输所使用的资源。gNB 可以通过 DCI 中的"beta_offset 指示"信息域或者高层参数 betaOffsets 将偏移值信息传输给 UE。

如果 DCI 0_0 或 DCI 0_1 在调度 UE 进行 PUSCH 传输时，"beta_offset 指示"信息域的值缺失，并且 gNB 配置给 UE 的高层参数 betaOffsets 的值为'semiStatic'，则 UE 使用 $\beta_{offset}^{HARQ-ACK}$、$\beta_{offset}^{CSI-1}$ 和 β_{offset}^{CSI-2} 分别作为 HARQ-ACK 报告、Part1 CSI 报告和 Part2 CSI 报告的偏移值。其中 $\beta_{offset}^{HARQ-ACK}$ 的值如表 6-31 所示，表中 $I_{offset,0}^{HARQ-ACK}$、$I_{offset,1}^{HARQ-ACK}$ 和 $I_{offset,2}^{HARQ-ACK}$ 分别对应 HARQ-ACK 的信息比特数为 2、2～11 以及大于 11 三种情况，分别由高层参数 betaOffsetACK-Index1，betaOffsetACK-Index2 和 betaOffsetACK-Index3 指示。β_{offset}^{CSI-1} 和 β_{offset}^{CSI-2} 的值如表 6-32 所示，表中 $I_{offset,0}^{CSI-1}$ 和 $I_{offset,0}^{CSI-2}$ 对应 Part1 CSI 报告或 Part2 CSI 报告的比特数小于等于 11 的情况，分别由高层参数 betaOffsetCSI-Part1-Index1 和 betaOffsetCSI-

Part2-Index1 指示；表中 $I_{offset,1}^{CSI-1}$ 和 $I_{offset,1}^{CSI-2}$ 对应 Part1 CSI 报告或 Part2 CSI 报告的比特数大于 11 的情况，分别由高层参数 betaOffsetCSI-Part1-Index2 和 betaOffsetCSI-Part2-Index2 指示。

表 6-31　HARQ-ACK 偏移值映射表

$I_{offset,0}^{HARQ-ACK}$ 或 $I_{offset,1}^{HARQ-ACK}$ 或 $I_{offset,2}^{HARQ-ACK}$	$\beta_{offset}^{HARQ-ACK}$	$I_{offset,0}^{HARQ-ACK}$ 或 $I_{offset,1}^{HARQ-ACK}$ 或 $I_{offset,2}^{HARQ-ACK}$	$\beta_{offset}^{HARQ-ACK}$
0	1.000	9	12.625
1	2.000	10	15.875
2	2.500	11	20.000
3	3.125	12	31.000
4	4.000	13	50.000
5	5.000	14	80.000
6	6.250	15	126.000
7	8.000	16～31	保留
8	10.000		

表 6-32　CSI 偏移值映射表

$I_{offset,0}^{CSI-1}$ 或 $I_{offset,1}^{CSI-1}$　$I_{offset,0}^{CSI-2}$ 或 $I_{offset,1}^{CSI-2}$	β_{offset}^{CSI-1}　β_{offset}^{CSI-2}	$I_{offset,0}^{CSI-1}$ 或 $I_{offset,1}^{CSI-1}$　$I_{offset,0}^{CSI-2}$ 或 $I_{offset,1}^{CSI-2}$	β_{offset}^{CSI-1}　β_{offset}^{CSI-2}
0	1.125	10	3.500
1	1.250	11	4.000
2	1.375	12	5.000
3	1.625	13	6.250
4	1.750	14	8.000
5	2.000	15	10.000
6	2.250	16	12.625
7	2.500	17	15.875
8	2.875	18	20.000
9	3.125	19～31	保留

　　如果 DCI 0_1 在调度 UE 进行 PUSCH 传输时，包含了"beta_offset 指示"信息域，则 gNB 同时会为 UE 配置 3 组 $\beta_{offset}^{HARQ-ACK}$、$\beta_{offset}^{CSI-1}$ 和 β_{offset}^{CSI-2} 参数，每组参数包含 4 种取值。UE 根据相应 DCI 中的"beta_offset 指示"信息域的值，从表 6-33 中映射得到 $\beta_{offset}^{HARQ-ACK}$、$\beta_{offset}^{CSI-1}$ 和 β_{offset}^{CSI-2} 的具体取值。

表 6-33　"beta_offset 指示"信息域映射表

"beta_offset 指示"信息域	$\left(I_{\text{offset},0}^{\text{HARQ-ACK}} \text{或} I_{\text{offset},1}^{\text{HARQ-ACK}} \text{或} I_{\text{offset},2}^{\text{HARQ-ACK}}\right)$, $\left(I_{\text{offset},0}^{\text{CSI-1}} \text{或} I_{\text{offset},0}^{\text{CSI-2}}\right)$, $\left(I_{\text{offset},1}^{\text{CSI-1}} \text{或} I_{\text{offset},1}^{\text{CSI-2}}\right)$
'00'	相应高层参数指示的第 1 个偏移值
'01'	相应高层参数指示的第 2 个偏移值
'10'	相应高层参数指示的第 3 个偏移值
'11'	相应高层参数指示的第 4 个偏移值

（5）PUCCH 的重复发送

NR 标准支持 PUCCH 格式 1、格式 3 和格式 4 的重复发送，gNB 可以通过高层信令 nrofSlots 配置用于 PUCCH 重复发送的时隙数目 $N_{\text{PUCCH}}^{\text{repeat}}$。

当 $N_{\text{PUCCH}}^{\text{repeat}} > 1$ 时，UE 在 $N_{\text{PUCCH}}^{\text{repeat}}$ 个时隙上重复发送携带 UCI 的 PUCCH。此时，每个重复发送的 PUCCH 的连续符号数目，起始符号位置均相同，具体由相应 PUCCH 格式相关的高层参数指示。在进行 PUCCH 的重复发送时，可能会有某个时隙没有足够的可用符号供 PUCCH 传输，此时 UE 不在该时隙发送 PUCCH，在接下来的时隙继续发送重复的 PUCCH，直到重复发送的 PUCCH 时隙数等于 $N_{\text{PUCCH}}^{\text{repeat}}$ 为止。需要说明的是，在某个 PUCCH 重复发送的时隙，不论 UE 是否发送 PUCCH，都计入 PUCCH 重复发送的时隙数。因此，可能会出现 UE 实际发送的 PUCCH 时隙数小于 $N_{\text{PUCCH}}^{\text{repeat}}$ 的情况。

gNB 可以通过高层参数 interslotFrequencyHopping 配置 UE 在重复发送的 PUCCH 上进行跳频传输。当 UE 被配置为时隙间跳频传输时，跳频以时隙为单位，并且对于编号为偶数的时隙，PUCCH 的起始 PRB 由高层参数 startingPRB 指示；对于编号为奇数的时隙，PUCCH 的起始 PRB 由高层参数 secondHopPRB 指示。当 UE 被配置为时隙内跳频时，每个时隙内第一跳频单元和第二跳频单元的跳频图样是相同的。需要说明的是，PUCCH 不能同时配置时隙内跳频和时隙间跳频，只能二选其一。

UE 在传输重复的 PUCCH 时，如果和 PUSCH 的传输发生了时域交叠，且满足 PUCCH 和 PUSCH 的复用传输条件，则 UE 在这些交叠的时隙上将 UCI 复用在 PUSCH 上共同传输。另外，UE 在传输重复的 PUCCH 时不会将不同的 UCI 类型复用在一个时隙传输。比如 UE 要重复传输 PUCCH 1 和 PUCCH 2 两种 PUCCH，并且满足如下条件：

- PUCCH 1 先发送，PUCCH 2 后发送。
- PUCCH 1 和 PUCCH 2 在部分时隙有交叠。
- PUCCH 1 和 PUCCH 2 承载不同类型的 UCI 信息。

此时，UE 侧行为如下：

- 当 PUCCH 1 和 PUCCH 2 承载的 UCI 信息具有相同的优先级时，UE 在交叠时隙上只传输先开始传输的 PUCCH，即只传 PUCCH 1。不同 UCI 信息的优先级如下：HARQ-ACK>SR>高优先级 CSI>低优先级 CSI。

- 当 PUCCH 1 和 PUCCH 2 承载的 UCI 信息具有不同的优先级时，UE 在交叠时隙上只传输具有更高 UCI 优先级的 PUCCH。

2. PUSCH

PUSCH 主要用于承载上行用户数据。UE 通过解码 DCI 0_0 和 DCI 0_1 上携带的控制信息，可以获得相应 PUSCH 资源的时、频域信息，进而可以在相应物理资源上进行上行数据的传输。根据当前 3GPP 标准，PUSCH 同样支持 QPSK、16QAM、64QAM 和 256QAM 这 4 种调制方式，除此之外，当采用变换预编码（Transform precoding enabled）时，PUSCH 还可以采用 π/2-BPSK 调制以降低终端的峰均功率比。PUSCH 只支持一个码字，最多可支持 4 层传输。

NR 在上行支持 CP-OFDM 和 DFT-S-OFDM 这两种传输波形：

- CP-OFDM，即基于循环前缀的 OFDM。其优点在于可以使用非连续的频域资源，可以获得较高的频率分集增益，其缺点在于具有较高的峰均功率比，可能会降低功率放大器的效率以及引起信号失真。CP-OFDM 支持多流传输，在高信噪比的情况下有较好的链路性能，因此可用于覆盖情况较好的场景。
- DFT-S-OFDM，即基于 DFT 的 OFDM。DFT-S-OFDM 主要为了克服传统 CP-OFDM 的缺点，它的峰均功率比较低，接近于单载波水平，因此功率放大器的效率较高。其缺点在于只能使用连续的频域资源，资源分配不灵活。DFT-S-OFDM 只支持单流传输，在低信噪比情况下的链路性能较好，因此适用于覆盖情况较差的场景，可以有效地增强边缘用户的性能。

网络侧可根据 UE 的无线信道状况自适应的调整 UE 使用的上行波形，从而获得更好的系统性能。本节接下来的部分主要对 PUSCH 的频域、时域资源分配以及 PUSCH 上行免授权传输进行介绍。

（1）PUSCH 频域资源分配

同 PDSCH 一样，PUSCH 也支持两种类型的频域资源分配方式：类型 0 和类型 1，在此不做详述，可见 6.2.3 小节第 3 部分关于 PDSCH 频域资源分配方式的介绍。

PUSCH 支持跳频传输，即 UE 在某一时刻在某频段发送 PUSCH，在下一时刻切换至另一频段继续发送 PUSCH。通过这种跳频传输，可以获得频率分集增益并实现干扰随机化的效果。

gNB 可以通过 pusch-config 或 configuredGrantConfig IE 的 frequencyHopping 参数配置 UE 的 PUSCH 跳频传输。更具体地，跳频传输可分为：

- 时隙内跳频，应用于单时隙或多时隙 PUSCH 传输。
- 时隙间跳频，仅应用于多时隙 PUSCH 传输。

当 PUSCH 资源分配类型为类型 1 时，不论 PUSCH 传输是否启用变换预编码，在下列情况下，UE 都可以进行 PUSCH 跳频传输：①UE 检测到相应 DCI 的 "跳频标志" 信息域的值为 1；②随机接入响应上行授权的值设置为 "1"；③相应的 PUSCH 传输配置了高层参数 frequencyHoppingOffset。否则，UE 不能进行 PUSCH 跳频传输。

当 PUSCH 的频域资源分配类型为类型 1 时，如果该 PUSCH 由类型 2 配置授权，其跳频的频率偏移通过 pusch-Config IE 中的参数 frequencyHoppingOffsetLists 配置：

- 当传输 PUSCH 的上行激活 BWP 带宽小于 50 个 PRB 时，上行授权中指示高层信令配置 2 个频率偏移值中的 1 个。
- 当传输 PUSCH 的上行激活 BWP 带宽大于等于 50 个 PRB 时，上行授权中指示高层信令配置 4 个频率偏移值中的 1 个。

如果该 PUSCH 由类型 1 配置授权，频率偏移由 rrc-ConfiguredUplinkGrant IE 中的参数 frequencyHoppingOffset 提供，每一跳的起始 RB 为：

$$\mathrm{RB}_{\mathrm{start}} = \begin{cases} \mathrm{RB}_{\mathrm{start}}, & i = 0 \\ \left(\mathrm{RB}_{\mathrm{start}} + \mathrm{RB}_{\mathrm{offset}}\right) \bmod N_{\mathrm{BWP}}^{\mathrm{size}}, & i = 1 \end{cases}$$

其中，$i = 0$ 和 $i = 1$ 分别对应第一跳频和第二跳频的 RB 起始位置；$\mathrm{RB}_{\mathrm{start}}$ 指上行 BWP 内的起始 RB；$\mathrm{RB}_{\mathrm{offset}}$ 指两跳之间的频域偏移。

对于时隙内跳频，PUSCH 在一个时隙内的 2 个频域位置进行传输，这 2 个频域位置分别对应第一跳和第二跳。其中第一跳的符号数为 $\left\lfloor N_{\mathrm{symb}}^{\mathrm{PUSCH,s}} / 2 \right\rfloor$，第二跳的符号数为 $N_{\mathrm{symb}}^{\mathrm{PUSCH,s}} - \left\lfloor N_{\mathrm{symb}}^{\mathrm{PUSCH,s}} / 2 \right\rfloor$，其中 $N_{\mathrm{symb}}^{\mathrm{PUSCH,s}}$ 表示该时隙内 PUSCH 传输的总 OFDM 符号数。对于时隙号为 n_{s}^{μ} 的时隙，PUSCH 的 2 次跳频传输的起始 RB 可以根据下述公式计算得到：

$$\mathrm{RB}_{\mathrm{start}}\left(n_{\mathrm{s}}^{\mu}\right) = \begin{cases} \mathrm{RB}_{\mathrm{start}}, & n_{\mathrm{s}}^{\mu} \bmod 2 = 0 \\ \left(\mathrm{RB}_{\mathrm{start}} + \mathrm{RB}_{\mathrm{offset}}\right) \bmod N_{\mathrm{BWP}}^{\mathrm{size}}, & n_{\mathrm{s}}^{\mu} \bmod 2 = 1 \end{cases}$$

其中，n_{s}^{μ} 表示时隙编号；$\mathrm{RB}_{\mathrm{start}}$ 表示上行 BWP 内的起始 RB；$\mathrm{RB}_{\mathrm{offset}}$ 表示两跳之间的频域偏移。

（2）PUSCH 时域资源分配

PUSCH 的时域资源分配与 PDSCH 类似，UE 通过解调 DCI 可获得 PUSCH 的调度信息，包括 PUSCH 的时隙位置，时隙中起始的 OFDM 符号位置以及时域 OFDM 符号的长度等。NR 标准预先配置了若干不同类型的时域资源分配表格，gNB 在调度 UE 进行 PUSCH 传输时，会通过 DCI 指示一个行索引，UE 通过查表的方式即可获得上述时域信息。该行索引包含在 DCI 的 "时域资源分配信息" 信息域中，其具体的值 m 指向表格第 $m+1$ 行的内容，包括①时隙偏移 K_2；②起始和长度指示（SLIV）或者直接指示了起始的符号 S 以及时域长度 L；③PUSCH 映射类型。时域分配表格每一行包含的具体信息如下所示：

- 时隙位置：分配给 PUSCH 的时隙为 $\left\lfloor n \cdot \dfrac{2^{\mu_{PUSCH}}}{2^{\mu_{PDCCH}}} \right\rfloor + K_2$，其中 n 表示相应调度 DCI 的时隙位置，K_2 的取值与 PUSCH 的参数集有关，μ_{PUSCH} 和 μ_{PDCCH} 分别表示 PUSCH 和 PDCCH 的子载波间隔配置。

- 起始符号位置和时域长度：S 表示时隙内的起始符号位置，L 表示分配给 PUSCH 的连续符号数，从 S 开始计数。S 和 L 可以根据 SLIV 推导获得，具体方法如下：
  - 如果 $(L-1) \leqslant 7$，则 $SLIV = 14 \cdot (L-1) + S$。
  - 否则，$SLIV = 14 \cdot (14 - L + 1) + (14 - 1 - S)$，其中 $0 < L \leqslant 14 - S$。

- PUSCH 映射方式：分为类型 A 和类型 B，不同映射类型下有效的 S 和 L 的组合方式如表 6-34 所示。

表 6-34 有效的 S 和 L 的组合方式

PUSCH 映射类型	常规 CP			扩展 CP		
	S	L	$S+L$	S	L	$S+L$
类型 A	0	{4,...,14}	{4,...,14}	0	{4,...,12}	{4,...,12}
类型 B	{0,...,13}	{1,...,14}	{1,...,14}	{0,...,11}	{1,...,12}	{1,...,12}

（3）PUSCH 的上行免授权传输

NR 中的 PUSCH 上行免授权传输类似于 LTE 的半静态调度，gNB 通过 BWP-UplinkDedicated IE 中的参数 ConfiguredGrantConfig 可以半静态地配置 PUSCH 的资源分配，以便支持低时延的数据传输。NR 支持 2 种 PUSCH 的上行免授权类型：类型 1 配置授权的 PUSCH 传输和类型 2 配置授权的 PUSCH 传输。

对于类型 1 配置授权的 PUSCH 传输，高层参数 ConfiguredGrantConfig 会配置好所有 PUSCH 传输所需的信息，包括跳频、开环功控、重复次数、冗余版本、传输周期、时域资源、频域资源、MCS 等级等。当 UE 接收到 ConfiguredGrantConfig 配置的这些参数后，可以根据这些参数进行 PUSCH 传输。

对于类型 2 配置授权的 PUSCH 传输，高层参数 ConfiguredGrantConfig 会配置部分 PUSCH 传输所需要的信息，包括跳频、开环功控、重复次数、冗余版本、传输周期等，但并不包括时域和频域的资源信息，这些信息由 DCI 进行配置。因此，当 UE 接收到 ConfiguredGrantConfig 配置的参数后，并不能进行 PUSCH 传输。UE 需要由 CS-RNTI 加扰的 DCI 激活并且配置所需的 PUSCH 时域资源、频域资源、MCS 等相关信息之后，才可以进行 PUSCH 传输。

PUSCH 的上行免授权传输支持多次重复传输，重复传输以 TB 为单位，重复传输次数由 ConfiguredGrantConfig IE 中的参数 repK 配置，目前最多支持 8 次重复传输。当 UE 被配置了 K 次重复传输时，UE 会在 K 个连续的时隙重复传输相应的 TB，这些重复传输的 TB 占用相同的符号位置和数量。如果 UE 发现某个 PUSCH 重复传输时隙上的符号被配置为下行符号，则 UE 不在该时隙传输 PUSCH。

NR 的 PUSCH 上行免调度重复传输支持灵活的初传位置，具体与重复传输配置的 RV 序列有关，该序列由 ConfiguredGrantConfig IE 中的参数 repK-RV 配置。每个重复传输时机都会与一个 RV 值相关联：对于 K 次重复传输中的第 n 个重复传输时机，它与 RV 序列的第 $((n-1) \bmod 4 + 1)$ 个值相关联。以 $n=3$，RV 序列为 {0,3,0,3} 为例，则第 3 次重复传输时机关联的 RV 值为 0。当配置了 K 次重复传输时，这 K 次重复传输的初传时机根据下述方法确定：

- 如果 RV 序列为 {0,2,3,1}，则初传时机为所配置的 K 次重复传输的第一个传输时机。
- 如果 RV 序列为 {0,3,0,3}，则初传时机为传输周期内与 RV=0 关联的任意一个传输时机。
- 如果 RV 序列为 {0,0,0,0}，当 $K \neq 8$ 时，初传时机可以为传输周期内的任意一个传输时机；当 $K = 8$ 时，初传时机可以为传输周期内除最后一个传输时机外的任意一个传输时机。

以 repK=4 为例，图 6-23 展示了不同 RV 序列下的初传时机。对于任意的 RV 序列，当满足下列任意条件时，重复传输终止：

- 重复传输次数达到配置的 repK。
- 重复传输时机为传输周期内的最后一个传输时机。
- 重复传输的起始符号和具有同样 HARQ 进程号的 PUSCH 交叠。

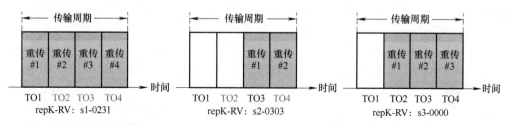

图 6-23　repK=4 的初传时机示意图

3. PRACH

PRACH 主要用于承载随机接入信息。更具体地，PRACH 主要传输随机接入前导（Preamble）序列。与大多数上行物理信道不同，PRACH 信道没有扰码、调制和预编码过程。PRACH 信道上的传输序列在生成之后直接映射到相应的物理资源上并通过端口号为 4000 的天线端口进行传输。

（1）PRACH 格式

PRACH 共包括两大类格式：长格式和短格式。其中长格式的 PRACH 序列长度为

839，具体包括 4 种 PRACH 格式 $\{0,1,2,3\}$；短格式的 PRACH 序列长度为 139，具体包括 9 种 PRACH 格式 $\{A1,A2,A3,B1,B2,B3,B4,C0,C2\}$。不同 PRACH 格式及相应参数如表 6-35 和表 6-36 所示。表中 L_{RA} 表示 PRACH 序列长度；Δf^{RA} 表示 PRACH 的子载波间隔；N_u 表示 PRACH 序列的采样点数目（其中 $\kappa = 64$），N_u 的值乘以 NR 基本时间单元 T_C 可以得到具体的时间长度，以 24576κ 为例，它代表的时间长度为：$24576 \times 64 \times T_C = 24576 \times 64/(480 \times 10^3 \times 4096) = 0.8\text{ms}$；$N_{CP}^{RA}$ 表示 PRACH 的循环前缀长度。

表 6-35　PRACH 格式及相关参数（$L_{RA} = 839$）

PRACH 格式	L_{RA}	Δf^{RA}	N_u	N_{CP}^{RA}	支持的限制集
0	839	1.25 kHz	24576κ	3168κ	类型 A，类型 B
1	839	1.25 kHz	$2 \cdot 24576\kappa$	21024κ	类型 A，类型 B
2	839	1.25 kHz	$4 \cdot 24576\kappa$	4688κ	类型 A，类型 B
3	839	5 kHz	$4 \cdot 6144\kappa$	3168κ	类型 A，类型 B

表 6-36　PRACH 格式及相关参数（$L_{RA} = 139$）

PRACH 格式	L_{RA}	Δf^{RA} / kHz	N_u	N_{CP}^{RA}	支持的限制集
A1	139	$15 \cdot 2^{\mu}$	$2 \cdot 2048\kappa \cdot 2^{-\mu}$	$288\kappa \cdot 2^{-\mu}$	—
A2	139	$15 \cdot 2^{\mu}$	$4 \cdot 2048\kappa \cdot 2^{-\mu}$	$576\kappa \cdot 2^{-\mu}$	—
A3	139	$15 \cdot 2^{\mu}$	$6 \cdot 2048\kappa \cdot 2^{-\mu}$	$864\kappa \cdot 2^{-\mu}$	—
B1	139	$15 \cdot 2^{\mu}$	$2 \cdot 2048\kappa \cdot 2^{-\mu}$	$216\kappa \cdot 2^{-\mu}$	—
B2	139	$15 \cdot 2^{\mu}$	$4 \cdot 2048\kappa \cdot 2^{-\mu}$	$360\kappa \cdot 2^{-\mu}$	—
B3	139	$15 \cdot 2^{\mu}$	$6 \cdot 2048\kappa \cdot 2^{-\mu}$	$504\kappa \cdot 2^{-\mu}$	—
B4	139	$15 \cdot 2^{\mu}$	$12 \cdot 2048\kappa \cdot 2^{-\mu}$	$936\kappa \cdot 2^{-\mu}$	—
C0	139	$15 \cdot 2^{\mu}$	$2048\kappa \cdot 2^{-\mu}$	$1240\kappa \cdot 2^{-\mu}$	—
C2	139	$15 \cdot 2^{\mu}$	$4 \cdot 2048\kappa \cdot 2^{-\mu}$	$2048\kappa \cdot 2^{-\mu}$	—

UE 处于静止状态或低速移动状态时，多普勒频移的影响不大，对循环位移的使用也没有限制。但是对于高速移动场景，多普勒频移会导致 PRACH 在时域上出现伪相关峰值点，影响 gNB 对 PRACH 的检测。因此，对于 UE 高速移动的场景，需要限制不同逻辑根序列的某些循环位移值的使用，以避免 PRACH 伪相关峰值点的出现。为此，NR 标准引入了限制集类型 A 和类型 B 以解决这一问题。不同 PRACH 格式支持的限制集类型可见表 6-35 和表 6-36。

1）PRACH 格式 0 的子载波间隔为 1.25kHz，时域长度为 1ms，其中 CP 长度为 3168κ，约 0.1031ms；前导序列长度为 24576κ，约 0.8ms；GP 长度为 2976κ，约 0.0969ms。PRACH 格式 0 支持的小区覆盖半径约 14km（可用 $N_{CP}^{RA} \times c/2$ 估算，其中 c 为光速），其基本结构如图 6-24 所示。

图 6-24 PRACH 格式 0 结构示意图

2）PRACH 格式 1 的子载波间隔为 1.25kHz，时域长度为 3ms，其中 CP 长度为 21024κ，约 0.6844ms；包含 2 个前导序列，每个序列长度为 24576κ，共约 1.6ms；GP 长度为 21984κ，约 0.7156ms。PRACH 格式 1 支持的小区覆盖半径约 100km，其基本结构如图 6-25 所示。

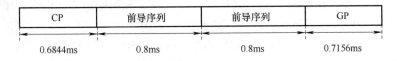

图 6-25 PRACH 格式 1 结构示意图

3）PRACH 格式 2 的子载波间隔为 5 kHz，时域长度约 4.3ms，其中 CP 长度为 4688κ，约 0.1526ms；包含 4 个前导序列，每个序列长度为 24576κ，共约 3.2ms；GP 长度为 29264κ，约 0.9526ms。PRACH 格式 2 支持的小区覆盖半径约 23km，其基本结构如图 6-26 所示。

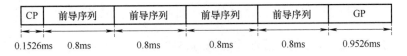

图 6-26 PRACH 格式 2 结构示意图

4）PRACH 格式 3 的子载波间隔为 1.25kHz，时域长度为 1ms，其中 CP 长度为 3168κ，约 0.1031ms；包含 4 个前导序列，每个序列长度为 6144κ，共约 0.8ms；GP 长度为 2976κ，约 0.0969ms。PRACH 格式 3 支持的小区覆盖半径约 14km，其基本结构如图 6-27 所示。

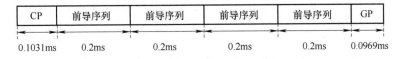

图 6-27 PRACH 格式 3 结构示意图

5）PRACH 格式 A1/A2/A3 的子载波间隔均为 $15 \cdot 2^\mu$ kHz，分别包含 2/4/6 个前导序列，在时域分别占用 2/4/6 个 OFDM 符号。需要特别说明的是，PRACH 格式 A1/A2/A3 没有 GP，这是它们与其他 PRACH 结构最大的不同。以子载波间隔为 15kHz 为例，

PRACH 格式 A1 的时域长度约 0.1428ms，其中 CP 长度为 288κ，约 0.0094ms；包含 2 个前导序列，每个前导序列长度为 2048κ，共约 0.1334ms。PRACH 格式 A1 的基本结构如图 6-28 所示。同理，可计算得到 PRACH 格式 A2 和 A3 的时域结构，在此不做详述。

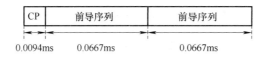

图 6-28　PRACH 格式 A1 结构示意图（子载波间隔 15kHz）

6）PRACH 格式 B1/B2/B3/B4 的子载波间隔均为 $15\cdot2^\mu$kHz，分别包含 2/4/6/12 个前导序列，在时域分别占用 2/4/6/12 个 OFDM 符号。以子载波间隔为 15kHz 为例，PRACH 格式 B1 的时域长度约 0.1428ms，其中 CP 长度为 216κ，约 0.0070ms；包含 2 个前导序列，每个前导序列长度为 2048κ，共约 0.1334ms；GP 长度为 72κ，约 0.0024ms。PRACH 格式 B1 的基本结构如图 6-29 所示。同理，可计算得到 PRACH 格式 B2/B3/B4 的时域结构，相应格式的 GP 长度可用其在时域占用的 OFDM 符号时长减去 CP 时长获得，在此不做详述。

图 6-29　PRACH 格式 B1 结构示意图（子载波间隔 15kHz）

7）PRACH 格式 C0/C2 的子载波间隔均为 $15\cdot2^\mu$kHz，分别包含 1/4 个前导序列，在时域分别占用 2/6 个 OFDM 符号。以子载波间隔为 15kHz 为例，PRACH 格式 C0 的时域长度约 0.1428ms，其中 CP 长度为 1240κ，约 0.0404ms；前导序列长度为 2048κ，约 0.0667ms；GP 长度为 1096κ，约 0.0357ms。PRACH 格式 C0 的基本结构如图 6-30 所示。同理，可计算得到 PRACH 格式 C2 的时域结构，相应格式的 GP 长度可用其在时域占用的 OFDM 符号时长减去 CP 时长获得，在此不做详述。

图 6-30　PRACH 格式 C0 结构示意图（子载波间隔 15kHz）

（2）随机前导序列生成

同 LTE 系统一样，NR 系统的随机接入前导也由 ZC 序列的循环移位产生，具体生成公式如下：

$$x_{u,v}(n) = x_u\left((n + C_v)\bmod L_{\text{RA}}\right)$$

$$x_u(i) = e^{-j\frac{\pi u i(i+1)}{L_{\text{RA}}}}, i = 0,1,\cdots, L_{\text{RA}} - 1$$

其中，L_{RA} 的取值与 PRACH 的格式有关，当 PRACH 格式为 {0,1,2,3} 时 $L_{\text{RA}} = 839$，当 PRACH 格式为 {A1, A2, A3, B1, B2, B3, B4, C0, C2} 时 $L_{\text{RA}} = 139$；C_v 表示逻辑根序列的循环位移值；u 表示序列序号。L_{RA} 的取值及对应的 PRACH 格式具体如表 6-35 和表 6-36 所示。

一个 PRACH 时频发送时机内定义了 64 个前导，这些前导由一个或多个逻辑根序列通过循环移位的方式生成，不同限制集类型的循环移位方式会有所区别，具体见 7.3.5 小节的第 1 部分关于随机接入前导的介绍，在此不做详述。

（3）PRACH 时域资源分配

PRACH 的时域资源由高层参数 prach-ConfigurationIndex 配置，该参数一共有 8 个比特，作为一个行索引指向随机接入配置表格中的一行。3GPP TS 38.211 的 6.3.3.2 小节共定义了 3 张随机接入配置表格，分别对应 FR1 的对称频谱以及 SUL、FR1 的非对称频谱以及 FR2 的非对称频谱。每张表格都包含如下信息：PRACH 配置索引（对应 prach-ConfigurationIndex），前导格式，系统帧号 n_{SFN}，子帧号，起始符号位置，一个子帧内的 PRACH 时隙数 $N_{\text{slot}}^{\text{sub}}$，一个 PRACH 时隙内的时域发送时机数 $N_{\text{t}}^{\text{RA,slot}}$，PRACH 持续符号数 $N_{\text{dur}}^{\text{RA}}$，具体如表 6-37 所示（节选自 3GPP TS 38.211 的表 6.3.3.2-2）。

表 6-37　FR1 对称频谱/SUL 的随机接入配置（部分）

PRACH 配置索引	前导格式	$n_{\text{SFN}}\bmod x = y$		子帧号	起始符号位置	$N_{\text{slot}}^{\text{sub}}$	$N_{\text{t}}^{\text{RA,slot}}$	$N_{\text{dur}}^{\text{RA}}$
		x	y					
0	0	16	1	1	0	—	—	0
1	0	16	1	4	0	—	—	0
…	…	…	…	…	…	…	…	…
46	1	1	0	7	0	—	—	0
47	1	1	0	1,6	0	—	—	0
48	1	1	0	2,7	0	—	—	0
…	…	…	…	…	…	…	…	…
87	A1	16	0	4,9	0	1	6	2
…	…	…	…	…	…	…	…	…
255	C2	1	0	1,3,5,7,9	0	2	2	6

PRACH 的起始 OFDM 符号位置 l 由下述公式确定：

$$l = l_0 + n_{\text{t}}^{\text{RA}} \cdot N_{\text{dur}}^{\text{RA}} + 14 \cdot n_{\text{slot}}^{\text{RA}}$$

其中，l_0 是起始符号位置，其值通过读取随机接入配置表格的第 6 列"起始符号"获得。 $n_t^{RA} = 0,1,\cdots,N_t^{RA,slot} - 1$ ，表示相应 PRACH 时隙内的 PRACH 发送时机。对于短格式 PRACH，即 $L_{RA} = 139$ 时， $N_t^{RA,slot}$ 的值通过读取随机接入配置表格的第 8 列 " $N_t^{RA,slot}$ " 获得；对于长格式 PRACH，即 $L_{RA} = 839$ 时， $N_t^{RA,slot} = 1$ 。 N_{dur}^{RA} 表示 PRACH 持续符号数，其值通过读取随机接入配置表格的第 9 列 " N_{dur}^{RA} " 获得。 n_{slot}^{RA} 的值与 PRACH 的子载波间隔有关，如果子载波间隔为 $\{1.25,5,15,60\}kHz$ ，则 $n_{slot}^{RA} = 0$ ；如果子载波间隔为 $\{30,120\}kHz$ ，并且对应的随机接入配置表格中第 7 列的值 " N_{slot}^{sub} " 为 1，则 $n_{slot}^{RA} = 1$ ；其他情况下， $n_{slot}^{RA} \in \{0,1\}$ 。以表 6-37 的第 87 行为例，假设 PRACH 子载波间隔为 30kHz，则其时域 OFDM 符号位置 $l = 0 + \{0,1,2,3,4,5\} \cdot 2 + 14 \cdot 1 = \{14,16,18,20,22,24\}$ ，如图 6-31 所示。

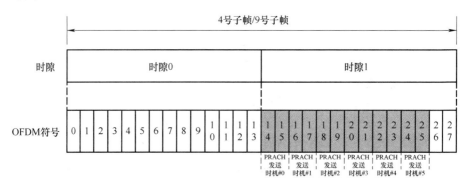

图 6-31 PRACH 时域符号位置示意图

当 PRACH 前导格式为 A1/B1、A2/B2 或 A3/B3 混合模式时，格式为 B1、B2 或 B3 的前导序列只在一个 PRACH 时隙内的最后一个时域发送时机上传输；而格式为 A1、A2 或 A3 的前导序列在其他的时域发送时机上传输。

（4）PRACH 频域资源分配

PRACH 频域资源的起始 PRB 位置由高层参数 msg1-FrequencyStart 配置，该值指示了 PRACH 频域发送时机的起始 PRB 与初始上行 BWP/处于激活态的上行 BWP 的 0 号 PRB 之间的频域偏移。在每个 PRACH 时域发送时机，可以通过 FDM 的方式进行多个 PRACH 的发送，这些 PRACH 在频域上连续放置，相应 FDM 的次数由高层参数 msg1-FDM 配置，具体可配置为 $\{1,2,4,8\}$ 。

NR 标准定义了不同 PRACH 格式长度下的 PRACH 和 PUSCH 子载波间隔组合方式及相关频域配置，具体如表 6-38 所示。表中 Δf^{RA} 表示 PRACH 的子载波间隔， Δf^{PUSCH} 表示 PUSCH 的子载波间隔， N_{RB}^{RA} 表示 PRACH 占用的频域资源（通过 PUSCH 的 RB 数表示）， $\overline{k}$ 为频域相关参数。图 6-32 展示了 msg1-FDM = 2 时的 PRACH 频域资源占用情况。

表 6-38 NR 支持的 PRACH 和 PUSCH 子载波间隔组合方式及相关频域配置

L_{RA}	Δf^{RA} / kHz	Δf^{PUSCH} / kHz	N_{RB}^{RA}	$\bar{k}$
839	1.25	15	6	7
839	1.25	30	3	1
839	1.25	60	2	133
839	5	15	24	12
839	5	30	12	10
839	5	60	6	7
139	15	15	12	2
139	15	30	6	2
139	15	60	3	2
139	30	15	24	2
139	30	30	12	2
139	30	60	6	2
139	60	60	12	2
139	60	120	6	2
139	120	60	24	2
139	120	120	12	2

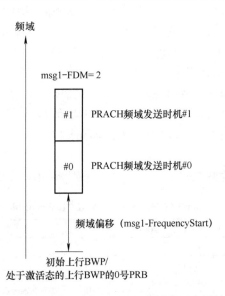

图 6-32 msg1-FDM = 2 时的 PRACH 频域资源占用情况示意图

（5）PRACH 与 SSB 的关联

如 6.2.3 节第 3 部分所述，gNB 可以采用多波束的方式进行 SSB 的发送，UE 通过解调 SSB 携带的信息，可以获得相应的 SSB 索引。对 UE 而言，该 SSB 索引可以帮助它获得系统的时域信息；对 gNB 而言，该 SSB 索引所对应的波束可以作为它后续发送波束的参考。为了使 gNB 知晓 UE 侧解调获得的 SSB 索引号，NR 标准将各 SSB 与不同的 PRACH 发送时机相关联。通过这种方式，当 gNB 检测到 UE 发送的 PRACH 之后，可以通过 PRACH 的时、频位置推断出该 UE 解调获得的 SSB 索引号。

SSB 与 PRACH 发送时机之间的关联关系包括 3 种：一对一、一对多和多对一。可以通过高层参数 ssb-perRACH-OccasionAndCB-PreamblesPerSSB 进行相关配置，该参数指示两部分内容，第一部分是 SSB 与 PRACH 发送时机的关联关系；第二部分是基于竞争的随机接入过程中每个 SSB 的前导码数量。为了方便描述，下面将该参数拆为 "ssb-perRACH-Occasion" 和 "CB-PreamblesPerSSB" 两部分。

"ssb-perRACH-Occasion" 指示 SSB 与 PRACH 发送时机的关联关系，具体取值包括 {1/8,1/4,1/2,1,2,4,8,16}。当 "ssb-perRACH-Occasion" 指示的值小于 1 时，表示一个 SSB 与多个 PRACH 发送时机相关联；当 "ssb-perRACH-Occasion" 指示的值等于 1 时，表示一个 SSB 与一个 PRACH 发送时机相关联；当 "ssb-perRACH-Occasion" 指示的值大于 1 时，表示多个 SSB 与一个 PRACH 发送时机相关联。以 "ssb-perRACH-Occasion = 1/8" 为例，它表示一个 SSB 与 8 个连续的 PRACH 发送时机相关联，以此类推。

"CB-PreamblesPerSSB" 指示基于竞争的随机接入过程中每个 SSB 的前导码数量，其取值与 "ssb-perRACH-Occasion" 的值相关。当 "ssb-perRACH-Occasion≤1" 时，"CB-PreamblesPerSSB" 的取值包括 {4,8,12,···,64}；当 "ssb-perRACH-Occasion=2" 时，"CB-PreamblesPerSSB" 的取值包括 {4,8,12,···,32}；当 "ssb-perRACH-Occasion" 为其他值时，"CB-PreamblesPerSSB" 的取值包括 {1,2,3,···,N}，其中 N = 64/ ssb-perRACH-Occasion，具体如表 6-39 所示。当 "ssb-perRACH-Occasion ≤1" 时，以 "CB-PreamblesPerSSB = 12" 为例，它表示每个 PRACH 发送时机所对应的 SSB 都有 12 个基于竞争的前导码，且这些前导码的序号都为 0~11；当 "ssb-perRACH-Occasion>1" 时，以 "ssb-perRACH-Occasion = 4" "CB-PreamblesPerSSB = 8" 为例，它表示 1 个 PRACH 发送时机所对应的 4 个 SSB 各有 8 个基于竞争的前导码，这些 SSB 的前导码序号分别为：0~7，8~15，16~23，24~31。

表 6-39　高层参数 ssb-perRACH-Occasion And CB-PreamblesPerSSB 的配置信息

ssb-perRACH-Occasion	CB-PreamblesPerSSB	说明
1/8	{4,8,12,···,64}	1 个 SSB 与 "1/ ssb-perRACH-Occasion" 个连续的 PRACH 发送时机相关联；每个 PRACH 发送时机所对应的 SSB 都有 "CB-PreamblesPerSSB" 个基于竞争的前导码
1/4	{4,8,12,···,64}	
1/2	{4,8,12,···,64}	
1	{4,8,12,···,64}	
2	{4,8,12,···,32}	"ssb-perRACH-Occasion" 个 SSB 与 1 个 PRACH 发送时机相关联；1 个 PRACH 发送时机所对应的 "ssb-perRACH-Occasion" 个 SSB 各有 "CB-PreamblesPerSSB" 个基于竞争的前导码
4	{1,2,3,···,16}	
8	{1,2,3,···,8}	
16	{1,2,3,4}	

为了保证每个实际发送的 SSB 都能与至少 1 个 PRACH 发送时机建立联系，NR 标准定义了 SSB 与 PRACH 发送时机的关联周期，相关配置如表 6-40 所示。

表 6-40　PRACH 周期和 SSB-PRACH 发送时机的关联周期的映射关系

PRACH 周期/ms	关联周期（PRACH 周期的整数倍）
10	{1, 2, 4, 8, 16}
20	{1, 2, 4, 8}
40	{1, 2, 4}
80	{1, 2}
160	{1}

关联周期的含义为：所有实际发送的 SSB 都至少映射到一个 PRACH 发送时机所需的最少的 RPACH 周期数目。以 PRACH 周期为 20ms 为例，关联周期可取{1, 2, 4, 8}，假设一个 PRACH 周期内可映射的 SSB 数量为 8，gNB 实际发送的 SSB 数目为 4，则{1, 2, 4, 8}均可满足关联周期的需求，此时选择其中的最小值作为关联周期，即关联周期为 1。

在关联周期内，经过整数个 SSB 与 PRACH 发送时机的映射循环后，如果还剩余部分 PRACH 发送时机，且这些剩余的发送时机不足以支持新一轮的 SSB 映射，则这些 PRACH 发送时机不与任何 SSB 建立关联关系。没有与 SSB 建立关联关系的 PRACH 发送时机不能用于 PRACH 传输。

UE 可以通过 SIB1 或服务小区公共配置中的参数 ssb-PositionsInBurst 获得 gNB 实际发送的 SSB 数目 $N_{\mathrm{Tx}}^{\mathrm{SSB}}$。ssb-PositionsInBurst 为一个比特序列，长度为 4/8/64，分别对应不同 SSB 图样下的 SSB 总数；比特序列的最高位对应 0 号 SSB，以此类推；比特值为"1"表示 gNB 发送了相应的 SSB，比特值为"0"表示 gNB 没有发送相应的 SSB。SSB 按如下的顺序与 PRACH 发送时机建立关联关系：

- 在一个 PRACH 发送时机内，按前导码索引递增的顺序映射。
- 对于频率复用的 PRACH 发送时机，按频率资源索引递增的顺序映射。
- 在一个 PRACH 时隙内，对于时间复用的 PRACH 发送时机，按照时间资源索引递增的顺序映射。
- 按照 PRACH 时隙索引递增的顺序映射。

以 msg1-FDM = 2，ssb-perRACH-Occasion = 2，$N_{\mathrm{Tx}}^{\mathrm{SSB}}$ =4 为例，相应的 SSB 与 PRACH 发送时机的映射关系如图 6-33 所示。

4. 上行 DMRS

同下行信道一样，PUCCH 和 PUSCH 都有各自的上行 DMRS 以便 gNB 完成相应的数据解调。其中 PUCCH 的 DMRS 介绍已经包含在了相应的小节中，本节主要介绍 PUSCH 的 DMRS。

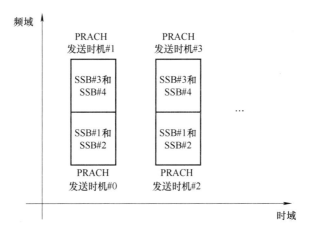

图 6-33   SSB 与 PRACH 发送时机的映射关系示意图

NR 上行支持 DFT-S-OFDM 和 CP-OFDM 两种传输波形。这两种波形下 PUSCH 的 DMRS 设计基本与下行的 DMRS 设计相同，也包括两种 DMRS 类型，具体可见 6.2.3 小节第 4 部分关于下行 DMRS 的介绍。PUSCH DMRS 和 PDSCH DMRS 的不同点在于：

- PUSCH 可采用时隙内跳频的方式进行发送，DMRS 的位置需要进行相应的调整。
- 对于 PUSCH 映射类型 B，单符号 DMRS 最多支持 3 组附加导频，附加导频的位置与 PDSCH 的 DMRS 不同。
- PUSCH DMRS 和 PDSCH DMRS 使用的天线端口不同，对于 PUSCH DMRS 类型 1，单符号 DMRS 使用 0~3 号天线端口，双符号 DMRS 使用 0~7 号天线端口；对于 PUSCH DMRS 类型 2，单符号 DMRS 使用 0~5 号天线端口，双符号 DMRS 使用 0~11 号天线端口。

PUSCH DMRS 的时域符号位置也定义为 $l = \bar{l} + l'$，其中 $\bar{l}$ 表示 DMRS 的符号位置；l' 为时域索引，与 DMRS 符号数相关，对于单符号 DMRS，$l' = 0$；对于双符号 DMRS，$l' = 0$ 或 1。PUSCH 的时域位置 l 和 DMRS 符号位置 $\bar{l}$ 与 PUSCH 是否启用时隙内跳频有关：

- 当 PUSCH 未启用时隙内跳频时，单符号 DMRS 和双符号 DMRS 的符号位置 $\bar{l}$ 如表 6-41 和表 6-42 所示。对于 PUSCH 映射类型 A，l_0 的取值由高层参数 dmrs-TypeA-Position 配置，l 从时隙的起始位置算起，l_d 指相应时隙第一个 OFDM 符号至所调度的 PUSCH 资源在该时隙内的最后一个 OFDM 符号所持续的符号数；对于 PUSCH 映射类型 B，$l_0 = 0$，l 从所调度的 PUSCH 资源的起始位置算起，l_d 指所调度的 PDSCH 资源的持续的 OFDM 符号数。
- 当 PUSCH 启用时隙内跳频时，DMRS 的符号位置 $\bar{l}$ 如表 6-43 所示。此时，两种 PUSCH 映射类型下的 l 均从跳频的起始位置算起，l_d 均指每跳的持续符号数。

表 6-41 单符号 PUSCH DMRS 的符号位置 $\overline{l}$ （未启用时隙内跳频）

持续符号 l_d	DMRS 符号位置 $\overline{l}$							
	PUSCH 映射类型 A				PUSCH 映射类型 B			
	附加 DMRS 位置				附加 DMRS 位置			
	pos0	pos1	pos2	pos3	pos0	pos1	pos2	pos3
< 4	—	—	—	—	l_0	l_0	l_0	l_0
4	l_0	l_0	l_0	l_0	l_0	l_0	l_0	l_0
5	l_0	l_0	l_0	l_0	l_0	$l_0,4$	$l_0,4$	$l_0,4$
6	l_0	l_0	l_0	l_0	l_0	$l_0,4$	$l_0,4$	$l_0,4$
7	l_0	l_0	l_0	l_0	l_0	$l_0,4$	$l_0,4$	$l_0,4$
8	l_0	$l_0,7$	$l_0,7$	$l_0,7$	l_0	$l_0,6$	$l_0,3,6$	$l_0,3,6$
9	l_0	$l_0,7$	$l_0,7$	$l_0,7$	l_0	$l_0,6$	$l_0,3,6$	$l_0,3,6$
10	l_0	$l_0,9$	$l_0,6,9$	$l_0,6,9$	l_0	$l_0,8$	$l_0,4,8$	$l_0,3,6,9$
11	l_0	$l_0,9$	$l_0,6,9$	$l_0,6,9$	l_0	$l_0,8$	$l_0,4,8$	$l_0,3,6,9$
12	l_0	$l_0,9$	$l_0,6,9$	$l_0,5,8,11$	l_0	$l_0,10$	$l_0,5,10$	$l_0,3,6,9$
13	l_0	l_0,l_1	$l_0,7,11$	$l_0,5,8,11$	l_0	$l_0,10$	$l_0,5,10$	$l_0,3,6,9$
14	l_0	l_0,l_1	$l_0,7,11$	$l_0,5,8,11$	l_0	$l_0,10$	$l_0,5,10$	$l_0,3,6,9$

表 6-42 双符号 PUSCH DMRS 的符号位置 $\overline{l}$ （未启用时隙内跳频）

持续符号 l_d	DMRS 符号位置 $\overline{l}$					
	PUSCH 映射类型 A			PUSCH 映射类型 B		
	附加 DMRS 位置			附加 DMRS 位置		
	pos0	pos1	pos2	pos0	pos1	pos2
<4	—	—		—	—	
4	l_0	l_0		—		
5	l_0	l_0		l_0	l_0	
6	l_0	l_0		l_0	l_0	
7	l_0	l_0		l_0	l_0	
8	l_0	l_0		l_0	$l_0,5$	
9	l_0	l_0		l_0	$l_0,5$	
10	l_0	$l_0,8$		l_0	$l_0,7$	
11	l_0	$l_0,8$		l_0	$l_0,7$	
12	l_0	$l_0,8$		l_0	$l_0,9$	
13	l_0	$l_0,10$		l_0	$l_0,9$	
14	l_0	$l_0,10$		l_0	$l_0,9$	

表 6-43 单符号 PUSCH DMRS 的符号位置 $\bar{l}$ （启用时隙内跳频）

持续符号 l_d	DMRS 符号位置 $\bar{l}$											
	PUSCH 映射类型 A								PUSCH 映射类型 B			
	$l_0 = 2$				$l_0 = 3$				$l_0 = 0$			
	附加 DMRS 位置				附加 DMRS 位置				附加 DMRS 位置			
	pos0		pos1		pos0		pos1		pos0		pos1	
	第1跳	第2跳	第1跳	第2跳	第1跳	第2跳	第1跳	第2跳	第1跳	第2跳	第1跳	第2跳
≤3	—	—	—	—	—	—	—	—	0	0	0	0
4	2	0	2	0	3	0	3	0	0	0	0	0
5, 6	2	0	2	0,4	3	0	3	0,4	0	0	0,4	0,4
7	2	0	2,6	0,4	3	0	3	0,4	0	0	0,4	0,4

5. 上行 PT-RS

PUSCH 的 PT-RS 传输与 PUSCH 所采用的波形有关，且只有当 UE 被配置了高层参数 phaseTrackingRS 后，才可传输 PT-RS。

（1）基于 CP-OFDM 的 PT-RS 传输

对于基于 CP-OFDM 的 PT-RS 传输，gNB 通过 PTRS-UplinkConfig 配置 UE 的 PT-RS 参数，主要包括对 PT-RS 的频域密度、时域密度、最大端口数目以及 PT-RS 功率，具体如下所述。

- 时域密度：PT-RS 的时域密度与信道质量相关，当信道质量较好的时候，可以使用较少的 PT-RS 完成相位追踪；反之，当信道质量较差的时候，需要使用更多的 PT-RS。PT-RS 的时域密度 L_{PT-RS} 指每 L_{PT-RS} 个 OFDM 符号配置 1 个 PT-RS。L_{PT-RS} 的配置如表 6-44 所示，它是与所调度的 PUSCH 的 MCS 等级相关的函数。表中 ptrs-MCS1、ptrs-MCS2 和 ptrs-MCS3 的值由参数 timeDensity 配置，取值范围为 0～29 或 0～28，具体与使用的 MCS 表格相关。如果未配置参数 timeDensity，UE 假设 $L_{PT-RS}=1$。

表 6-44 PT-RS 的时域密度与调度 MCS 的关系

调度的 PUSCH 的 MCS 等级	L_{PT-RS}
$I_{MCS} <$ ptrs-MCS1	不存在 PT-RS
ptrs-MCS1 $\leqslant I_{MCS} <$ ptrs-MCS2	4
ptrs-MCS2 $\leqslant I_{MCS} <$ ptrs-MCS3	2
ptrs-MCS3 $\leqslant I_{MCS}$	1

- 频域密度：PT-RS 的频域密度与所调度的 PUSCH 带宽正相关，调度的带宽越大，PT-RS 的频域密度越大。PT-RS 的频域密度 K_{PT-RS} 指每 K_{PT-RS} 个 RB 配置 1 个 PT-RS。K_{PT-RS} 的配置如表 6-45 所示，它是与所调度的 RB 数相关的函数。表中

N_{RB0} 和 N_{RB1} 的值由参数 frequencyDensity 配置，取值范围为 1～276。如果未配置参数 frequencyDensity，则 UE 假设 $K_{PT-RS} = 2$。

表 6-45　PT-RS 的频域密度与所调度带宽的关系

调度的 PUSCH 的带宽	K_{PT-RS}
$N_{RB} < N_{RB0}$	不存在 PT-RS
$N_{RB0} \leqslant N_{RB} \leqslant N_{RB1}$	2
$N_{RB1} < N_{RB}$	4

- 最大端口数目：PT-RS 使用的最大端口数目由参数 maxNrofPorts 配置。对于基于码本或非码本的上行传输，PT-RS 的端口数目与 DM-RS 端口数目的关系由 DCI 0_1 的"PTRS-DMRS 关系"信息域指示。根据目前的标准，上行 PT-RS 最大支持 2 个天线端口。
- PT-RS 功率：PT-RS 的发送功率由参数 ptrs-Power 配置，具体可见 3GPP TS 38.214[4]的 6.2.3.1 小节。

PT-RS 的物理时、频资源位置需要满足以下几个条件：①承载 PT-RS 的 RE 需要位于 PUSCH 的传输资源内；②承载 PT-RS 的 RE 不能用于 DMRS 的传输；③承载 PT-RS 的子载波号 k 满足：$k = 4n + 2k' + \varDelta$（对应 DMRS 类型 1）或 $k = 6n + k' + \varDelta$（对应 DMRS 类型 2），其中 k' 和 $\varDelta$ 定义在 PUSCH DMRS 类型 1 和 DMRS 类型 2 的参数表格中，可参考表 6-19 和表 6-20。为满足以上条件，NR 标准定义了 PT-RS 的时、频资源分配计算方法，具体可参考 3GPP TS 38.211 的 6.4.1.2.2.1 小节。

（2）基于 DFT-S-OFDM 的 PT-RS 传输

当 UE 被配置为 transformPrecoderEnabled 时，PT-RS 的传输采用 DFT-S-OFDM 波形。此时，PT-RS 的配置参数仅包括采样密度和变换预编码的时域密度。其中采样密度指示了 PT-RS 组的数目以及每个 PT-RS 组的采样数目，变换预编码的时域密度指 PT-RS 在一个时隙内占用的 OFDM 符号数目，具体如下所述。

- 采样密度：PT-RS 的采样密度与所调度的 PUSCH 的带宽相关，具体如表 6-46 所示。表中 N_{RB0}、N_{RB1}、N_{RB2}、N_{RB3} 和 N_{RB4} 的值由参数 sampleDensity 配置，取值范围为 1～276。

表 6-46　PT-RS 组图样与所调度带宽的关系

调度的 PUSCH 的带宽	PT-RS 组的数目	每个 PT-RS 组的采样数目
$N_{RB0} \leqslant N_{RB} \leqslant N_{RB1}$	2	2
$N_{RB1} \leqslant N_{RB} \leqslant N_{RB2}$	2	4
$N_{RB2} \leqslant N_{RB} \leqslant N_{RB3}$	4	2
$N_{RB3} \leqslant N_{RB} \leqslant N_{RB4}$	4	4
$N_{RB4} \leqslant N_{RB}$	8	4

- 变换预编码的时域密度：PT-RS 的变换预编码的时域密度 L_{PT-RS} 由参数 timeDensityTransformPrecoding 配置，该参数只能取值为 "2"。如果未配置该参数，则 UE 假设 PT-RS 的变换预编码的时域密度为 1。

6. SRS

SRS 主要用于上行信道的探测，用于获取上行信道状态信息，当系统存在上下行互易性时，SRS 同时也可以用于获取下行的信道信息。除此之外，SRS 可以用于辅助上行的波束管理。

NR 系统中，gNB 可以根据 UE 能力为 UE 配置一组或多组 SRS 资源集，每个资源集可以配置多个 SRS 资源。SRS 资源配置参数主要包括天线端口数目、梳状结构类型、OFDM 符号数、起始符号位置、频域位置、时域传输类型等，具体如下所述。

- 天线端口数目：SRS 的天线端口数由参数 nrofSRS-Ports 配置，具体可配置为 {1,2,4}，对应于 1000～1003 号天线端口。
- 梳状结构类型：SRS 的频域资源映射采用梳状结构，具体可配置为 comb-2 和 comb-4 两种。comb-2 结构下，SRS 每隔 1 个子载波传输 1 次。此时，2 个 SRS 可以通过 FDM 的方式同时传输；comb-4 结构下，SRS 每隔 3 个子载波传输 1 次。此时，4 个 SRS 可以通过 FDM 的方式同时传输。
- OFDM 符号数：SRS 的时域 OFDM 符号数由参数 nrofSymbols 配置，具体可配置为 {1,2,4}。
- 起始符号位置：SRS 的起始符号位置 $l_0 = N_{symb}^{slot} - 1 - l_{offset}$，其中 $N_{symb}^{slot} = 14$ 表示一个时隙的 OFDM 符号数；l_{offset} 表示符号偏移值，由高层参数 startPosition 配置，具体可配置为 {0,1,2,3,4,5}。需要特别注意的是，SRS 的起始位置是从时隙的最后一个 OFDM 符号开始计数的。以 "$l_{offset} = 0$" 为例，则相应的 SRS 在时隙的最后一个 OFDM 符号上。为了保证 SRS 不超出时隙边界，需要保证 $l_{offset} \geqslant N_{symb}^{SRS} - 1$，$N_{symb}^{SRS}$ 表示 SRS 的总符号数。
- 频域位置：SRS 的频域起始位置由参数 freqDomainPosition 配置，具体可配置为 $\{0,1,\cdots,67\}$；频域偏移由参数 freqDomainShift 配置，具体可配置为 $\{0,1,\cdots,268\}$；跳频类型由参数 freqHopping 配置。
- 时域传输类型：SRS 的时域传输类型包括周期性传输，半持续传输和非周期传输。

以 "$l_{offset} = 1$，$N_{symb}^{SRS} = 1$" 为例，comb-2 结构和 comb-4 结构下的 SRS 的资源位置示意图如图 6-34 所示。

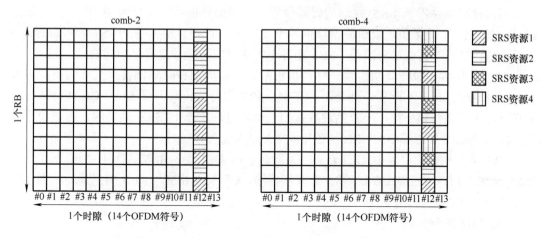

图 6-34 comb-2 结构和 comb-4 结构下的 SRS 的资源位置示意图

（1）SRS 序列

SRS 序列基于 ZC 序列生成，具体如下所示：

$$r^{(p_i)}(n,l') = r_{u,v}^{(\alpha_i,\delta)}(n)$$

$$0 \leqslant n \leqslant M_{sc,b}^{SRS} - 1$$

$$l' \in \left\{0,1,\ldots,N_{symb}^{SRS} - 1\right\}$$

其中，$M_{sc,b}^{SRS}$ 为 SRS 的序列长度，$M_{sc,b}^{SRS} = m_{SRS,b} N_{sc}^{RB} / K_{TC}$；$m_{SRS,b}$ 可通过查表的方式获得；N_{sc}^{RB} 为一个 RB 内的子载波数目，取值为 12；$K_{TC} = 2,4$，由高层参数 transmissionComb 指示；N_{symb}^{SRS} 为 SRS 的 OFDM 符号数目。$r_{u,v}^{(\alpha_i,\delta)}(n)$ 为一个具有低峰均功率比的序列，由循环移位参数 α_i 和基序列 $\bar{r}_{u,v}(n)$ 共同定义；$\delta = \log_2(K_{TC})$；天线端口 p_i 的循环移位参数 α_i 与 transmissionComb 配置的循环移位参数有关；关于 $r_{u,v}^{(\alpha_i,\delta)}(n)$ 序列的详细描述见 6.2.4 小节的第 1 部分。

SRS 序列在生成时可采用跳序列（sequence hopping）、跳序列组（group hopping）以及不跳序列/序列组（neither）三种方式，具体由参数 groupOrSequenceHopping 配置。当 SRS 序列采用跳序列或跳序列组的方式生成时，不同 OFDM 符号上的 SRS 序列会有所不同；当 SRS 序列采用不跳序列/序列组的方式生成时，不同 OFDM 符号上的 SRS 序列完全相同。

（2）SRS 时域传输类型

同 CSI-RS 类似，SRS 可配置为周期传输、半持续传输或者非周期传输。同一个 SRS 资源集中的 SRS 具有相同的时域传输类型及相关配置。

SRS 周期传输中，传输周期和时隙偏移由高层参数 periodicityAndOffset-p 进行配置，其中传输周期的具体取值包括{1,2,4,5,8,10,16,20,32,40,64,80,160,320,640,1280,2560}

个时隙；时隙偏移指示 SRS 发送的时隙位置，时隙偏移值可以配置为 0 至"传输周期-1"中的任意一个整数值，以时隙偏移值等于 2 为例，此时，SRS 在每个传输周期的第 3 个时隙进行发送。需要说明的是，SRS 在各个发送时隙的符号位置是相同的。

SRS 半持续传输同周期传输一样，也可配置传输周期和时隙偏移，具体由高层参数 periodicityAndOffset-sp 配置。两者不同在于，SRS 半持续传输需要 MAC-CE 进行激活，激活后便与周期传输一样，一直到被显性的去激活时，才停止 SRS 的传输。需要说明的是，同一个 SRS 资源集中的 SRS 具备相同的激活与去激活特性。

SRS 非周期传输可以由 DCI 0_1、DCI 1_1 或 DCI 2_3 触发。DCI 通过 2 比特的"SRS 请求"信息域触发 UE 的 SRS 非周期传输。UE 解调相应的 DCI 信息后，根据相应配置进行一次 SRS 传输。

（3）SRS 跳频传输

gNB 可以通高层参数 repetitionFactor 配置 UE 的 SRS 重复因子。用 R 表示 repetitionFactor 的值，则 $R \in \{1,2,4\}$，且 $R \leqslant N_{symb}^{SRS}$，$N_{symb}^{SRS}$ 为 SRS 的 OFDM 符号数目。

SRS 的跳频传输与重复发送与 R 的具体取值相关，具体如下所述：

- 当 $R = N_{symb}^{SRS}$ 时，SRS 不进行时隙内跳频。
- 当 $R = 1$ 时，SRS 根据配置参数 c-SRS、b-SRS 以及 b-hop 进行时隙内跳频，每个时隙内 SRS 资源的每个天线端口在不同的 OFDM 符号上的子载波位置不同。
- 当 $R = 2$ 且 $N_{symb}^{SRS} = 4$ 时，SRS 同时进行时隙内跳频和重复发送。此时可将一个时隙内的 4 个 SRS OFDM 符号分为两组，前 2 个 SRS OFDM 符号为第一组，后 2 个 SRS OFDM 符号为第 2 组。相同分组内的 SRS 进行重复传输，不进行跳频；不同组间的 SRS 进行跳频传输。

对于非周期 SRS 传输，SRS 可被配置为在整个 BWP 内进行时隙内跳频传输。当 $R = 1$，$N_{symb}^{SRS} = 2,4$ 时，每个 SRS 的 OFDM 符号占用相同的子带大小，覆盖整个 BWP 范围；当 $R = 2$，$N_{symb}^{SRS} = 4$ 时，如上文所述，SRS 的 OFDM 符号分为 2 组，每组 SRS OFDM 符号占用相同的子带大小，覆盖整个 BWP 范围。

对于周期或半持续 SRS 传输，SRS 可被配置为在整个 BWP 内进行时隙内或时隙间跳频传输。当 $N_{symb}^{SRS} = 1$ 时，SRS 可被配置为时隙间跳频，且 SRS 在不同时隙内的 OFDM 符号位置相同；当 $N_{symb}^{SRS} = 2,4$ 时，SRS 可被配置为时隙内跳频或时隙间跳频，且 SRS 在不同时隙内的 OFDM 符号位置相同。对于 $N_{symb}^{SRS} = 4$，$R = 2$ 的情况，可参考非周期 SRS 传输在相同配置下的 SRS 资源位置；当 $N_{symb}^{SRS} = R$ 时，SRS 可被配置为时隙间跳频，且 SRS 在不同时隙内的 OFDM 符号位置相同。

如上文所述，与跳频相关的配置参数为 c-SRS、b-SRS 以及 b-hop。为方便后续描述，分别用 C_{SRS}、B_{SRS} 和 b_{hop} 表示 c-SRS、b-SRS 以及 b-hop 的具体取值，其中 $C_{SRS} \in \{0,1,\cdots,63\}$，$B_{SRS} \in \{0,1,2,3\}$，$b_{hop} \in \{0,1,2,3\}$。

C_{SRS} 和 B_{SRS} 共同决定 SRS 序列的长度，即每个 OFDM 符号上 SRS 的子载波数目。如上文所述，SRS 序列长度为 $M_{sc,b}^{SRS} = m_{SRS,b} N_{sc}^{RB} / K_{TC}$，通过查找 SRS 带宽配置表格，便可以根据 C_{SRS} 和 B_{SRS} 确定 $m_{SRS,b}$ 的值，$b = B_{SRS}$。SRS 带宽配置表格如表 6-47 所示（节选自 3GPP TS 38.211 的表 6.4.1.4.3-1）。表中 N_b，$b = B_{SRS}$，用于计算频率位置索引。

表 6-47　SRS 带宽配置（部分）

C_{SRS}	$B_{SRS} = 0$		$B_{SRS} = 1$		$B_{SRS} = 2$		$B_{SRS} = 3$	
	$m_{SRS,0}$	N_0	$m_{SRS,1}$	N_1	$m_{SRS,2}$	N_2	$m_{SRS,3}$	N_3
0	4	1	4	1	4	1	4	1
1	8	1	4	2	4	1	4	1
2	12	1	4	3	4	1	4	1
3	16	1	4	4	4	1	4	1
…	…	…	…	…	…	…	…	…
60	264	1	132	2	44	3	4	11
61	272	1	136	2	68	2	4	17
62	272	1	68	4	4	17	4	1
63	272	1	16	17	8	2	4	2

b_{hop} 和 B_{SRS} 的大小关系隐性的指示了 SRS 是否启用跳频传输：当 $b_{hop} \geqslant B_{SRS}$ 时，SRS 不启用跳频传输；当 $b_{hop} < B_{SRS}$ 时，SRS 启用跳频传输。

（4）用于下行 CSI 获取的 SRS 配置

当上、下行信道存在互易性的时候，gNB 可以通过 UE 在上行发送的 SRS 来获取下行信道信息。受限于 UE 侧能力，UE 在上行传输和下行接收的天线数可能不相等。为了使 gNB 能够有效地获得下行 CSI，NR 标准对 SRS 的天线切换传输方式进行了设计。gNB 可以通过将 SRS-config IE 中的 SRS 资源集参数 usage 设为"antennaSwitching"，来配置用于下行 CSI 获取的 SRS 资源。

SRS 的天线切换传输方式取决于 UE 的收发能力，具体包括 1 发 2 收（1T2R）、1 发 4 收（1T4R）、2 发 4 收（2T4R）以及收发能力相同的情况（包括 1 发 1 收、2 发 2 收和 4 发 4 收）。根据 UE 收发能力的不同，gNB 采用不同的方式进行相应 SRS 资源集的配置，具体如下所述。

- 1T2R：最多配置 2 个 SRS 资源集，且这 2 个资源集具有不同的时域传输类型（包括周期传输、半持续传输和非周期传输）。每个 SRS 资源集包含 2 个 SRS 资源，它们在不同的 OFDM 符号上传输。每个 SRS 资源都只有 1 个 SRS 天线端口，且每个 SRS 资源集内的 2 个 SRS 资源的天线端口号不相同。

- 2T4R：最多配置 2 个 SRS 资源集，且这 2 个资源集具有不同的时域传输类型。每个 SRS 资源集包含 2 个 SRS 资源，它们在不同的 OFDM 符号上传输。每个 SRS 资源有 2 个 SRS 天线端口，且每个 SRS 资源集内的 2 个 SRS 资源的天线端口号不相同。

- 1T4R：包括 2 种配置。第一种配置：配置 0 个或 1 个周期传输或半持续传输的 SRS 资源集，所配置的 SRS 资源集包含 4 个 SRS 资源，它们在不同的 OFDM 符号上传输。每个 SRS 资源都只有 1 个 SRS 天线端口，并且每个 SRS 资源的 SRS 天线端口都不同；第二种配置：配置 0 个 2 个非周期传输的 SRS 资源集，这 2 个 SRS 资源集一共可以配置 4 个 SRS 资源（第一个 SRS 资源集配置 1 个 SRS 资源，第二个 SRS 资源集配置 3 个 SRS 资源；或者 2 个 SRS 资源集均配置 2 个 SRS 资源），这些 SRS 资源在 2 个不同时隙的不同符号上传输。每个 SRS 资源都只有 1 个 SRS 天线端口，且不同 SRS 资源的天线端口号均不相同。

- T=R（1T1R，2T2R，4T4R）：最多配置 2 个 SRS 资源集，每个 SRS 资源集包含 1 个 SRS 资源，每个 SRS 资源有 1/2/4 个天线端口。

当 SRS 采用天线切换的传输方式时，如果一个 SRS 资源集的 2 个 SRS 资源在相同的时隙内发送，则 UE 在传输 2 个 SRS 资源之间需要有一定的保护间隔，具体如表 6-48 所示。在位于保护间隔内的 OFDM 符号上，UE 不传输任何信息。

表 6-48 SRS 资源集内两个 SRS 资源的最小保护间隔（用于 SRS 天线切换传输）

μ	$\Delta f = 2^{\mu} \cdot 15 / kHz$	保护间隔符号数
0	15	1
1	30	1
2	60	1
3	120	2

6.3 大规模天线技术

6.3.1 概述

业界与学术界关于多输入多输出（MIMO）技术已经进行了数十年的持续研究。至今，MIMO 已经演进为一项比较成熟的技术并被广泛应用在移动通信系统中。

MIMO 系统的收端和发端都配备有多根天线，得益于此，MIMO 系统可以将单天线系统基于时域、频域两维的信号处理扩展为时域、频域和空域三个维度。由于 MIMO 技术能够在不增加发射功率与带宽的情况下，显著提高无线系统的容量与稳定性，许多无线标准都引入了 MIMO 技术，LTE 也在 3GPP Rel-8 协议版本中引入了 MIMO 相关技术。

在 MIMO 系统的初期研究工作中，收、发两端的天线数都比较少。此时，可以为每根天线都配备一根独享的射频链路，射频链路由低噪声放大器、下变频器、数模转换器（DAC）、模数转换器（ADC）等器件组成[5,6]。射频链路与基带单元相连，换言之，每根天线都可以由数字基带直接控制，这为发端的预编码以及收端的合并接收提供了很大的便利。这种由数字基带直接进行收/发预编码和滤波处理的系统被称为全数字系统。

随着通信技术的不断演进，业界逐渐展开对大规模 MIMO 系统的相关研究[7,8]。大规模 MIMO 较传统 MIMO 而言，基站配备的天线振子数要高出两个数量级以上，可达数百个天线振子。基于随机矩阵理论的渐进分析证明了当基站端的天线振子数目趋于无穷的时候，非相关噪声以及小尺度衰落的影响被消除了，每小区最大复用的用户数目与小区大小相独立，并且每比特信息需要的传输功率趋于零。更重要的是，使用简单的线性处理技术就可以实现上述这些特性，这使得大规模 MIMO 系统较传统 MIMO 系统有着更高的频谱效率与能量效率。

虽然大规模 MIMO 技术能够带来显著的系统性能提升，但同时也存在着一系列挑战，首先需要解决硬件开销的问题。不同于传统的全数字 MIMO 系统，每个天线振子都可以与一根独立的射频链路相连接，在大规模 MIMO 系统中，考虑到信号混合元件的高额开销与功耗，为每个天线振子都配备一根专享的射频链路是很困难的[9]。因此，大规模 MIMO 系统需要尽可能地降低射频链路数目。

为了达到这一目的，业界提出了一种基于混合模拟与数字的天线阵列系统结构[10-19]，该结构最终成为大规模 MIMO 系统的主流结构。在该系统结构下，基站的信号处理被分为数字域处理与模拟域处理两部分，其中数字域处理由数字基带模块实现，模拟域处理由模拟前端实现。

通常，主要有两种混合模拟与数字系统结构，如图 6-35 所示[20]。第一种称为全连接结构，该结构中的每根射频链路通过模拟移相器和射频加法器与全部的天线振子连接。通过这种连接方式，每根射频链路都可以充分利用全部天线阵列的阵列增益。然而，全连接结构需要使用大量的模拟移相器，这将导致很高的硬件开销[21]。另外，多输入的射频加法器也是非常复杂且昂贵的。因此，全连接结构非常难以进行实际部署。第二种称为部分连接结构，该结构中的每根射频链路通过模拟移相器直接和一个天线子阵列连接，相对应地，每个天线振子都只与一根射频链路连接。部分连接结构不需要射频加法器，这在很大程度上降低了系统的硬件复杂度，更利于实际部署工作的开展。目前，5G 基站天线主要采用部分连接结构。

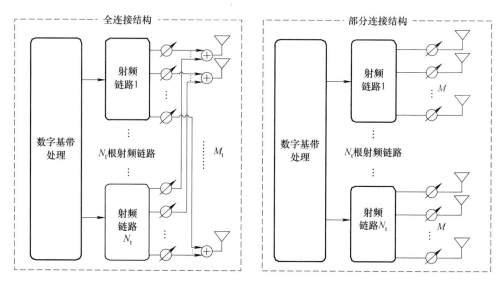

图 6-35　两种典型的混合模拟与数字天线阵列结构

6.3.2　大规模天线背景介绍

1.　混合模拟与数字天线阵列系统

考虑一个多用户 MIMO 系统，系统模型如图 6-36 所示。该系统共有 K 个用户，用户采用全数字系统，每个用户包含 N_r 根天线和 N_r 根射频链路；基站采用混合模拟与数字大规模天线阵列结构，包含 M_t 根天线和 N_t 根射频链路。在该系统模型中，KN_s 个待传输的数据流经由数字基带模块的处理，映射到 N_t 根射频链路上，随后通过映射网络模块映射到 M_t 个天线振元并发射出去，其中映射网络模块定义了射频链路与天线间的具体连接方式。目前，学术界主要研究的映射方式有三种：部分连接[10]、交叠连接[22]和全连接[15]，如图 6-37 所示。从图中可以看出，这三种连接方式的主要区别在于射频链路连接的天线数目不同，每根射频链路连接的天线数目越多，可获得的阵列增益越大，但是所需要的射频加法器更多，系统更复杂、更昂贵。因此，这三种连接方式的选择主要在于对系统性能和系统复杂度、开销之间的取舍，从产业界的角度来看，全连接的方式在实际部署中不是很现实，而结构最简单的部分连接方式更受到厂家的关注和推崇，成为目前业界主要采用的天线结构。

根据图 6-37 所示的系统模型，第 $k(1 \leqslant k \leqslant K)$ 个用户的接收信号可以表示为如下形式：

$$\boldsymbol{y}_k = \sqrt{P}\boldsymbol{V}_{r,k}^{H}\boldsymbol{H}_k\boldsymbol{W}_t\boldsymbol{V}_{t,k}\boldsymbol{s}_k + \sum_{i=1,i\neq k}^{K} \sqrt{P}\boldsymbol{V}_{r,k}^{H}\boldsymbol{H}_k\boldsymbol{W}_t\boldsymbol{V}_{t,i}\boldsymbol{s}_i + \boldsymbol{V}_{r,k}^{H}\boldsymbol{n}_k$$

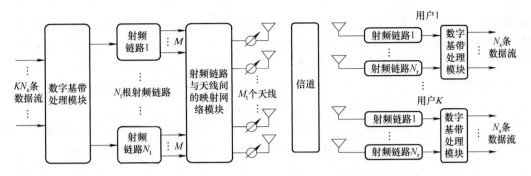

图 6-36   多用户 MIMO 系统模型

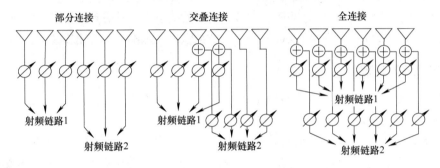

图 6-37   射频链路与天线间的三种典型连接方式

其中，$\boldsymbol{y}_k \in \mathbb{C}^{N_r \times 1}$ 表示第 k 个用户接收到的信号；P 表示基站平均发射功率；$\boldsymbol{H}_k \in \mathbb{C}^{N_r \times M_t}$ 表示第 k 个用户与基站间的信道矩阵，$\boldsymbol{n}_k$ 表示第 k 个用户的噪声向量，其每个元素都服从独立同分布的复高斯分布 $\mathcal{CN}(0,\ \sigma^2)$，$\boldsymbol{V}_{r,k} \in \mathbb{C}^{N_r \times N_s}$ 表示用户 k 的合并接收矩阵，$\boldsymbol{W}_t \in \mathbb{C}^{M_t \times N_t}$ 表示基站端的模拟预编码矩阵，$\boldsymbol{V}_{t,k} \in \mathbb{C}^{N_t \times N_s}$ 表示基站端的数字预编码矩阵，用于对用户 k 的信息 $\boldsymbol{s}_k$ 进行数字预编码。基于上述系统模型，假设基站端发送的信号为高斯信号，并且满足 $\mathbb{E}\left[\boldsymbol{s}_i\boldsymbol{s}_i^{\mathrm{H}}\right] = \dfrac{1}{N_s}\boldsymbol{I}_{N_s}$，$\mathbb{E}\left[\boldsymbol{s}_i\boldsymbol{s}_j^{\mathrm{H}}\right] = \boldsymbol{0}_{N_s}, j \neq i$，则该系统总的频谱效率可以表示为[23]：

$$R = \sum_{k=1}^{K}\log_2\left| \boldsymbol{I}_{N_s} + \frac{P}{KN_s}\boldsymbol{C}^{-1}\boldsymbol{V}_{r,k}^{\mathrm{H}}\boldsymbol{H}_k\boldsymbol{W}_t\boldsymbol{V}_{t,k}\left(\boldsymbol{V}_{r,k}^{\mathrm{H}}\boldsymbol{H}_k\boldsymbol{W}_t\boldsymbol{V}_{t,k}\right)^{\mathrm{H}} \right|$$

其中，$\boldsymbol{C} \in \mathbb{C}^{N_s \times N_s}$ 表示干扰和噪声的协方差矩阵，$\boldsymbol{C}$ 具体可以表示为：

$$\boldsymbol{C} = \frac{P}{KN_s}\sum_{i=1,i\neq k}^{K}\boldsymbol{V}_{r,k}^{\mathrm{H}}\boldsymbol{H}_k\boldsymbol{W}_t\boldsymbol{V}_{t,k}\left(\boldsymbol{V}_{r,k}^{\mathrm{H}}\boldsymbol{H}_k\boldsymbol{W}_t\boldsymbol{V}_{t,k}\right)^{\mathrm{H}} + \sigma^2\boldsymbol{V}_{r,k}^{\mathrm{H}}\boldsymbol{V}_{r,k}$$

通过对基站端以及用户的预编码、合并矩阵的优化设计，可以使整体系统的频谱效率 R 得到提升，这类优化问题是数字/模拟混合大规模天线系统研究中的一个典型而又重要的问题。但是通常情况下，此类联合优化问题非常难以解决，即便不考虑数字/模拟混合系统，对于结构更为简单的全数字系统而言，相应问题的全局最优解仍然难以获得。除此之外，实际系统通常会考虑多载波传输，这无疑为数字/模拟混合大规模天线系统的优化问题又添了一层壁垒。因此，学术界在处理此类问题时，通常会将联合优化问题拆分为若干个子问题，通过迭代求解的方式，以寻求次优解[24]。

除了上述的数字/模拟混合预编码设计之外，混合波束赋形设计也是大规模 MIMO 系统中的重要技术手段，通过对不同天线上信号的幅度、相位进行调整，从而形成所期望的波束，将传输给用户的信号能量聚焦在特定的方向上，一方面可以增强该用户的信号强度，另一方面可以降低对其他用户造成的干扰。实质上，波束赋形也算是预编码的一种，但是它更注重对波束形状、波束方向以及 3dB 带宽等相关参数的设计。考虑到波束赋形的技术特点和技术优势，相信在 5G 甚至未来的 6G 系统中，波束赋形技术都能发挥出重要的作用。

2. 波束赋形原理

波束赋形是一种将发射信号的功率集中到某个期望方向上的信号处理技术。在介绍波束赋形的原理之前，首先需要理解波束的概念。

一般来说，天线可以分为全向天线和定向天线。所谓全向天线，是指其发射信号在水平方向辐射均匀。如果以天线为原点，将其在各个方向的辐射功率值用极坐标图的方式表示出来，则全向天线在各个水平方向的归一化发射功率如图 6-38 所示，称其为水平方向的天线方向图。由于全向天线在 360°水平方向的辐射特性相同，在不考虑各方向信道差异的情况下，接收机只要距离发射天线的距离是相同的，那么它接收到的信号强度也相同。当发射机不知道接收机的位置时，这种全向的信号发送方式似乎是合理的。但是如果发射机提前知晓了接收机的位置或信道特性，这种全向的信号发射方式一方面会浪费发射功率，另一方面会对其他接收机造成严重干扰。

为了解决上述问题，一种可行的方式便是采用定向天线。所谓定向天线，是指其发射的信号功率集中在某些特定的方向上。在定向天线的实际制作过程中，需要对天线的结构做出一些较为复杂的调整，以最终实现改变天线方向图的目的。举个例子，比如可以在定向天线的后面加一块反射板，这样信号功率就能集中到一个主要方向上，形成波束的形状。定向天线水平方向天线方向图的示意图如图 6-39 所示。

但是定向天线也存在一定的弊端：由于其辐射方向是确定的，不能灵活地调整，因此在实际部署的时候存在一定局限性。经过研究发现，如果把若干天线组成阵列，当调整这些天线的权重（包括天线的相位和幅度）时，整体阵列形成的方向图也会动态地变化，在某些情况下可以形成具有一定指向的细波束。以上所描述的天线权重的调整过程实际就是波束赋形的过程。波束赋形技术的出现彻底打破了天线部署的局限性。通过波束赋形可以灵活、动态地对天线方向图进行调整，从而实时地匹配收发信道，增强目标设备的接收功率，并且降低对其他设备的干扰。

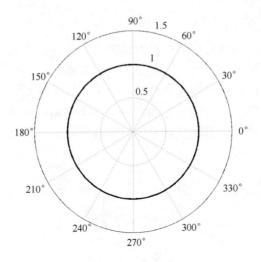

图 6-38　全向天线水平方向的天线方向图

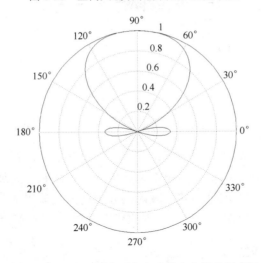

图 6-39　定向天线水平方向天线方向图的示意图

　　从本质上来看，波束赋形技术利用波的干涉原理，使得无线信号在某些方向形成相长干涉，在某些方向形成相消干涉，从而使天线方向图形成一定的指向性，如图 6-40 所示。如上文所言，为实现这一目的，需要对天线的权重进行调整，其中天线的相位可以通过模拟/数字移相器调整，天线的幅度可以通过模拟/数字功率放大器调整。根据天线权重的调整方式不同，波束赋形又可分为全数字波束赋形、模拟波束赋形和混合波束赋形。

　　对于全数字波束赋形，基站可以通过数字基带直接调整每根天线的权重，从而形成具有特定指向性的波束。但是受限于系统成本与复杂度，全数字波束赋形只能在天线阵子数较少的情况下使用。

对于模拟波束赋形，基站只采用一根射频链路，且这根射频链路与所有的天线进行连接。基站通过模拟移相器网络可以对各个天线的权重进行调整，从而形成具有特定指向性的波束，将信号能量集中到期望的传输方向上。但是模拟波束赋形的缺点也比较直观，它只能发送一个数据流，不能充分的利用信道子空间；另外，模拟波束赋形在整个频带上只能使用相同的权重，无法针对不同的频域资源采用不同的权重矩阵，因此会造成传输性能的损失。

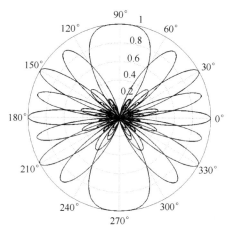

图 6-40　波束赋形生成的水平天线方向图（8 波束）

对于混合波束赋形，基站的射频链路数小于天线振子数，每根射频链路和部分天线相连接，相当于全数字波束赋形和模拟波束赋形的折中形态。它通过数字基带与模拟移相器网络共同对天线的权重进行调整，既能充分利用天线振子的增益，又能灵活的对不同的频域资源进行波束赋形权重的设计，因此特别适合于大规模天线系统。

3. 5G 基站主流天线结构

天线结构对于系统仿真和 5G 基站产品设计而言都是非常重要的。为了统一天线结构中各参数的表述，3GPP TR 38.901[25]中定义了天线阵列面阵结构，如图 6-41 所示。图中基站天线阵列由 $M_g \times N_g$ 个面板（Panel）组成，其中 M_g 表示天线面板的行数，N_g 表示天线面板的列数，$d_{g,H}$ 表示水平方向相邻的两个面板之间的距离，$d_{g,V}$ 表示垂直方向相邻的两个面板之间的距离；每个面板又由 $2 \times M \times N$ 个双极化天线组成，其中 M 表示具有相同极化方向的天线行数，N 表示双极化天线的列数，d_H 表示水平方向相邻的两个同极化天线之间的距离，d_V 表示垂直方向相邻的两个同极化天线之间的距离。综上，面阵天线阵列可以用参数集 $\left(M_g, N_g, M, N, P\right)$ 表示，其中 P 表示天线的极化方向数目，对于双极化天线，$P = 2$。

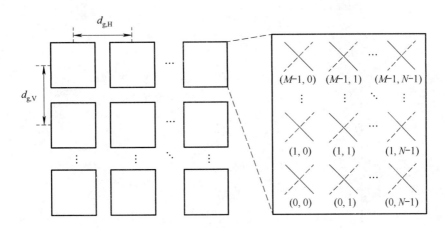

图 6-41 天线阵列结构示意图

在定义了天线阵列结构之后，还需要定义天线与射频链路的连接方式。通常，若干根天线构成一个单元并与一根射频链路相连接，一般称该单元为收发单元（TxRU）[26]，或称为射频通道数，每个 TxRU 由具有相同极化方向的相邻天线组成。引入 TxRU 的概念之后，面阵天线阵列的表示参数扩充为 6 个参数，通常记为 $(M, N, P, M_g, N_g; M_p, N_p)$，其中 M_p 表示 TxRU 的行数，N_p 表示具有相同天线极化方向的 TxRU 的列数。

目前，5G 基站产品主要采用 16TxRU、32TxRU 和 64TxRU 三种天线阵面形态。以典型的 192 天线振子为例：

- 16TxRU 面阵天线阵列可以表示为 $(12,8,2,1,1;1,8)$，整个天线阵面只有一个面板，垂直方向有 1 个 TxRU，水平方向有 8×2 个 TxRU，每个 TxRU 由一整列天线振子组成，包含 12 个天线振子。由于这种天线阵列结构在垂直方向只有 1 个 TxRU，也即在垂直方向只有 1 个射频通道，所以垂直方向的自由度较低，垂直方向的波束调节能力较弱。

- 32TxRU 面阵天线阵列可以表示为 $(12,8,2,1,1;2,8)$，整个天线阵面只有一个面板，垂直方向有 2 个 TxRU，水平方向有 8×2 个 TxRU，每个 TxRU 由一列天线中的 6 个具有相同极化方向的天线振子组成。由于这种天线阵列结构在垂直方向有 2 个 TxRU，所以垂直方向的波束调节能力要强于 16TxRU 产品。

- 64TxRU 面阵天线阵列可以表示为 $(12,8,2,1,1;4,8)$，整个天线阵面只有一个面板，垂直方向有 4 个 TxRU，水平方向有 8×2 个 TxRU，每个 TxRU 由一列天线中的 3 个具有相同极化方向的天线振子组成。由于这种天线阵列结构在垂直方向有 4 个 TxRU，所以垂直方向的波束调节能力最强。64TxRU 面阵天线阵列结构如图 6-42 所示。

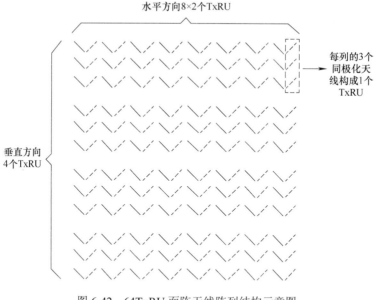

图 6-42　64TxRU 面阵天线阵列结构示意图

6.3.3　多天线传输方案

1．下行传输方案

如前文所述，大规模天线系统在下行传输时可以采用波束赋形或预编码技术对信号进行处理，使得信号能量集中到期望的方向上。由于这些技术手段取决于具体算法和产品实现，NR 标准并没有为大规模天线技术定义专门的传输方案，只定义了 PDSCH 的最大传输层数以及传输层与天线端口的映射方式。

NR 中所有的下行信道都支持波束赋形，这可以有效地提升系统覆盖性能，同时降低用户间干扰。对于波束赋形技术而言，一个非常重要的因素就是对下行信道信息的获取。目前主要有两种信道信息的获取方式：

- 利用上、下行信道的互易性，gNB 通过对上行参考信号的测量直接获得下行信道信息。
- 利用基于码本的反馈机制，gNB 通过 UE 对下行参考信号的测量与反馈获得下行信道信息。

一般来说，TDD 系统可以通过信道互易性的方式获得下行信道信息。但在实际应用中，由于射频收、发通道之间存在相位和幅度差，并且不同的收、发通道的相位和幅度差异不同，导致上、下行信道并不是严格互易的。因此，如果想利用信道互易性来获取下行信道，需要采用通道校正技术来保证射频收、发通道幅度和相位的一致性。

FDD 系统一般通过基于码本反馈机制获得下行信道信息，主要方法为：①gNB 发送下行参考信号用于下行信道测量；②UE 根据 gNB 配置对相应的参考信号进行测量并反馈相应的信道信息。这种通过反馈机制获得的信道信息的准确度取决于码本的设计，为了提升信道信息的反馈精度，NR 引入了 Type Ⅱ码本，具体可参考 3GPP TS 38.214 的 5.2.2.2 小节。

同 LTE 系统一样，NR 也支持多用户 MIMO 的传输方案。在多用户 MIMO 传输中，每个 UE 最多支持 4 层数据。gNB 支持的数据层数与 DMRS 类型有关，对于 DMRS 类型 1，最多支持 8 层数据传输；对于 DMRS 类型 2，最多支持 12 层数据传输。

2．上行传输方案

NR 中，UE 支持基于码本和非码本的上行数据传输方案，具体由高层参数 txConfig 进行配置。当 txConfig 设置为"codebook"时，UE 采用基于码本的传输方式；当 txConfig 设置为"nonCodebook"时，UE 采用非码本的传输方式。

（1）基于码本的上行传输

对于基于码本的上行传输，UE 需要根据 gNB 指示，在一个给定的预编码集合中选择相应的预编码矩阵用于上行传输数据的信号处理，这个给定的预编码集合即称为预编码码本。基于码本的上行传输主要包含以下几个步骤。

步骤 1：当 UE 被配置为采用基于码本的传输方式时，gNB 会为该 UE 配置一个 SRS 资源集以及最多 2 个 SRS 资源，SRS 资源集的参数 usage 设置为"codebook"，用于获取该 UE 的上行信道信息。

步骤 2：UE 在所配置的 SRS 资源上传输 SRS。

步骤 3：gNB 对 UE 发送的 SRS 进行测量，基于测量结果确定该 UE 的传输预编码矩阵指示（TPMI），SRS 资源指示（SRI）以及传输的层数（transmission rank），并通过 DCI 0_1 的"预编码信息及层数"信息域与"SRS 资源指示"信息域告知 UE 相应的信息。

步骤 4：UE 根据 gNB 指示，选择相应的预编码矩阵对上行数据进行预编码，并完成上行数据的传输。上行数据传输使用的天线端口与 SRI 指示的 SRS 资源的天线端口相对应，上行数据的 DMRS 端口根据天线端口与 DMRS 端口映射表格确定，具体可参考 3GPP TS 38.212 的表 7.3.1.1.2-6 至表 7.3.1.1.2-23。

UE 的上行传输支持 DFT-S-OFDM 和 CP-OFDM 两种传输波形，其中 DTF-S-OFDM 只支持单层传输，CP-OFDM 支持最多 4 层传输。因此，需要为这两种波形分别设计相应的预编码码本。除此之外，预编码码本的设计还需要考虑 UE 的天线相干传输能力。NR 定义了三种 UE 天线相干传输能力（全相干、部分相干和非相干），并分别为其定了三种码本子集（"全/部分/非相干码本子集"、"部分/非相干码本子集"和"非相干码本子集"），具体如下所述。

- 全相干，表明 UE 的所有天线都可以进行相干传输。此时，UE 上报的天线相干传输能力为"fullyAndPartialAndNonCoherent"，且 UE 可被配置所有类型的码本子集。

- 部分相干，表明 UE 的某些天线可以进行相干传输。此时，UE 上报的天线相干传输能力为"partialAndNonCoherent"，且 UE 不能被配置"全/部分/非相干码本子集"。

- 非相干，表明 UE 的任意天线之间都不能进行相干传输。此时，UE 上报的天线相干传输能力为"NonCoherent"，且 UE 只能被配置"非相干码本子集"。

上行预编码码本的具体设计可参考 3GPP TS 38.211 的表 6.3.1.5-1 至表 6.3.1.5-7，在此不做详述。

（2）非码本的上行传输

对于非码本的上行传输，UE 的预编码矩阵不再选自于预编码码本集，而是通过对相关 NZP-CSI-RS 的测量计算获得。因此，只有当上、下行信道存在互易性的时候，非码本传输的预编码矩阵的计算结果才能相对准确，否则非码本的上行传输性能将大打折扣。非码本的上行传输主要包含以下几个步骤。

步骤 1：当 UE 被配置为采用非码本的传输方式时，gNB 会为该 UE 配置一个 SRS 资源集以及最多 4 个 SRS 资源，每个 SRS 资源都只配置 1 个天线端口，SRS 资源集的参数 usage 设置为"nonCodebook"。另外，gNB 会为该 UE 在 SRS 资源集中配置一个 NZP-CSI-RS 资源，以便 UE 对下行信道进行测量。

步骤 2：UE 对该 NZP-CSI-RS 进行测量，并计算得到上行预编码矩阵。随后，UE 使用该预编码矩阵对 SRS 进行预编码处理，并向 gNB 发送 SRS。UE 可同时传输一个或多个 SRS 资源，具体取决于 UE 能力。

步骤 3：gNB 对 UE 发送的 SRS 进行测量，通过 SRI 指示 UE 后续上行数据传输应使用的预编码矩阵和传输的层数。

步骤 4：UE 根据 gNB 指示，使用相应的预编码矩阵对上行数据进行预编码，并完成上行数据的传输。上行数据传输与 SRI 指示的 SRS 采用相同的预编码矩阵、传输层数以及相对应的天线端口号。

6.4 波束管理

波束管理实际上是波束赋形技术的衍生技术，通过对波束的建立和选择、测量、上报、调整等过程进行有效的管理，以达到提升系统性能的目的。

对于低频系统，波束赋形可以在数字域实现。但对于高频系统，比如毫米波系统，由于天线尺寸小，天线排布密集，且高频系统往往需要采用大规模的天线数量以对抗路径损耗，因此无论是从器件工艺还是系统开销考虑，高频系统无法再使用纯数字的波束赋形。通常，高频系统采用数字与模拟混合的波束赋形技术，将基带处理放在数字域，将多天线处理放在模拟域，从而实现系统性能与开销的折中。关于波束赋形技术的相关介绍可见 6.3 节。

在波束管理技术的讨论初期，主要定义了层 1 和层 2 的波束管理流程，包括上行波束管理和下行波束管理。上/下行波束管理的流程类似，都包含 3 个处理阶段[27-29]，下面以下行为例介绍。

- 第一阶段，也称 P-1 阶段：UE 以波束扫描的方式对 gNB 发送的不同波束进行测量，并选择合适的收发波束对。
- 第二阶段，也称 P-2 阶段：精细化 gNB 的发送波束。
- 第三阶段，也称 P-3 阶段：精细化 UE 的接收波束。

在后续的技术讨论中，波束管理流程逐步被完善，整体过程逐步演化为初始波束对的建立、波束调整与波束恢复三个部分。本节后续内容主要对波束管理中的主要过程进行介绍。

6.4.1　波束管理过程概述

波束管理主要针对高频系统，其目的是建立 UE 和 gNB 之间的波束链路，保证 UE 和 gNB 的通信质量。波束管理主要包括以下三方面的处理过程：初始波束对的建立、波束调整和波束恢复，其中波束调整还包括波束测量、波束上报过程。具体如下所述。

- 初始波束对的建立：在初始接入时，UE 在执行小区搜索时可以确定下行的 SSB 波束信息以及自己相应的接收波束信息；UE 在执行随机接入的过程中可以确认自己的上行波束信息。同时，gNB 在这一过程中也可以确定针对该 UE 的下行发送波束和上行接收波束。当 UE 和 gNB 之间建立连接后，可认为 UE 和 gNB 两侧的初始波束选择完毕，完成初始波束对的建立。
- 波束调整：由于 UE 的移动、设备旋转、物体遮挡等因素，UE 侧的波束情况随时都可能发生变化，这可能会导致初始建立的波束对不再适用于后续的消息传输。此时需要通过波束调整过程为 UE 和 gNB 选择链路质量更好的收发波束对。
- 波束测量：波束测量结果可以为波束调整提供依据。通过波束测量，gNB 和 UE 可以知道不同波束对之间的链路质量情况。
- 波束上报：当 UE 完成波束测量后，需要将波束测量结果上报给 gNB，以便 gNB 进行波束调整的决策。
- 波束恢复：在某些情况下，可能出现 gNB 和 UE 之间的波束对被完全阻塞的情况，并且没有足够的时间进行波束调整以建立新的波束对。此时，需要通过波束恢复过程重新建立 gNB 和 UE 之间的波束连接。

6.4.2 初始波束对的建立

初始波束对的建立阶段发生在 UE 的初始接入阶段。UE 在初始接入 NR 小区时，需要完成小区搜索流程和随机接入流程。

在小区搜索过程中，UE 首先需要检测并解码 gNB 发送的 SSB。gNB 可以通过波束扫描，以 TDM 的方式完成不同指向的 SSB 波束传输，这些 SSB 波束共同完成整个小区的覆盖。UE 侧也可以采用 TDM 的方式使用不同指向的接收波束对 SSB 进行检测。当 UE 成功解码 SSB 信息时，UE 即获得了两个方面的波束信息：SSB 波束索引以及 UE 自身使用的接收波束信息。关于 SSB 的详细内容可见 6.2.3 小节的第 1 部分。

在随机接入过程中，UE 会在 gNB 配置的 PRACH 资源上发送前导码。该 PRACH 的资源位置与 UE 检测到的 SSB 波束是相关的，gNB 通过 PRACH 的资源位置，便可以知道 UE 检测获得的 SSB 波束索引。UE 在发送前导序列时，也可以采用 TDM 的方式使用不同指向的发送波束进行传输。同样，gNB 也可以采用不同指向的接收波束进行 PRACH 的检测和解码。当 UE 完成随机接入过程，建立与 gNB 的连接后，UE 便获得了自身使用的传输波束信息，gNB 也获得了针对该 UE 的接收波束信息。关于 PRACH 的详细内容可见 6.2.4 小节的第 3 部分。

因此，在 UE 完成初始接入并建立与 gNB 的连接之后，UE 与 gNB 之间的初始波束对也建立完成。

6.4.3 波束调整

在初始波束对建立之后，当 UE 发生移动、旋转或 UE 与 gNB 之间发生遮挡的时候，可能需要重新选择 gNB 和 UE 的收发波束，称该过程为波束调整。

波束调整包括两方面的内容：下行波束调整和上行波束调整。在上、下行波束调整中，都会涉及 gNB 和 UE 两侧的波束调整。

1. 下行波束调整

假设 gNB 可以发送 T_{gNB} 个传输波束，UE 以 R_{UE} 个波束进行接收，则此时 gNB 和 UE 之间一共可以形成 $T_{gNB} \times R_{UE}$ 个波束对。UE 需要对这 $T_{gNB} \times R_{UE}$ 个波束的接收功率进行测量以找到最合适的收发波束对。

在执行下行测量时，主要有两种方式：

- gNB 下行发射波束测量，即 gNB 采用波束扫描的方式，依次发送不同指向的 T_{gNB} 个波束，UE 采用固定的波束进行测量，如图 6-43 所示。
- UE 下行接收波束测量，即 gNB 采用固定的发送波束，UE 采用波束扫描的方式依次对 gNB 的发送波束进行测量，如图 6-44 所示。

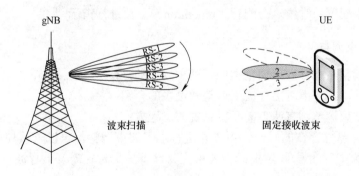

图 6-43　gNB 下行发射波束测量示意图

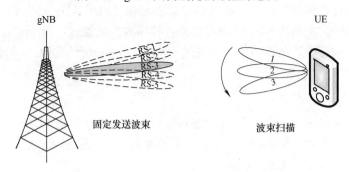

图 6-44　UE 下行接收波束测量示意图

　　gNB 下行发送波束测量的主要目的在于调整或者细化 gNB 侧的发送波束。在执行测量过程之前，gNB 首先需要配置 T_{gNB} 个参考信号，分别对应 T_{gNB} 个不同的波束方向。这些参考信号可以是一组 NZP CSI-RS，也可以是一组 SSB，具体由相应的 NZP-CSI-RS 资源集配置。在执行测量过程中，UE 根据 gNB 的配置，测量相应的 NZP-CSI-RS 或 SSB 信息，并在一个上报时隙上报最多 4 个最优波束的信息，包括：相应波束对应的参考信号索引，具有最强接收功率的参考信号的接收功率（L1-RSRP），剩余上报的参考信号与最强参考信号的 L1-RSRP 差值。需要说明的是，gNB 发送波束的方向对 UE 而言是透明的，UE 只是测量 gNB 下发的一组参考信号，并根据配置上报若干个参考信号的索引以及相应的接收功率值。

　　UE 下行接收波束测量的主要目的在于调整或者细化 UE 侧的接收波束。在执行测量过程之前，gNB 同样需要配置相应的参考信号，但是与下行发端波束测量的不同在于，此时 gNB 配置的一组参考信号具有相同的波束方向，UE 侧通过波束扫描的方式完成 R_{UE} 个接收波束的测量。由于波束扫描是顺次进行的，并且 UE 进行波束切换时需要一定的时间，因此 gNB 在配置这组参考信号时需要确保参考信号之间留有足够的符号间隔。当 UE 找到最佳的接收波束时，只需要将相关波束信息存储在本地，无须上报给 gNB。

　　为了让 UE 能够区分 gNB 下行发送波束测量与 UE 下行接收波束测量，gNB 在进行参考信号资源集配置的时候，会配置"repetition"参数进行指示[30]。

2．上行波束调整

上行波束调整与下行波束调整类似，其主要目的是建立 UE 和 gNB 之间最合适的上行波束对。因此，本节不对上行波束调整做过多的介绍。

关于上行波束调整，有两点需要特别说明的地方：

- 当波束互易性存在的时候，不需要进行上行波束调整，可以直接使用下行的收/发波束作为上行的发/收波束；当波束互易性不满足时，需要上行波束调整，以找到合适的上行波束对。
- 不同于下行波束调整，上行波束调整需要 gNB 为 UE 配置一组 SRS 资源用于上行波束的发送。不同的 SRS 资源可以采用相同的波束发送，用于 gNB 的上行接收波束调整；也可以采用不同的波束发送，用于 UE 的上行发送波束调整。

6.4.4　波束指示

通俗地讲，当 gNB 通过波束赋形的方式进行下行信道（包括 PDCCH 以及 PDSCH）的传输时，需要指示 UE 本次下行信道所采用的波束序号，这样 UE 就可以基于先前的波束测量，采用最佳的接收波束进行接收。

但实际上，波束的概念对 UE 而言是透明的。因为 UE 在执行波束测量时，是针对特定的参考信号进行测量，UE 侧的接收波束信息也是与这些参考信号所对应的。因此，gNB 并不显性地指示 UE 下行传输使用的波束序号，而是通过将此次下行传输与某个下行参考信号（比如 NZP-CSI-RS 和 SSB）的传输相关联。当 UE 接到 gNB 指示后，就可以假设本次下行传输与之前的某个参考信号传输使用相同的发送波束，于是 UE 可以使用相对应的接收波束进行本次下行传输的接收。

上述的指示方式可以通过传输配置指示（TCI）实现。每个 TCI 包含了两种参数：

- 1 个或者 2 个下行参考信号。
- PDSCH 的 DMRS 端口与前述参考信号的准共址（QCL）关系。关于 QCL 的介绍可见 6.2.2 小节的第 5 部分。

在波束指示中，TCI 指示的 QCL 关系为"QCL-TypeD"，即 PDSCH 的 DMRS 端口与所指示的参考信号具有相同的空间接收参数，可以采用相同的接收波束。gNB 可以通过 RRC 信令为 UE 配置最多 64 个候选 TCI 状态，具体数量取决于 UE 的能力，由字段 maxNumberActiveTCI-PerBWP 表示。

对于 PDCCH 的波束指示，gNB 可以通过 RRC 信令为每个已配置的 CORESET 分配多个候选 TCI 状态，之后再通过 MAC-CE 为 CORESET 激活一个具体的 TCI 状态用于波束指示。当 UE 在特定的 CORESET 上进行 PDCCH 检测时，UE 可以根据 MAC-CE 激活的 TCI 状态，知道与 PDCCH 具有 QCL 关系的参考信号，于是便可用相同的接收波束进行 PDCCH 的接收[31]。

对于 PDSCH 的波束指示，首先由 MAC-CE 在候选 TCI 状态中选择最多 8 个 TCI 状态进行激活，并与 DCI 的"传输配置指示"信息域（3 比特）建立映射关系，之后由 gNB 通过相应的 DCI 指示 UE 所调度 PDSCH 的 TCI 状态。如果 DCI 与其所调度的 PDSCH 之间的符号间隔小于一个给定的门限值 timeDurationForQCL，则 UE 不按照 DCI 的指示来判断 PDSCH DMRS 端口的 TCI 状态，而是假设 PDSCH 的传输与调度它的 PDCCH 具有 QCL 关系。这主要是因为 UE 解码 DCI 需要一定的时间，如果 DCI 和它调度的 PDSCH 之间的符号间隔太短，UE 可能来不及解调 DCI 中携带的 TCI 信息以及调整接收波束方向。

6.4.5　波束恢复

在某些情况下，UE 和 gNB 之间的波束对可能会被完全的阻挡，并且没有足够的时间进行常规的波束调整过程。NR 标准针对这种情况定义了专门的波束恢复处理，旨在重新建立 UE 和 gNB 之间的波束对。

波束恢复的总体流程包括以下几个部分[32]：

- 波束失败检测。
- 选择新的候选波束。
- 波束恢复请求的发送与响应。

1. 波束失败检测

当 UE 接收到的所有 PDCCH 的信号质量都低于一定的阈值，使得 UE 无法正确解调 PDCCH 携带的信息时，UE 判断发生了波束失败[33]。

在实际的波束失败检测过程中，UE 并不是直接对 PDCCH 进行测量，而是对与 PDCCH 具有 QCL 关系的 NZP-CSI-RS 或 SSB 进行测量，根据测量结果计算得到一个假想的 PDCCH 误块率。如果 PDCCH 误块率在一定时间内一直大于某一个门限值，则此时 UE 判定波束失败发生。

2. 选择新的候选波束

当 UE 检测到波束失败后，首先需要找到一个可能可以恢复与 gNB 通信的新波束对，包括 gNB 的发送波束和 UE 自身的接收波束。为了使 UE 能够对可能的候选波束进行测量，gNB 需要为 UE 配置一组用于波束失败恢复的参考信号资源集，该资源集内的每个参考信号都对应一个新的候选波束方向。与上文所述的波束测量过程相似，UE 需要对这些参考信号进行测量。一般地，由于波束失败与发送波束和接收波束都可能有关系，因此，UE 在执行测量时，需要以波束扫描的方式进行测量，在确定 gNB 发送波束的同时，确定了自身的接收波束。

通常 UE 采用参考信号的 RSRP 值作为评价指标，如果测量得到的 RSRP 达到某一门限值，则 UE 认为相应的波束对是满足要求的。在一轮测量中，UE 可能会得到多组满足门限要求的波束对，但 UE 在最终上报的时候，只能选择 1 个波束信息进行上报。与波束测量中的上报一样，UE 自身的接收波束信息不需要上报给 gNB。

3. 波束恢复请求的发送与响应

当 UE 找到新的候选波束时，需要将该波束信息上报给 gNB。UE 通过波束恢复请求（BFRQ）来实现这一过程。当 gNB 接收到 UE 发送的波束恢复请求时，gNB 会获得两方面的信息，一是 UE 侧检测到了波束失败，二是 UE 上报的新的候选波束信息。

为了确保 BFRQ 发送的可靠性，NR 标准选择了 PRACH 信道承载 BFRQ 相关信息。实际上，可以将 BFRQ 的发送与响应看作是非竞争的随机接入过程。前述的候选波束会与特定的前导码配置相关联，因此 gNB 检测到 UE 发送的 PRACH 后，可以根据前导码确定 UE 选择的波束信息。随后，gNB 用 UE 上报的波束方向发送 PDCCH 作为对 BFRQ 的响应。另一方面，当 UE 发送 BFRQ 后，会监听 PDCCH 信道以试图获取 gNB 的响应。如果 UE 在给定的时间窗口内成功检测到 gNB 返回的 BFRQ 响应，则认为波束恢复成功；如果 UE 在给定的时间窗口内没有接收到 gNB 返回的 BFRQ 响应信息，则 UE 会根据相应配置进行 BFRQ 重传。当 BFRQ 重传次数达到高层配置的最大次数或者直到波束失败恢复的相关定时器到期时，如果 UE 仍没接收到 gNB 返回的 BFRQ 响应信息，则 UE 认为波束恢复失败。同时，UE 会认为无法通过波束恢复建立与 gNB 的连接，此时会触发无线链路恢复过程。

参 考 文 献

[1] 3GPP TS 38.211. Physical channels and modulation. 2019.

[2] 3GPP TS 38.213. Physical layer procedures for control. 2019.

[3] 3GPP TS 38.212. Multiplexing and channel coding. 2019.

[4] 3GPP TS 38.214. Physical layer procedures for data. 2019.

[5] Venkateswaran V, Veen A J V D. Analog Beamforming in MIMO Communications With Phase Shift Networks and Online Channel Estimation[J]. IEEE Transactions on Signal Processing, 2010, 58(8):4131-4143.

[6] Zhang X, Molisch A F, Kung S Y. Variable-phase-shift-based RF-baseband codesign for MIMO antenna selection[J]. Signal Processing IEEE Transactions on, 2014, 53(11):4091-

4103.

[7] Marzetta T L. Multi-cellular wireless with base stations employing unlimited numbers of antennas[C]// UCSD Inf. Theory Applicat. Workshop, 2010.

[8] Marzetta T L. Noncooperative Cellular Wireless with Unlimited Numbers of Base Station Antennas[J]. IEEE Transactions on Wireless Communications, 2010, 9(11):3590-3600.

[9] Hur S, Kim T, Love D J, et al. Millimeter Wave Beamforming for Wireless Backhaul and Access in Small Cell Networks[J]. IEEE Transactions on Communications, 2013, 61(10):4391-4403.

[10] Zhang J A, Huang X, Dyadyuk V, et al. Massive hybrid antenna array for millimeter-wave cellular communications[J]. IEEE Wireless Communications, 2015, 22(1):79-87.

[11] Dai L, Gao X, Quan J, et al. Near-optimal hybrid analog and digital precoding for downlink mmWave massive MIMO systems[J]. 2015:1334-1339.

[12] Ayach O E, Heath R W, Rajagopal S, et al. Multimode precoding in millimeter wave MIMO transmitters with multiple antenna sub-arrays[C]// IEEE Global Communications Conference. IEEE, 2015:3476-3480.

[13] Xu Z, Han S, Pan Z, et al. Alternating beamforming methods for hybrid analog and digital MIMO transmission[C]// IEEE International Conference on Communications. IEEE, 2015:1595-1600.

[14] Mendez-Rial R, Rusu C, Alkhateeb A, et al. Channel estimation and hybrid combining for mmWave: Phase shifters or switches?[C]// Information Theory and Applications Workshop. IEEE, 2016:90-97.

[15] Ayach O E, Rajagopal S, Abu-Surra S, et al. Spatially Sparse Precoding in Millimeter Wave MIMO Systems[J]. IEEE Transactions on Wireless Communications, 2014, 13(3):1499-1513.

[16] Sohrabi F, Yu W. Hybrid Digital and Analog Beamforming Design for Large-Scale Antenna Arrays[J]. IEEE Journal of Selected Topics in Signal Processing, 2016, 10(3):501-513.

[17] Rusu C, Mendez-Rial R, Gonzalez-Prelcic N, et al. Low Complexity Hybrid Precoding Strategies for Millimeter Wave Communication Systems[J]. IEEE Transactions on Wireless Communications, 2016, 15(12):8380-8393.

[18] Mirza J, Ali B, Naqvi S S, et al. Hybrid Precoding via Successive Refinement for Millimeter Wave MIMO Communication Systems[J]. IEEE Communications Letters, 2017, PP(99):1-1.

[19] Lopez-Valcarce R, Gonzalez-Prelcic N, Rusu C, et al. Hybrid Precoders and Combiners for mmWave MIMO Systems with Per-Antenna Power Constraints[C]// Global Communications Conference. IEEE, 2017:1-6.

[20] 李南希. 基于混合模拟与数字结构的规模天线阵列系统关键技术研究[D]. 北京：北京邮电大学，2018.

[21] Roh W, Seol J Y, Park J, et al. Millimeter-wave beamforming as an enabling technology for 5G cellular communications: theoretical feasibility and prototype results[J]. Communications Magazine IEEE, 2014, 52(2):106-113.

[22] Song N, Yang T, Sun H. Overlapped Subarray Based Hybrid Beamforming for Millimeter Wave Multiuser Massive MIMO[J]. IEEE Signal Processing Letters, 2017, 24(5):550-554.

[23] Ni W, Dong X. Hybrid Block Diagonalization for Massive Multiuser MIMO Systems[J]. IEEE Transactions on Communications, 2015, 64(1):201-211.

[24] Alkhateeb A, Leus G, Heath R W. Limited Feedback Hybrid Precoding for Multi-User Millimeter Wave Systems[J]. IEEE Transactions on Wireless Communications, 2014, 14(11):6481-6494.

[25] 3GPP TR 38.901. Study on channel model for frequencies from 0.5 to 100 GHz. 2017.

[26] 3GPP TR 36.897. Study on elevation beamforming / Full-Dimension (FD) Multiple Input Multiple Output (MIMO) for LTE. 2015.

[27] R1-168278. WF on DL beam management. Intel Corporation, Huawei, HiSilicon, et al, 3GPP TSG RAN1 #86, Gothenburg, Sweden, 2016.

[28] R1-1610894. UL beam management Samsung. Huawei, Intel, 3GPP TSG RAN1 #86bis, Lisbon, Portugal, 2016.

[29] 3GPP TR 38.802. Study on New Radio Access Technology Physical Layer Aspects. 2017.

[30] R1-1719009. Way forward on beam reporting based on CSI-RS for BM with repetition. ZTE, Sanechips, ASTRI, et al, 3GPP TSG RAN1 #90bis, Prague, Czech Rep, 2017.

[31] Dahlman, Erik. 5G NR: the Next Generation Wireless Access Technology 5G Standardization[J]. 2018.

[32] R1-1706633. WF on Beam Failure Recovery. MediaTek, Ericsson, Samsung, et al, 3GPP TSG RAN1 #88b, Spokane, USA, 2017.

[33] R1-1715012. Offline Discussion on Beam Recovery Mechanism. MediaTek Inc, 3GPP TSG RAN1 #90, Prague, Czech Rep, 2017.

第 7 章　5G 特性原理及算法

本章主要介绍 5G 特性原理及算法相关内容，其中 7.1 节主要介绍 5G 资源调度特性原理；7.2 节主要介绍 5G 功率控制特性原理；7.3 节主要介绍 5G 无线信道资源管理。

7.1　资源调度

资源调度是指基站根据帧结构配置，为 UE 分配下行和上行的资源（包括时域和频域资源），以便 UE 进行数据的接收或传输。调度可分为静态调度和动态调度：静态调度中，调度器预先将传输参数提供给 UE，UE 根据预先配置的传输参数及资源进行数据的传输和接收；动态调度中，调度器根据实际传输时的无线信道状况及业务需求动态地调整传输参数及资源，从而使调度过程更加灵活、高效。本节主要介绍调度的基本概念以及上行和下行调度算法。

7.1.1　调度的基本概念

调度功能主要通过调度器实现。5G 系统中调度器为介质访问控制（MAC）实体[1]，负责决定：①何时；②为哪些 UE；③分配哪些资源；④采用何种传输参数。

5G 系统有两个 MAC 实体，分别位于 UE 和 gNB。MAC 实体的主要功能包括：逻辑信道和传输信道之间的映射、MAC 服务数据单元（SDU）的复用、MAC SDU 的解复用、混合自动重传请求（HARQ）纠错等。

5G 系统中的调度在时域上可分为基于时隙的调度和非时隙调度，其中基于时隙调度的基本调度单位为一个时隙，而基于非时隙调度的基本单位为若干迷你时隙（mini-slot），即若干个 OFDM 符号；在频域上，基本调度单位为一个物理资源块（PRB），关于 PRB 的介绍参见 6.1.2 小节。

5G 整体调度过程大致分为以下几个步骤。

步骤 1：gNB 获取上/下行的信道信息。其中，对于上行信道，gNB 可以通过对 UE 发送的探测参考信号（SRS）进行测量，从而获得相应的信道信息；对于下行信道，有两种获取方式，一种是利用上、下行信道的互易性直接获得，该种方式主要应用于 TDD 系统；另一种方式是 gNB 向 UE 发送信道状态信息参考信号（CSI-RS），由 UE 进行下行信道的测量，并向 gNB 反馈 CSI 报告，报告信息包括信道质量索引（CQI）、秩索引（RI）、预编码矩阵索引（PMI）等信息。其中 CQI 主要用于反映下行信道的质量状况，RI 主要用于指示有效的数据层数，PMI 主要用于指示传输预编码矩阵。

步骤 2：gNB 根据所获得的上/下行信道信息并结合 UE 能力，为上/下行的数据传输选择合适的调制编码方案（MCS）以及传输块大小，并通过下行控制信息（DCI）指示 UE 进行数据的发送/接收。

步骤 3：UE 根据相应 DCI 获取上/下行资源的调度信息并执行相信数据的发送/接收。

7.1.2　下行调度

由于无线通信信道具有时变性，gNB 与 UE 之间的信道会随时间、UE 的位置改变等因素产生变化。当 gNB 与 UE 之间的信道状况良好时，gNB 与 UE 间的数据传输速率较高；当 gNB 与 UE 之间的信道状况较差时，数据速率也会随之降低。

对于一个包含多个 UE 的小区，如果多个 UE 都有待接收的下行数据，由于空口资源有限，gNB 需要决定如何调度这些 UE 进行相应下行数据的接收。如果只调度信道状况良好的 UE 进行下行数据传输，系统的整体下行速率较高，但信道状况较差的 UE 一直无法接收相应的下行数据，公平性较差；如果轮询调度每个 UE 进行下行数据的传输，虽然保障了公平性，但是系统整体的下行速率又会较差。

在实际下行传输中，下行调度器会根据具体的调度算法选择调度的 UE。对于被调度的 UE，gNB 会通过物理下行控制信道（PDCCH）为该 UE 分配一系列的调度信息以便下行数据能被正确的接收及应答，调度信息具体包括：时/频资源信息、MCS 信息、HARQ 信息以及多天线参数信息等[2]。

1．下行调度过程

NR 标准并没有规定具体的调度过程，只是支持了一些调度机制，这为调度的具体实现留有了足够的自由度，设备商可以通过自己的方式对调度过程进行优化。一般来说，为了使调度器能实现调度功能，需要以下一些基本信息。

- 信道信息：调度器需要考量的重要参数，通过信道信息的获取，调度器可以更合理地分配调度资源。
- 下行缓存状态：用于计算调度所需要分配的资源。
- 业务优先级：主要取决于设备实现，优先传输具有更高优先级的数据业务。
- HARQ-ACK 反馈：用于确定数据为重传数据还是新传数据。
- 下行发射功率：所有小区内的用户共享，因此调度时需要考虑可用的下行功率。
- 终端能力：用于选择调度算法。

在输入上述信息以及其他额外的输入参数后，调度器便可根据相应调度算法获得如下信息：

- 被调度的 UE。
- 相应 UE 的 MCS。
- 分配给相应 UE 的物理资源。
- 相应 UE 的预编码权值等信息。

一般地，下行数据传输的调度过程如图 7-1 所示。

1）业务优先级和 UE 优先级与调度算法相关，不同设备商可采用不同的实现方式。对于业务优先级，通常控制信息的优先级高于数据信息的优先级，重传数据的优先级高于初传数据的优先级。对于 UE 优先级，需要兼顾系统速率与 UE 公平性。

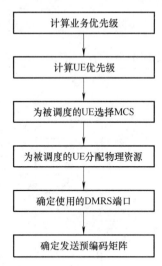

图 7-1　下行调度过程示意图

2）MCS 需要根据 UE 上报的 CQI 进行调整。确定 MCS 后，gNB 首先需要根据待传输的下行数据预估需要的资源块（RB）的数量，之后根据剩余的 RB 数以及剩余下行发射功率确定最终下行调度的 RB 数以及相应的传输块大小（TBS）。UE 在接收下行数据时，可以根据下述步骤确定 TBS[3]。

步骤 1：确定 gNB 分配给 PDSCH 的资源元素（RE）数目 N_{RE}。$N_{RE} = \min(156, N'_{RE}) \cdot n_{PRB}$，其中 n_{PRB} 为 gNB 为 UE 分配的 PRB 数目；N'_{RE} 为一个 PRB 中分配给 PDSCH 的 RE 数，$N'_{RE} = N^{RB}_{SC} \cdot N^{sh}_{Symb} - N^{PRB}_{DMRS} - N^{PRB}_{oh}$，其中 $N^{RB}_{SC} = 12$，表示一个 PRB 内的子载波数目，N^{sh}_{Symb} 表示 PDSCH 在相应时隙内的 OFDM 符号数，N^{PRB}_{DMRS} 表示每个 PRB 内 DMRS 所占用的 RE 数目，N^{PRB}_{oh} 表示高层参数配置的开销，由 PDSCH-ServingCellConfig IE 中的 xOverhead 指示。

步骤 2：计算中间参数 $N_{info} = N_{RE} R Q_m v$，其中 R 为码率，Q_m 为调制阶数，v 为传输的层数；如果采用 DCI 格式 1_0 调度 PDSCH，并且 DCI 的循环冗余校验（CRC）通过 P-RNTI 或 RA-RNTI 进行扰码，则 $N_{info} = S N_{RE} R Q_m v$，其中 S 为传输块缩放因子，由 DCI 的"传输块缩放"信息域进行指示，相应的取值如表 7-1 所示。

表 7-1　N_{info} 缩放因子

DCI "传输块缩放" 信息域的取值	缩放因子 S
00	1
01	0.5
10	0.25
11	保留

步骤 3：对 N_{info} 进行量化得到 N'_{info}。如果 $N_{info} \leq 3824$，则执行步骤 3.1；否则执行步骤 3.2。

步骤 3.1：$N'_{info} = \max\left(24, 2^n \left\lfloor \dfrac{N_{info}}{2^n} \right\rfloor\right)$，其中 $n = \max\left(3, \left\lfloor \log_2(N_{info}) \right\rfloor - 6\right)$。根据表 7-2 找到不小于 N'_{info} 的最接近的 TBS 作为最终的传输块大小。

表 7-2 $N_{info} \leq 3824$ 时的 TBS

索引	TBS	索引	TBS	索引	TBS	索引	TBS
1	24	31	336	61	1288	91	3624
2	32	32	352	62	1320	92	3752
3	40	33	368	63	1352	93	3824
4	48	34	384	64	1416		
5	56	35	408	65	1480		
6	64	36	432	66	1544		
7	72	37	456	67	1608		
8	80	38	480	68	1672		
9	88	39	504	69	1736		
10	96	40	528	70	1800		
11	104	41	552	71	1864		
12	112	42	576	72	1928		
13	120	43	608	73	2024		
14	128	44	640	74	2088		
15	136	45	672	75	2152		
16	144	46	704	76	2216		
17	152	47	736	77	2280		
18	160	48	768	78	2408		
19	168	49	808	79	2472		
20	176	50	848	80	2536		
21	184	51	888	81	2600		
22	192	52	928	82	2664		
23	208	53	984	83	2728		
24	224	54	1032	84	2792		
25	240	55	1064	85	2856		
26	256	56	1128	86	2976		
27	272	57	1160	87	3104		
28	288	58	1192	88	3240		
29	304	59	1224	89	3368		
30	320	60	1256	90	3496		

步骤 3.2：$N'_{info} = \max\left(3840, 2^n \times \text{round}\left(\dfrac{N_{info} - 24}{2^n}\right)\right)$，其中 $n = \lfloor \log_2(N_{info} - 24) \rfloor - 5$，round(·) 为四舍五入函数。如果 $R \leqslant 1/4$，根据步骤 3.2.1 计算得到 TBS；否则，执行步骤 3.2.2。

步骤 3.2.1：$\text{TBS} = 8 \cdot C \left\lceil \dfrac{N'_{info} + 24}{8 \cdot C} \right\rceil - 24$，其中 $C = \left\lceil \dfrac{N'_{info} + 24}{3816} \right\rceil$。

步骤 3.2.2：如果 $N'_{info} > 8424$，则通过步骤 3.2.2.1 计算得到 TBS；否则，通过步骤 3.2.2.2 计算得到 TBS。

步骤 3.2.2.1：$\text{TBS} = 8 \cdot C \left\lceil \dfrac{N'_{info} + 24}{8 \cdot C} \right\rceil - 24$，其中 $C = \left\lceil \dfrac{N'_{info} + 24}{8424} \right\rceil$。

步骤 3.2.2.2：$\text{TBS} = 8 \left\lceil \dfrac{N'_{info} + 24}{8} \right\rceil - 24$。

3）物理资源分配：PDSCH 的频域及时域资源分配方式见 6.2.3 小节的第 3 部分。

4）解调参考信号（DMRS）端口配置：PDSCH 的 DMRS 端口配置见 6.2.3 小节的第 4 部分。

2. 下行 BWP 自适应

由于 5G NR 支持非常大的带宽范围，如果 UE 总是在如此大的带宽范围（比如 100MHz）上监测 PDCCH，UE 侧的功耗将会显著加剧。为了降低 UE 功耗，NR 支持下行 BWP 自适应机制。当不被调度时，UE 可以使用一个较窄的带宽进行 PDCCH 监测；当 UE 被调度接收下行数据时，则使用 gNB 配置的 BWP。

gNB 主要可以通过两种方式配置下行 BWP：一种是通过 RRC 信令，在 RRC 重配消息下发或者 SCell 激活之后，让 UE 进入到一个新的 BWP。该方式通过 ServingCellConfig 信息元素（IE）中的高层参数 firstActiveDownlinkBWP-Id 实现下行 BWP 的配置。通过这种配置方式，UE 在 RRC 重配后或者 SCell 激活后立马进入所配置的 BWP 进行业务收发，而不停留在初始 BWP 上；另一种是通过 DCI 的"BWP 索引"信息域直接配置 UE 的下行 BWP。通过 DCI 的 BWP 配置方式更加灵活，在发送 DCI 的时候就可以重新配置 BWP。

除了上述两种方式外，NR 定义了基于计时器的 BWP 自适应切换方式。计时器的时长由高层参数 bwp-InactivityTimer 配置，最小可配置为 2ms，最大可配置为 2560ms。在配置了该计时器之后，当 UE 接收到的 DCI 指示了一个非默认的下行 BWP 时，计时器启动。当计时结束后，UE 切换回默认的 BWP，如果未配置默认 BWP，则 UE 切换回初始 BWP。通常来说，默认 BWP 的带宽更窄，从而实现降低 UE 功耗的目的。需要说明的是，NR 标准只定义了 defaultDownlinkBWP-Id，并没有定义 defaultUplinkBWP-Id。因此，在计时器超时后，只有下行 BWP 需要进行切换，而上行 BWP 不需要进行切换。这种设计也是出于对 UE 节能的考量。

下行 BWP 自适应的引入也伴随着一些问题，其中最主要的一个问题为 BWP 切换时，DCI 的有效载荷不一致问题。NR 中，大部分传输参数都是基于 BWP 进行配置的，当两个 BWP 的带宽不同时，它们的 DCI 有效载荷有可能不一致。当 gNB 通过 DCI 指示 UE 进行 BWP 切换时，相应 DCI 调度的数据是在新的 BWP 中，但是该 DCI 的有效载荷却是根据旧的 BWP 来确定的，于是新、旧 DCI 的有效载荷就可能会产生不一致。为了解决这一问题，一种简单的方式就是通过对旧 DCI 进行填充或截断，使得到的新 DCI 的有效载荷可以匹配新的 BWP。例如，如果 DCI 在旧 BWP 上是 15bit，在新 BWP 上的 DCI 是 10bit，则可以截取 DCI 的低 10 位比特以匹配新 BWP；如果 DCI 在旧 BWP 上是 10bit，而新 BWP 上的 DCI 是 15bit，则可以在 DCI 的高位填充 5 个值为"0"的比特以匹配新 BWP。

7.1.3 上行调度

上行调度与下行调度相似，由 gNB 决定小区中进行上行传输的 UE，并为这些 UE 分配上行物理资源并配置相应的传输参数。由于 UE 的发射功率要远低于 gNB，因此上行往往是功率受限而非带宽受限。换言之，即使有足够的带宽资源，也可能由于没有足够的可用上行功率而导致上行速率受限。因此，上行调度与下行调度在调度策略上会有所不同。

一般来说，为了实现上行调度，需要以下基本信息。

- 调度请求（SR）：用于 UE 请求 gNB 为其分配上行传输资源。
- 上行信道信息：通过获取上行信道信息，调度器可以更合理地分配上行调度资源。
- ACK/NACK 反馈：调度器依据 ACK/NACK 反馈决定进行数据初传或数据重传。
- 缓存状态报告（BSR）：用于指示上行数据缓存区包含的数据的大小。
- 功率余量报告（PHR）：用于指示 UE 可用的剩余上行发射功率。

上行调度过程如图 7-2 所示，主要包括以下几个步骤。

步骤 1：当 UE 需要进行上行传输时，通过 PUCCH 向 gNB 发送 1 比特的 SR。

步骤 2：gNB 收到 SR 后，向 UE 下发上行授权（uplink grant）。只有当 UE 接收到 gNB 发送的上行授权后，才可以进行上行数据的传输。

步骤 3：UE 根据上行授权配置的传输资源发送 PHR 和 BSR。

步骤 4：gNB 接收到 UE 发送的信息，再结合 UE 的信道信息，通过调度算法决定被调度的 UE。

步骤 5：gNB 通过 PDCCH 向被调度的 UE 发送调度信息，指示 UE 相应上行物理资源的位置，以及相应的传输格式。

步骤 6：UE 根据调度信息进行上行数据的传输。

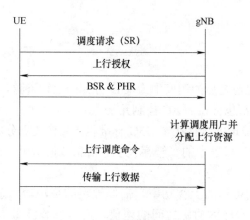

图 7-2　上行调度信令流程图

1．SR

为了节省资源开销，对于没有上行业务需求的用户，gNB 不需要为其分配物理上行共享信道（PUSCH）的传输资源。因此当 UE 需要进行上行传输时，需要告知 gNB 以申请相应的上行传输资源，该请求通过 1 比特的 SR 实现。此时，由于还未被配置相应的 PUSCH，UE 需要通过预先配置的 PUCCH 进行 SR 的传输。

NR 系统支持为 UE 配置多个 SR，一个逻辑信道也可以映射到多个 SR 配置上。由于多个 SR 不能同时传输，因此当多个逻辑信道都需要进行数据传输时，UE 会按照逻辑信道的优先级，先发送具有最高优先级的逻辑信道所对应的 SR。根据具体配置，一个 SR 可以重复多次，直到达到限定的重复次数或是收到了 gNB 发送的上行授权。

2．上行调度优先级

多个具有不同优先级的逻辑信道可以通过 MAC 实体复用到相同的传输块中。由于分配给 UE 的上行资源有可能不足以传输所有逻辑信道的数据，因此在复用时需要考虑各个逻辑信道的优先级，根据所分配的上行资源情况，优先复用传输具有更高优先级的逻辑信道的数据。

当 UE 接收到 gNB 发送的上行授权后，首先需要决定选择哪些逻辑信道进行复用，这也就决定了哪些数据可以通过本次给定的授权进行传输。对于每个逻辑信道，UE 可以被配置如下信息。

- 该逻辑信道允许使用的子载波间隔集。
- 该逻辑信道可使用的最大 PUSCH 持续时间。
- 该逻辑信道允许使用的上行载波分量等信息。

只有当逻辑信道满足上述配置时，才可以使用本次授权进行传输。其次，需要决定每个逻辑信道分配的资源比例。该比例基于每个逻辑信道的优先级参数，包括：优先级、优先比特率等。

3. BSR 和 PHR

为了帮助 gNB 决定在之后的调度中为 UE 分配的上行资源，UE 需要向 gNB 上报 BSR 和 BHR，这些信息都包含在 MAC 控制元素内。

BSR 用于指示逻辑信道的缓存状态。5G 标准将逻辑信道划分成至多 8 个组，每组逻辑信道都有自己的 BSR，报告中的"缓存大小"信息域指示了一个逻辑信道组内所有待传输的数据量大小。

PHR 用于指示 UE 可用的上行功率。需要说明的是，功率余量并不是每载波最大传输功率与实际载波上的传输功率之间的差值，而是每载波最大传输功率与去除功率限制后上行传输将使用的传输功率之间的差值。这也就意味着，功率余量可能会出现负值，表明 gNB 调度的上行速率过高，即使 UE 使用全部的剩余功率也无法达到该速率。当 gNB 接收到 PHR 后，可以根据先前调度的 MCS 以及资源大小对后续的调度进行调整。

7.2 功率控制

功率控制是无线通信系统中一个非常重要的环节。合理的功率控制一方面可以降低网络干扰、降低基站和终端的功耗；另一方面可以提升系统容量和网络覆盖性能。

5G 上行采用 OFDMA 和 SC-FDMA 技术，小区内不同 UE 的子载波相互正交，小区内 UE 之间的干扰水平较低。因此不同于 CDMA 系统，5G 系统功率控制的主要目的并不是解决远近效应，而是用于补偿信道的路径损耗和阴影衰落，抑制同频小区间干扰，从而保证网络覆盖和容量需求。

7.2.1 上行功率控制

NR 上行功率控制通过一系列的算法将不同上行物理信道和信号的传输功率控制在一个合适的量级。以上行物理信道为例，所谓合适的功率量级是指接收功率刚好足够用于解调相应上行信道携带的信息。

发射功率取决于信道状态，包括信道衰落以及接收端的干扰和噪声等级。需要说明的是，所需的接收功率直接与数据速率相关。如果接收功率过低，可以增加发射功率或者降低数据速率。换言之，以 PUSCH 为例，功率控制和链路自适应之间的关系非常密切。

与 LTE 系统类似，NR 系统的上行控制基于开环功率控制和闭环功率控制的组合，其中开环功率控制支持部分路损补偿功能，即 UE 基于下行测量估计上行路损，并以此为依据设定传输功率；闭环功率控制基于网络侧显性的功率控制命令。

1．上行功率控制过程

以非独立组网（NSA）网络为例，上行功率控制过程如图 7-3 所示，具体步骤如下。

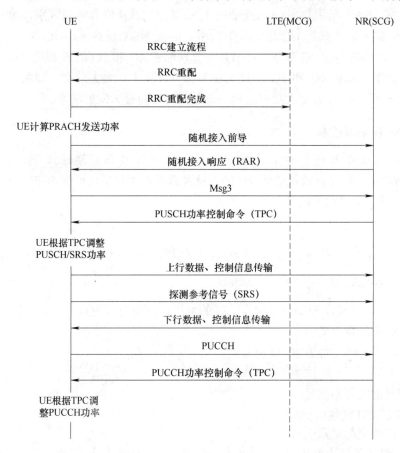

图 7-3　上行功率控制过程示意图

步骤 1：UE 在 LTE 完成随机接入和 RRC 连接建立后，通过 RRC 重配添加 NR 为辅小区组（SCG）。

步骤 2：通过 RRC 重配消息，UE 可以获得随机接入的相关配置，比如物理随机接入信道（PRACH）的格式，可用的 PRACH 发送时机等信息，以及可选择的前导（Preamble），并在 PRACH 信道上发送前导。

步骤 3：gNB 收到 UE 的随机接入前导（Random Access Preamble）消息后，通过 PDSCH 给 UE 发送随机接入响应（RAR）消息。该响应中会包括初始的上行授权及上行同步所需的时间提前量（TA），同时还携带随机接入成功的 UE 的 ID。

步骤 4：如果 UE 发送前导后没有得到 gNB 的响应，会攀升功率并再次发送随机接入前导。

步骤 5：在业务进行过程中，gNB 会周期性通过 PDCCH 向 UE 传输发射功率控制（TPC）消息，控制 UE 的 PUSCH、PUCCH 和 SRS 的功率。

独立组网（SA）场景和 NSA 场景的上行功率控制算法没有本质区别，唯一的差异在于 SA 上行的最大功率就是 UE 最大发射功率。而在 NSA 场景下，UE 的上行功率由 4G 和 5G 共享，因此需要在 4G 基站（eNB）中分别配置 4G 和 5G 的最大发射功率。如果终端支持功率共享，那么 4G 和 5G 的最大功率都可以为 UE 最大功率；如果终端不支持功率共享，那么 4G 和 5G 的最大功率之和不能超过 UE 的最大发射功率。

2．PUSCH 功率控制

PUSCH 的功率调整主要用于跟踪信道的大尺度衰落。通过周期性动态地调整 PUSCH 发射功率，可以有效降低对邻区的干扰并提升系统容量。根据 3GPP TS 38.213[4]，PUSCH 传输的功率控制可以通过下式描述：

$$P_{\text{PUSCH},b,f,c}(i,j,q_{\text{d}},l)$$
$$= \min\left\{ P_{\text{CMAX},f,c}(i), P_{\text{O\_PUSCH},b,f,c}(j) + \alpha_{b,f,c}(j) \cdot PL_{b,f,c}(q_{\text{d}}) + 10\log_{10}\left(2^{\mu} \cdot M_{\text{RB},b,f,c}^{\text{PUSCH}}(i)\right)\right.$$
$$\left. + \Delta_{\text{TF},b,f,c}(i) + f_{b,f,c}(i,l)\right\} \text{（单位：dBm）}$$

为了对 PUSCH 功率控制公式进行更好的解析，下面分层对该式进行解读。

（1）下标及参数含义
- b：激活态的上行 BWP 索引号。
- f：承载 PUSCH 传输的载波号。
- c：当前服务小区号。
- i：PUSCH 传输时刻。
- j：参数集配置索引号。
- q_{d}：参考信号索引号。
- l：功率控制调整状态索引号。
- μ：NR 参数集索引号。

（2）函数及变量含义
为表述方便，以下描述在不致混淆的情况下，略去了下标及输入参数：
- $P_{\text{PUSCH}}(\cdot)$：经过功率控制后，PUSCH 的发射功率。
- $P_{\text{CMAX}}(\cdot)$：UE 配置的最大发射功率。
- $P_{\text{O\_PUSCH}}(\cdot)$：可以简单理解为开环接收功率目标值，是一个网络侧可配的功率参数。

- $\alpha(\cdot)$：部分路损补偿因子，是一个网络侧可配的功率参数。
- $PL(\cdot)$：下行路损估计值。
- $M_{\text{RB}}^{\text{PUSCH}}(\cdot)$：为 PUSCH 传输分配的 RB 数。
- $\Delta_{\text{TF}}(\cdot)$：传输格式相关的调节量，与 PUSCH 的调制方案以及信道编码速率有关。
- $f(\cdot)$：闭环功率控制调节量。

（3）PUSCH 功率控制

从 PUSCH 功率控制的表达式可以看出，功率控制是区分载波进行的。如果 UE 被配置了多个上行载波，则需要分别计算这些载波的 PUSCH 发射功率。另外，每个载波的 PUSCH 传输功率都由相应的 P_{CMAX} 进行限制，以确保其不会超过所允许的传输功率。除了每载波功率限制外，UE 总的上行发射功率也有相应的限制。因此，UE 在上行传输时需要协调各个上行载波的发射功率以满足总发射功率限制。

总体来说，PUSCH 的功率控制可以分为三部分：开环功率控制部分、与传输配置相关的功率控制部分以及闭环功率控制部分。

- 开环功率控制部分表示为 $\left\{P_{\text{O\_PUSCH},b,f,c}(j)+\alpha_{b,f,c}(j)\cdot PL_{b,f,c}(q_{\text{d}})\right\}$。其中 $P_{\text{O\_PUSCH}}$ 为开环接收功率目标值，一般与目标数据速率以及接收端的干扰与噪声水平相关；PL 为下行路损的估计值。UE 通过下行激活态 BWP 中索引号为 q_{d} 的参考信号对下行路径损耗进行估计，通过计算得到 PL；α 为部分路损补偿因子，取值范围为 $[0,1]$，具体由网络侧配置。通过 α 可以对路损补偿值进行灵活的调节，实现 UE 公平度和系统吞吐量之间的平衡。

- 与传输配置相关的功率控制部分表示为 $\left\{10\log_{10}\left(2^{\mu}\cdot M_{\text{RB},b,f,c}^{\text{PUSCH}}(i)\right)+\Delta_{\text{TF},b,f,c}(i)\right\}$。其中包含 $M_{\text{RB}}^{\text{PUSCH}}$ 的项与上行传输分配的 RB 数相关，为 UE 分配的 RB 数越多，UE 所需的传输功率越大；Δ_{TF} 与 PUSCH 的调制方案以及信道编码速率相关。更具体地，$\Delta_{\text{TF},b,f,c}(i)=10\log_{10}\left(\left(2^{\text{BPRE}\cdot K_{\text{s}}}-1\right)\cdot\beta_{\text{offset}}^{\text{PUSCH}}\right)$，其中 K_{s} 由高层参数 deltaMCS 配置[5]，当 $K_{\text{s}}=0$ 或者 PUSCH 的传输层数大于 1 时，$\Delta_{\text{TF}}=0$；$\beta_{\text{offset}}^{\text{PUSCH}}$ 与 BPRE 的值与 PUSCH 传输的数据类型相关，对于 UL-SCH 数据传输和 CSI 传输，3GPP TS 38.213 标准分别定义了 $\beta_{\text{offset}}^{\text{PUSCH}}$ 与 BPRE 的计算方式。

- 闭环功率控制部分表示为 $\left\{f_{b,f,c}(i,l)\right\}$。通过 $f_{b,f,c}(i,l)$，网络侧可实现对 UE PUSCH 传输功率的快速调整。相应的功率控制命令承载在 DCI 0_0 和 DCI 0_1 中的"传输功率控制"信息域中，该信息域包含 2 比特，分别对应 4 个功率调整步长，用 $\delta_{\text{PUSCH},b,f,c}$ 表示。当网络侧为 UE 提供高层参数 tpc-Accumulation 时，功率调整步长为 $\{-4,-1,1,4\}$ dB，此时 $f_{b,f,c}(i,l)=\delta_{\text{PUSCH},b,f,c}(i,l)$，即相应调整功率直接作用于 PUSCH 的发射功率计算；当网络侧没有为 UE 提供高层参数 tpc-

Accumulation 时，功率调整步长为 $\{-1,0,1,3\}$ dB。此时，相应调整的功率不直接作用于 PUSCH 的发射功率计算，而是通过一个累加器作用在功率计算上，具体可表示为：

$$f_{b,f,c}(i,l) = f_{b,f,c}(i-i_0,l) + \sum_{m=0}^{C(D_i)} \delta_{\text{PUSCH},b,f,c}(m,l),$$

式中，第二项表示一段时间内的功率调整步长之和。

3. PUCCH 与 SRS 功率控制

PUCCH、SRS 和 PUSCH 的功率控制原理基本一致，主要差别如下：
- PUCCH 功率控制中，没有部分路损补偿，即补偿因子 $\alpha(\cdot)$ 的值为 1。
- PUCCH 的闭环功率控制部分包含在 DCI 1_0 和 1_1 中，即包含在 DCI 的下行调度信息中。同 PUSCH 一样，该功率控制命令也可以和其他的功率控制命令联合编码，使用 DCI 2_2 传输，此时 DCI 的 CRC 采用 TPC-PUCCH-RNTI 进行扰码。
- SRS 功率控制中，不涉及与调制编码方式及编码速率相关的 $\Delta_{\text{TF}}(\cdot)$ 项。
- SRS 的闭环功率控制部分中，如果高层参数 srs-PowerControlAdjustmentStates 指示 SRS 和 PUSCH 的传输使用相同的功率控制调整状态，则 SRS 和 PUSCH 的闭环功率控制值相同；如果 UE 在处于激活态的上行 BWP 上没有被配置 PUSCH 的传输，或者高层参数 srs-PowerControlAdjustmentStates 为 SRS 和 PUSCH 的传输分别指示了不同的功率控制调整状态，则 SRS 的闭环功率控制命令包含在 DCI 2_3 中。

4. PRACH 功率控制

PRACH 功率控制的目的是在保证 UE 随机接入成功率的前提下，尽可能地减少其随机接入前导的发射功率以降低对邻区的干扰，同时节省终端侧功耗。PRACH 的功率控制较为简单，可以根据下式确定 PRACH 功率：

$$P_{\text{PRACH},b,f,c}(i) = \min\left\{P_{\text{CMAX},f,c}(i), P_{\text{PRACH\_target},f,c} + PL_{b,f,c}\right\} \quad \text{（单位：dBm）}$$

其中，b 为激活态的上行 BWP 索引号；f 为承载 PRACH 传输的载波号；c 为当前服务小区号；i 为 PRACH 传输时刻；$P_{\text{CMAX},f,c}(i)$ 为 UE 在相应服务小区 c，子载波 f 上，传输时刻 i 内所配置的最大输出功率；$P_{\text{PRACH\_target},f,c}$ 为 PRACH 目标接收功率，由高层配置；$PL_{b,f,c}$ 为下行路损。

如果 UE 在一个随机接入响应时间窗内没有收到与该 UE 所传输的前导序列相关的随机接入响应，则 UE 需要在后续的 PRACH 传输中进行功率攀升，直到发射功率达到 $P_{\text{CMAX},f,c}$ 或者收到相应的随机接入响应。

5．上行功率分配的优先级

对于单小区的载波聚合场景或有两个上行载波的场景，如果 UE 在服务小区上的总上行发射功率（包括 PUSCH、PUCCH、PRACH 以及 SRS）超过一个给定的功率门限值，则 UE 需要按照标准规定的优先级分配上行发射功率，使得最终的总发射功率小于等于这一功率门限。上行功率分配的优先级由高至低分别为：

- 主小区（Pcell）的 PRACH 传输。
- 携带 HARQ-ACK 的 PUCCH、PUSCH 传输。
- 携带 CSI 的 PUCCH 或 PUSCH 传输。
- 没有携带 HARQ-ACK 信息或 CSI 的 PUSCH 传输。
- SRS 传输，其中非周期 SRS 的传输比半持续 SRS 传输的优先级更高。
- 其他小区的 PRACH 传输。

7.2.2　下行功率控制

NR 中，下行功率由 gNB 决定，即由 gNB 负责配置每 RE 的功率（EPRE）。因此，NR 标准没有太多关于下行功率控制的规定，仅规范了一些情况下的 UE 侧关于 EPER 的假设。

对于同步信号接收功率（SS-RSRP）、同步信号接收质量（SS-RSRQ）以及同步信号的信干噪比（SS-SINR）的测量，UE 可假设带宽内的 EPER 是恒定的，不同的同步信号块（SSB）内辅同步信号（SSS）的 EPRE 是恒定的以及 SSS 的 EPRE 与物理广播信道（PBCH）的 DMRS 的 EPRE 相等。其中，SSB 的下行传输功率由高层参数 ss-PBCH-BlockPower 配置，SSS 的 EPRE 可以根据 SSB 的下行传输功率推导获得。

对于 CSI-RSRP，CSI-RSRQ 以及 CSI-SINR 的测量，UE 可假设所配置的下行带宽内以及所有配置的 OFDM 符号上的 CSI-RS 的 EPRE 是恒定的。CSI-RS 的 EPRE 可以根据 SSB 的下行传输功率以及 CSI-RS 的功率偏置推导获得，其中 CSI-RS 的功率偏置由高层参数 powerControlOffsetSS 配置。

对于 PDSCH 及与其相关的 DMRS，UE 可假设 PDSCH 的 EPRE 与 DMRS 的 EPRE 的比值为 β_{DMRS}（dB），β_{DMRS} 的取值如表 7-3 所示。

表 7-3　β_{DMRS} 的取值（dB）

没有数据传输的 DMRS CDM 组数量	DMRS 类型 1	DMRS 类型 2
1	0	0
2	−3	−3
3	—	−4.77

7.3　无线信道资源管理

无线信道可分为逻辑信道、传输信道和物理信道。逻辑信道位于 MAC 层和无线链路控制（RLC）层之间，基于其承载的信息类型来定义，一般分为控制信道和业务信道。传输信道位于 MAC 层和物理层之间，基于信息在无线接口的传输方式和传输特性来定义，分为广播信道（BCH）、寻呼信道（PCH）、下行共享信道（DL-SCH）、上行共享信道（UL-SCH）和随机接入信道（RACH）。物理信道位于最底层，负责调制、编码、多天线处理以及信号到物理时频资源的映射等过程，分为物理下行共享信道（PDSCH）、物理下行控制信道（PDCCH）、物理广播信道（PBCH）、物理随机接入信道（PRACH）、物理上行共享信道（PUSCH）和物理上行控制信道（PUCCH）。关于逻辑信道、传输信道和物理信道的详细描述及它们之间的映射关系见 5.3 小节。

无线信道资源管理包含一般上/下行信道的资源管理、上行定时管理和随机接入管理等功能。通过无线信道资源管理，一方面能够合理配置各种控制信令资源，以在最小化控制信令开销的同时保证控制信令的解调性能；另一方面可以保证 UE 的接入成功率、降低时延并且提高定时测量精度。本节主要对 PDCCH 资源管理、PUCCH 资源管理、SRS 资源管理、上行定时管理和随机接入管理进行介绍。

7.3.1　PDCCH 资源管理

PDCCH 用于承载 DCI 的传输，主要包括下行调度信息、上行调度信息、时隙格式指示和功率控制命令等。关于 PDCCH 的详细介绍见 6.2.3 小节的第 2 部分。

PDCCH 资源管理主要包括对以下三方面资源的配置。

- PDCCH 符号数配置：目前标准仅支持固定的符号数配置，不能自适应调整。
- PDCCH 控制信道元素（CCE）聚合等级调整：支持内环和外环调整，其中外环调整中，gNB 先通过 UE 上报的 CQI 间接计算出 PDCCH 的 SINR，再通过对比 PDCCH 的 SINR 与所有聚合等级对应的解调门限，最后选择合适的 PDCCH 聚合等级，如图 7-4 所示；内环调整在外环调整的基础上，根据 PDCCH 的误块率（BLER）动态地调整聚合等级。当 PDCCH BLER 超过目标值时，提高 PDCCH 聚合等级以提升 PDCCH 覆盖性能；当 PDCCH BLER 低于目标值时，降低 PDCCH 聚合等级以降低 PDCCH 资源消耗。
- 上、下行 CCE 比例配置：目前标准仅支持固定的上、下行 CCE 比例配置，不能自适应调整。

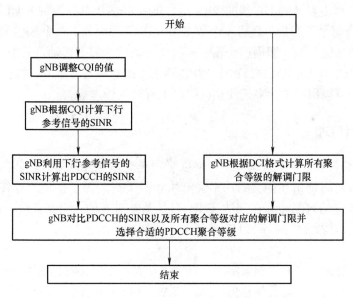

图 7-4　PDCCH 聚合等级外环调整流程图

7.3.2　PUCCH 资源管理

PUCCH 用于承载上行控制信息（UCI）的传输，主要包括 CSI、SR 和 HARQ-ACK。关于 PDCCH 的详细介绍见 6.2.4 小节的第 1 部分。

PUCCH 资源管理主要包括以下两方面的资源配置。

- gNB 配置小区级资源：gNB 配置小区级的 PUCCH 格式和相应的物理资源。gNB 通过高层 RRC 信令配置最多 4 个 PUCCH 资源集，每个资源集中包含一组 PUCCH 时、频域位置、符号数、RB 数的配置等信息。
- gNB 配置 UE 级资源：gNB 为每个 UE 分配相应的 PUCCH 资源集。其中 SR 资源通过静态配置；CSI 和 HARQ-ACK 信息的反馈仅支持动态 PUCCH 资源配置，通过 DCI 指示 UE 相应的资源集索引信息。

7.3.3　SRS 资源管理

SRS 主要用于辅助 gNB 进行上行信道测量。NR 系统支持周期、非周期和半持续的 SRS 传输，相应的传输带宽应尽量覆盖整个 PUSCH 的带宽范围。gNB 通过对各 UE 传输的 SRS 进行测量，可以获得各 UE 在相应上行子载波上的 SINR 以及 RSRP 等信息，进而可以有效地进行上行调度或者利用信道互易性获取相应的下行信道信息。关于 SRS 的详细介绍见 6.2.3 小节的第 1 部分 。

SRS 资源管理主要是对 UE 级的 SRS 进行配置。gNB 可以为每个 UE 配置 1 个或多个 SRS 资源集，每个资源集可包含 1 个或多个 SRS 资源配置。一个 SRS 资源集内的 SRS 资源具有相同的传输类型，即周期传输、半持续传输或非周期传输，其中 SRS 的非周期传输需要通过 DCI 0_1 或 DCI 1_1 的"SRS 请求"信息域进行触发。每个 SRS 资源集的用途可以不同，可以用于上行多天线预编码、上行波束管理等。

7.3.4 上行定时管理

同 LTE 系统类似，NR 系统在上行可以采用正交多址接入方式，即同一个小区内各 UE 的上行传输之间是相互正交的，不会产生相互干扰。为了保证上行传输的正交性，需要各个上行传输的时隙边界在到达 gNB 时是基本对齐的。更具体地，gNB 需要在循环前缀（CP）范围内接收到各个 UE 发送的上行数据，而上行定时管理完成的就是这一工作。

上行定时管理通过 TA 机制来实现，其中 TA 表示 UE 接收到的下行传输的起始位置与上行传输的起始位置之间的偏移值。通过 TA，网络侧可以控制各个 UE 发送的上行信道到达 gNB 的时间，从而可以实现上行传输的时隙边界对齐。例如，距离 gNB 较远的 UE 比距离 gNB 较近的 UE 具有较高的传输时延，因此为了保证上行对齐，距离 gNB 较远的 UE 需要更早地进行上行传输，因此需要配置较大的 TA 值，而距离 gNB 较近的 UE 需要配置较小的 TA 值。需要说明的是，由于 TA 是一个负值，所以上述举例中的"较大"、"较小"指的是 TA 的绝对值。

gNB 通过对 UE 传输的上行信号进行测量，估计上行接收时间，从而确定各 UE 的 TA 值。当需要调整某个 UE 的 TA 值时，gNB 发起 TA 控制命令，指示该 UE 进行 TA 的调整。相应的 TA 控制命令通过 DL-SCH 的 MAC-CE 传输。

如果 UE 在一定的时间段内没有接收到 TA 控制命令，它会认为自己失去了上行同步。此时，该 UE 需要使用随机接入流程重新建立上行定时，获得上行同步后，才可继续 PUSCH 或 PUCCH 的传输。随机接入流程中的上行定时过程如下。

步骤 1：gNB 对 UE 发送的随机接入前导进行测量，获得该 UE 的上行定时偏移。

步骤 2：gNB 通过计算获得该 UE 的 TA 值，并将 TA 控制命令随机接入响应消息一起传输给 UE。

步骤 3：UE 接收到 TA 控制命令后，调整上行信号的传输时刻。

7.3.5 随机接入管理

随机接入是建立 UE 与 gNB 之间的连接过程，其主要功能包括：①建立 UE 与网络的上行同步关系；②请求上行资源；③波束恢复等。

在随机接入过程开始之前，UE 首先需要完成小区搜索，获得相应系统信息和上下行公共控制信道信息。其中一部分信息包含在 SSB 的 PBCH 中，UE 通过解调 PBCH 中的信息，可以获得系统帧号、子帧号、时隙号等系统相关信息；另一部分信息包含在剩余最小系统信息（RMSI）中，可以认为 RMSI 就是系统信息块 1（SIB1）。UE 根据调度信息，可以在指定的时、频域资源上解码 PDSCH 信道，获得 RMSI 的具体内容。在获得这两部分必要的系统信息后，UE 便可以发起随机接入过程，具体可分为基于竞争的随机接入和基于非竞争的随机接入的随机过程。

基于竞争的随机接入过程如图 7-5 所示，主要包括如下步骤。

步骤 1：UE 通过 PRACH 信道向 gNB 发送随机接入前导码（Msg1）。

步骤 2：gNB 通过 PDCCH/PDSCH 向 UE 发送随机接入响应（RAR）（Msg2）。

步骤 3：UE 根据 RAR 分配的上行资源通过 PUSCH 向 gNB 发送 Msg3 信息，Msg3 信息中包含该 UE 的竞争解决标识（CRI）。

步骤 4：gNB 通过 PDSCH/PDCCH 向 UE 发送竞争解决消息（Msg4）。Msg4 中也包含 CRI，UE 通过对比该 CRI 与自己发送的 CRI 是否一致来判断是否竞争成功。

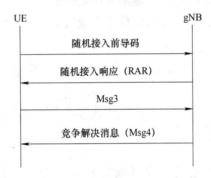

图 7-5　基于竞争的随机接入过程

基于非竞争的随机接入过程如图 7-6 所示，主要包括如下步骤。

步骤 1：gNB 为 UE 分配专用的随机接入前导码。

步骤 2：UE 通过 PRACH 信道向 gNB 发送所分配的随机接入前导码（Msg1）。

步骤 3：gNB 通过 PDCCH 或 PDSCH 向 UE 发送 RAR（Msg2）。

图 7-6　基于非竞争的随机接入过程

1. 随机接入前导

当 UE 检测到可接入的小区后，可通过随机接入过程完成接入。而随机接入过程的第一步便是由 UE 发送随机接入前导，即 PRACH。关于 PRACH 的详细介绍以及随机接入前导的生成方式见 6.2.4 小节的第 3 部分，在此不做详述。

每个 PRACH 时机内定义了 64 个随机接入前导，可以通过一个或多个逻辑根序列生成。对于一个逻辑根序列，通过循环移位的方式可以生成的前导数量是有限的，具体的值为 $\lfloor L_{RA}/N_{CS} \rfloor$，NR 标准为不同的限制集类型以及不同的 PRACH 子载波间隔配置了不同的 N_{CS} 取值，具体见 3GPP TS 38.211 的表 6.3.3.1-5～6.3.3.1-7。64 个随机接入前导的计算过程如下。

步骤 1：UE 根据高层参数 prach-RootSequenceIndex 获得初始的逻辑根序列索引，根据 3GPP TS 38.211 的表 6.3.3.1-3 和 6.3.3.1-4，查表可得对应的序列值 u。

步骤 2：UE 根据高层参数 zeroCorrelationZoneConfig，查表可得对应的 N_{CS} 的值。随后 UE 可计算得到一个逻辑根序列可生成的随机前导的数量，即 $\lfloor L_{RA}/N_{CS} \rfloor$。

步骤 3：UE 通过对 ZC 序列的循环移位生成 $\lfloor L_{RA}/N_{CS} \rfloor$ 个前导码，如果 $\lfloor L_{RA}/N_{CS} \rfloor$ 小于 64，则执行步骤 4；否则结束流程。

步骤 4：UE 将逻辑根序列索引号加 1，查表得到一个新的 u 值，继续生成 $\lfloor L_{RA}/N_{CS} \rfloor$ 个前导码。

步骤 5：UE 累计生成 64 个前导后，结束流程，否则继续执行步骤 4。

2. 随机接入响应

UE 发送随机接入前导之后，会在配置的时间窗内监测携带 RAR 调度信息的 PDCCH，相应 DCI 由 RA-RNTI 进行扰码。RAR 包含以下内容。

- 有效的随机前导序列信息。
- 调度授权信息，用于指示 UE 发送 Msg3 的时频资源位置。
- TC-RNTI，作为 gNB 为 UE 分配的临时调度 ID，用于 UE 和 gNB 的后续通信。

当 UE 接收到 RAR 信息后，会根据 RAR 配置的上行资源发送 Msg3 信息。

3. Msg3 和 Msg4

在基于竞争的随机接入过程中，由于 UE 没有专用的前导码，所以有可能出现多个 UE 使用相同的前导序列的情况。这些 UE 会监听相同的 RAR 消息，因此它们的 TC-RNTI 也完全相同，从而会造成冲突。Msg3 和 Msg4 的主要作用就是解决这一冲突，避免 UE 错误地使用其他 UE 的标识。

UE 在检测到 RAR 之后，还需要获得小区内的一个唯一标识（C-RNTI），才能进行上行数据的传输。为此，UE 需要使用 RAR 中分配的上行资源向 gNB 发送 Msg3，Msg3

信息中包含该 UE 的 CRI 信息。

　　gNB 解调 Msg3 之后，可以获得相应 UE 的 CRI。之后，由 gNB 决定可以完成随机接入的 UE，并将其 CRI 承载在 Msg4 中，通过 PDSCH 传输给 UE。调度该 PDSCH 传输的 DCI 采用 TC-RNTI 进行 CRC 扰码。

　　当 UE 解调获得 Msg4 的信息时，会对比 Msg4 中携带的 CRI 信息是否跟自己发送的 CRI 一致：如果一致，则 UE 认为随机接入流程已经成功，并将 TC-RNTI 变更为 C-RNTI。另外，UE 需要通过 PUCCH 传输 HARQ-ACK 信息；如果不一致，则 UE 认为随机接入流程失败，需要重新进行随机接入流程。

参 考 文 献

[1]　3GPP TS 38.321. Medium Access Control (MAC) protocol specification.

[2]　3GPP TS 38.211. Physical channels and modulation.

[3]　3GPP TS 38.214. Physical layer procedures for data.

[4]　3GPP TS 38.213. Physical layer procedures for control.

[5]　3GPP TS 38.331. Radio Resource Control (RRC) protocol specification.

第 8 章　5G 无线网络规划

本章主要介绍 5G 无线网络规划相关内容，其中 8.1 节主要介绍 5G 无线网络规划整体流程；8.2 节主要介绍 5G 无线网络估算与仿真；8.3 节主要介绍 5G 射频参数规划；8.4 节主要介绍 5G 小区参数规划。

8.1　5G 无线网络规划整体流程

5G 无线网络规划整体流程主要包括信息收集、网络规模估算、仿真规划与参数规划这四个部分，如图 8-1 所示，其中：

- 信息搜集主要在网络规划初始阶段进行，主要用于网络规模估算、网络规划仿真以及小区参数规划的输入，包括运营商建网策略、建网目标、频段信息、覆盖区域信息、业务要求、覆盖概率、信号质量要求、数字地图等信息。对于已有 2G/3G/4G 网络的运营商，还包括 2G/3G/4G 的路测数据、话务统计、站点分布及工程参数等，这些信息可以作为网络规划的输入或者可以作为网络规划的参考。
- 网络规模估算主要在网络规划的前期阶段进行，对未来的网络进行初步规划，目的是给出新增站点规模以及测算小区覆盖半径。
- 仿真规划主要基于现网已有的站点进行仿真并根据仿真结果初选站点，经过加站后再次仿真以及实地勘测确定拟新增的站点位置，并输出相应多站组网下的覆盖效果和小区容量。
- 参数规划主要在网络规划的后期阶段进行，在 5G 网络估算的基础上，结合实际站点勘测，确定指导工程建设的各项网络规划相关小区工程参数，并通过仿真验证工程参数设置及规划效果，包括射频参数规划和无线参数规划两部分。最终输出：工程参数（包括站点的经纬度、天线高度、方向角、下倾角等）和小区参数（包括小区编号、邻区规划、物理随机接入信道（PRACH）规划等）。

从上述流程中可以看出，5G 网络规划的整体流程与传统网络规划流程基本一致。但由于 5G 系统面向丰富的业务、应用场景，更高的频段范围，并且采用更先进的技术，这些新的因素为 5G 的网络规划带来了新的挑战。

从业务方面来看，5G 是万物互联的网络，对应的业务类型根据体验需求特征分成了三大类：增强移动宽带（eMBB）、海量机器类通信（mMTC）、超可靠低时延通信

（URLLC）。其中 eMBB 场景要求移动网络为现实增强（AR）/虚拟现实（VR）等新业务提供良好的用户体验；mMTC 场景对设备连接数量和耗电、待机有较高的要求；URLLC 场景对时延和可靠性提出了更高的要求。综上来看，针对 5G 新业务在待机、时延、可靠性等方面的体验需求，当前在评估方法、规划方案以及仿真预测等方面均处于空白或刚起步的阶段，这使得相应的网络规划面临非常大的挑战。

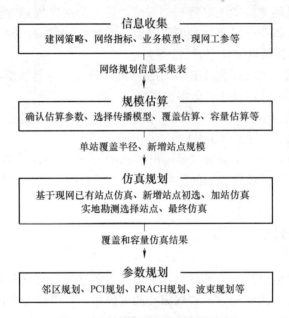

图 8-1 5G 无线网络规划整体流程

从频段方面来看，5G 在利用原有的 4G 频段的基础上引入了更高的频段，例如 3.5GHz/4.9GHz 频段（C-band）和 28GHz/39GHz 频段（毫米波频段）。高频段对网络规划提出了新的挑战，主要表现在以下几方面。

- 需要研究高频段的基础传播特性，构建高频的传播特性基础数据库和覆盖能力基线，根据理论研究和实测校正给出 C-band 与毫米波不同场景下的传播模型。
- 需要研究高频段室外覆盖室内（O2I）的穿透损耗建模以及 C-band 与毫米波不同场景下的穿透损耗。
- 5G 新频段的上行覆盖不足，需要综合考虑存量频谱改善上行覆盖。
- 5G 新频段较小的覆盖范围也对规划仿真的准确性提出了更高的要求。为了提升规划仿真准确性，推荐采用高精度的 3D 场景建模（模拟地貌、建筑物形状和材质、植被等的影响）和高精度的射线追踪模型，但这些技术也会在规划仿真效率、工程成本等方面引入巨大挑战。

从新技术方面来看，为了对抗更高频谱的随距离更快的传播损耗，5G 系统引入了更先进的大规模天线技术（Massive MIMO），以提高网络的覆盖和容量。在大规模天线系统中，天线方向图不再是扇区级的固定宽波束，而是 UE 级的动态窄波束。一方面，窄波束的能量更加集中，可以有效提升目标 UE 的接收功率，同时显著降低对其他 UE 的干扰；另一方面，波束相关性较低的多个 UE 可以同时使用相同的频率资源，从而可以显著提升频谱效率。虽然大规模天线技术有着诸多的显著优势，但是该技术的引入将改变传统移动网络基于扇区级宽波束的射频规划方法。传统的网络规划方法已无法满足大规模天线系统的覆盖、速率和容量规划预测以及射频参数规划需求，因此，需要开展很多有挑战性的课题研究，包括以下几个方面。

- 容量仿真方面：需要研究 UE 级动态窄波束建模，并且需要综合考虑小尺度信道模型对预测准确性以及仿真效率的影响。
- 覆盖和速率仿真方面：需要研究大规模天线建模，并且需要考虑电平、小区间干扰、移动速度、单用户 MIMO 等影响因素。
- 系统容量仿真方面：需要研究多用户 MIMO 建模，并且需要考虑用户间相关性对配对概率、链路性能等方面的影响。

8.2　5G 无线网络估算与仿真

无线网络估算主要包括链路预算和容量估算。通过链路预算可以推导出单站覆盖面积，进而根据覆盖情况估算初始站点规模；通过容量估算可以推导出单小区容量，进而根据业务需求估算初始站点规模，最终网络规模估算给出的初始站点规模综合权衡了覆盖和容量。相应估算流程如图 8-2 所示。

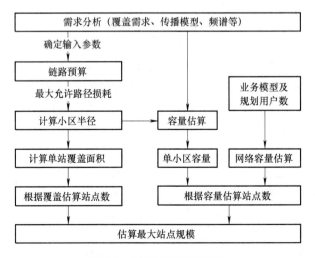

图 8-2　无线网络估算流程

在链路预算的计算过程中,主要需要考虑以下两大类参数。

- 确定性参数:该类参数在产品形态及场景确定后,相应的参数值也就确定了,比如功率、天线增益、噪声系数、解调门限、穿透损耗和人体遮挡损耗等。
- 不确定参数:该类参数的产生具有一定的随机性,比如慢衰落余量、雨/雪余量、干扰余量等。由于这些参数的影响不是随时随地都存在,因此作为链路余量考虑。更具体地,干扰余量指为了克服邻区及其他外界干扰导致的底噪抬升而预留的余量,该值和邻区负载、站间距强相关;雨/雪余量指为了克服概率性的较大降雨、降雪、裹冰等导致信号衰减而预留的余量;而慢衰落余量是由于信号强度中值随着距离变化会呈现慢速变化,与传播障碍物遮挡、季节更替、天气变化相关,慢衰落余量指的是为了保证长时间统计中达到一定电平覆盖概率而预留的余量。

5G 系统和 4G 系统的链路预算参数有一些关键差异,主要表现在天线增益、穿透损耗、干扰余量等方面,具体如表 8-1 所示。

表 8-1 5G 系统与 4G 系统链路预算参数关键差异

链路影响因素	LTE 链路预算	5G NR 链路预算
传播模型	Cost231-Hata	3GPP TR 36.873[1] Uma/Rma 和 3GPP TR 38.901[2] UMi
基站天线增益	单个物理天线仅关联单个 TxRU,单个 TxRU 天线增益即为物理天线增益	天线阵列关联多个 TxRU:总的天线增益=单 TxRU 天线增益+波束赋形增益 其中,链路预算里面的天线增益仅为单个 TxRU 的天线增益;波束赋形增益体现在解调门限中
穿透损耗	相对较小	由于频段更高,因此穿透损耗更大
干扰余量	相对较大	采用波束赋形技术,本身具备一定的干扰避让效果,干扰较小
人体遮挡损耗	N/A	在终端位置较低,用户密度较高的场景需要考虑,尤其对于毫米波频段
雨衰	N/A	对于在 10GHz 以下的频段,雨衰带来的影响不大,但是对于毫米波频段,需要考虑雨衰的影响
树叶遮挡损耗	N/A	植被茂密的区域,需要考虑树叶遮挡损耗

表 8-1 中涉及的部分参数具体如下所述:

(1)传播模型

5G 网络和 4G 网络在传播模型的选择上有所不同。其中 4G 网络采用 Cost231-Hata 模型,该模型适用于 1.5～2GHz 频段。5G 网络采用 3GPP TR 36.873 的 Uma/Rma 模型,该模型适用于 2GHz-6GHz 频段;以及 3GPP TR 38.901 中的传播模型,该模型适用于 0.5～100GHz 频段。以 3GPP TR 38.901 为例,该技术报告定义了以下一些重要场景。

- 城市微小区(UMi):该场景主要包括街道峡谷和开阔区域,考虑室外覆盖室外(O2O)和室外覆盖室内(O2I)两种情况。该场景与 3D-UMi 场景相似,基站放置在低于屋顶的位置，周围建筑环绕。该场景下典型基站高度为 10m，接收机高度为 1.5～2.5m，站间距 200m。

- 城市宏小区（UMa）：该场景与 3D-UMa 场景相似，同样考虑 O2O 和 O2I 两种情况，基站放置在高于屋顶的位置，周围建筑环绕。该场景下典型基站高度为 25m，接收机高度为 1.5～2.5m，站间距 500m。
- 室内：该场景主要针对多样的典型室内部署情况，包括办公室，购物商场等。该场景下典型基站高度为 2～3m，接收机高度为 1.5m，场景大小为 $500m^2$。
- 其他场景，包括体育馆、室内工厂等。
- 除场景之外，3GPP TR 38.901 还定义了 0.5～100GHz 的信道模型建模方法，包括天线建模，路损、视距概率建模及信道模型的其他部分的建模方法，具体可见 3GPP TR 38.901 的第 7 小节。

（2）穿透损耗

根据 3GPP TR 38.901，O2I 穿透损耗建模如表 8-2 所示，一些常见材料的穿透损耗如表 8-3 所示。根据表中的建模方法，可以计算得到 4G 网络和 5G 网络的穿透损耗分别为：

- 4G 网络（以 2GHz 为例）：低损耗模型下，穿透损耗为 11.8dB；高损耗模型下，穿透损耗为 22.4dB。
- 5G 网络（以 3.5GHz 为例）：低损耗模型下，穿透损耗为 12.7dB；高损耗模型下，穿透损耗为 26.8dB。
- 5G 网络（以 28GHz 为例）：低损耗模型下，穿透损耗为 17.8dB；高损耗模型下，穿透损耗为 37.9dB。

表 8-2 O2I 建筑穿透损耗模型

	穿透墙壁的损耗/dB	室内损耗/dB	标准偏差/dB
低损耗模型	$5 - 10\log_{10}\left(0.3 \cdot 10^{\frac{-L_{glass}}{10}} + 0.7 \cdot 10^{\frac{-L_{concrete}}{10}}\right)$	$0.5 d_{2D\text{-}in}$	4.4
高损耗模型	$5 - 10\log_{10}\left(0.7 \cdot 10^{\frac{-L_{IIRglass}}{10}} + 0.3 \cdot 10^{\frac{-L_{concrete}}{10}}\right)$	$0.5 d_{2D\text{-}in}$	6.5

表 8-3 部分材料穿透损耗

材料	穿透损耗/dB
标准多窗格玻璃	$L_{glass} = 2 + 0.2f$
镀膜玻璃	$L_{IRRglass} = 23 + 0.3f$
混凝土	$L_{concrete} = 5 + 4f$
木头	$L_{wood} = 4.85 + 0.12f$

注：f 的单位为 GHz。

（3）干扰余量

通信网络是由很多站点共同组成的，不同站点之间存在干扰。而链路预算是针对单个小区与单个 UE 进行计算的。所以链路预算需要针对网络内的干扰预留一定的余量，即干扰余量。在同一场景中，站间距越小，干扰余量越大；网络负荷越大，干扰余量也越大。

（4）树叶和人体遮挡损耗

这类干扰主要对于高频传输的影响比较显著，其中：

- 树叶穿透损耗取决于树的密度以及树叶密度，根据业界经验，树叶穿透损耗可达 8～20dB。
- 人体遮挡损耗和人和接收端、信号传播方向的相对位置、收发端高度差等因素相关。以 28GHz 为例，典型的人体遮挡损耗值约为 15dB 左右。对于非视距（NLoS）场景，由于不存在主视径，因此人体遮挡造成的影响会比较小，人体遮挡损耗值约为 8dB 左右；对于视距（LoS）场景，室内的人体遮挡损耗值可达 5～15dB，室外的人体遮挡损耗值可达 18～40dB。

网络规模估算的主要目的是给出新增站点规模以便测算小区覆盖半径。在网络规模估算的基础上，需结合现网站点以及具体的传播模型对室外、室内的网络覆盖情况进行仿真。根据仿真结果，可以筛选出存在覆盖问题的区域，进而可以针对这些区域进行新的站点规划，提升覆盖性能。网络仿真规划的最终目的是输出相应多站组网下的覆盖效果和小区容量。

8.3 5G 射频参数规划

随着大规模天线技术的引入，5G 系统的网络的覆盖和容量得以显著提升。通过使用大规模天线技术，5G 基站可以生成 UE 级的窄波束，将所传输的信号直接瞄准目标 UE，这可以在很大程度上提高 UE 的接收信号能量，同时降低对其他 UE 的干扰。

5G 系统中的发射波束可分为静态波束和动态波束，其中同步信号块（SSB）、物理下行控制信道（PDCCH）中的小区级数据以及信道状态信息参考信号（CSI-RS）可以采用静态波束发送，其波束方向通常都是预先设定好的；物理下行共享信道（PDSCH）中的用户数据可以采用动态波束发送，其波束方向可根据 UE 的信道状况进行动态的调整。波束赋形的引入对传统移动网络基于扇区级宽波束的射频规划方法带来了新的挑战，传统的网络规划方法已无法满足大规模天线系统的覆盖、速率和容量规划预测以及射频参数规划需求，这其中就包括大规模天线系统中窄波束扫描机制下倾角和波束的规划方法。本小节将对 5G 广播波束规划、方位角规划和下倾角规划这三个方面进行分析。

8.3.1　5G 广播波束规划

5G 广播波束采用窄波束扫描的方式进行发送，多个窄波束以时分的方式依次传输，共同覆盖整个小区。根据 3GPP 标准，5G 系统的广播消息包含在同步信号块 SSB 中，在 SSB 的一个传输周期内，5G 系统在 FR1 频段最多支持 8 个 SSB 的传输，在 FR2 频段最多支持 64 个 SSB 传输[3]；每个 SSB 携带相同的信息，可以采用不同的波束进行传输。需要说明的是，一个 SSB 周期内的 SSB 发送时刻上并不一定都有 SSB 的传输，gNB 可以根据实际的部署场景，灵活地配置 SSB 的数量，以更好地匹配相应场景的覆盖需求。

目前业界的 5G gNB 天线主要采用 64TxRU、32 TxRU 和 16 TxRU 三种形态，每种天线形态都包括一系列不同的场景化波束图样，不同的波束图样对应着不同的水平覆盖角度范围和垂直覆盖角度范围。因此，在网络规划阶段，需要基于具体覆盖区域的场景特征为 5G 小区选择匹配度相对最高的场景化广播波束。

8.3.2　方位角规划

方位角是指基站天线方向图外包络在水平方向 3dB 带宽内的中间指向。在对方位角进行初始设置的时候，如果 5G 站址是基于 4G 站址进行 1:1 建站，则 5G 基站的初始方位角可以参考现有 4G 基站的方位角设置；如果 5G 站址是新建站点，则初始方位角采用标准指向，即三扇区，相邻扇区方位角间隔 120°。

对于连续组网场景，还需要对方位角进行调整。天线方位角的调整应着眼于整个网络，在满足覆盖的基础上局部微调，尽可能保证各基站的三扇区方位角一致。除此之外，需要把握以下几个方面：

- 基站波束主瓣方向对准业务密集区域。
- 不同站点的相邻扇区交叉覆盖不易过深，避免由于邻区对打引入额外的干扰。
- 密集城区应避免基站波束主瓣正对笔直的街道，该种情况容易导致越区覆盖，产生干扰。

8.3.3　下倾角规划

下倾角规划对于基站覆盖性能有着重要的意义，合理地规划基站下倾角可以有效控制小区覆盖范围，抑制小区间干扰。

LTE 时代，4G 基站下倾角的调整仅支持机械下倾和电调下倾两种调整方式，其中机械下倾主要通过调整安装支架和天线面板，改变天线的物理位置，从而实现物理倾角的改变；而电调下倾主要通过调整天线移相器的相位，改变天线振子相位以实现对波束下倾角的调整。4G 基站的总下倾角为机械下倾角与电调下倾角之和。

NR 时代，随着大规模天线技术的引入，5G 基站除了支持机械下倾角和电调下倾角的调整之外，还支持更加灵活的数字下倾角调整。数字下倾通过调整天线的数字权重（包括天线的相位和幅度）可以灵活、精确地控制波束的下倾情况。数字下倾的引入降低了 5G 基站对于电调下角的调整需求。

不同下倾角调整方式的适用情况有所不同，具体如下所述。

- 机械下倾角的调整：这是最直接的下倾角调整方式，通过工程施工，直接改变天线阵面的物理倾斜状况，从而可以将基站的覆盖范围整体下压。但是机械下倾的过度调整会导致天线方向图在水平方向的波形畸变，因此机械下倾角不宜过大，以 10°以内为佳。
- 电调下倾角和数字下倾角的调整：这两种调整方式本质上都是通过改变天线的权重，利用波的干涉改变天线方向图的具体指向。电调下倾角和数字下倾角的调整不会导致天线方向图的畸变，易于控制基站覆盖范围，且调整方式更加灵活。电调下倾角和数字下倾角的不同在于：电调下倾角是对天线移相器的模拟相位进行调整，而数字下倾直接使用数字器件对天线权重进行调整。因此，数字下倾的调整比电调下倾更加灵活，具有更高的调整精度。

不同于 4G 时代的宽波束覆盖，5G 基站针对不同的信道有不同的波束形态，需要分别为业务信道和广播信道进行波束下倾角的规划。

5G 的业务信道覆盖情况间接通过 CSI-RS 的覆盖情况来表征，一般来说 CSI-RS 覆盖较好的区域，业务信道的覆盖情况也较好。CSI-RS 对应的波束数和波束指向不仅与单个 TxRU 的天线方向图有关，还与天线权重有关。另外，CSI-RS 可能对应多层垂直波束，其垂直层数、各垂直层的指向由 TxRU 形态和天线权重共同决定。以目前主流天线形态为例，16TxRU 在垂直方向只有 1 个 TxRU，因此无法通过数字基带对数字下倾角进行调整，只能通过额外的电调电路实现下倾角调整；32TxRU 天线在垂直方向有 2 个 TxRU，最多支持 2 层垂直波束；64TxRU 天线在垂直方向有 4 个 TxRU，最多支持 4 层垂直波束。关于 5G 主流天线形态请见 6.3.2 小节的第 3 部分。对于 CSI-RS 的某一层垂直波束，该层波束在垂直面上主瓣角度方向与天线阵面法线方向的夹角即为该层 CSI-RS 波束对应的下倾角。

5G 的广播信道包含在 SSB 中，因此广播信道波束即为 SSB 波束。SSB 主要影响 UE 在网络中的驻留、切换以及 5G 小区的覆盖区域，关于 SSB 的详细描述请见 6.2.3 小节的第 1 部分。UE 驻留的小区基于 SSB 的参考信号接收功率（RSRP）判定，当 UE 驻留小区与 CSI-RS 确定的最优小区一致时，UE 可以获得最优的体验。因此，在对 SSB 下倾角进行调整时，需要尽量保证 SSB 对应的小区边界，与 CSI-RS 对应的小区边界重合。

在规划 5G 基站下倾角时，首先需要保证 PDSCH 的覆盖，其次保证控制信道与业务信道同覆盖，默认控制信道与业务信道倾角一致，通过调整数字下倾角来优化控制信道的覆盖范围。

8.4 5G 小区参数规划

本节主要对小区参数规划中的邻区规划、物理小区标识（PCI）规划以及 PRACH 规划进行介绍。

8.4.1 邻区规划

5G 网络的邻区规划思路与 4G 网络相同，需要将邻近的小区规划为邻区，可以采用自组织网络特性进行自规划。由于 5G 网络主要分为非独立组网（NSA）和独立组网（SA）两种组网模式，因此需要进行三种类型的邻区规划，如表 8-4 所示。

表 8-4 5G 网络邻区规划类型

源小区	目标小区	邻区的作用
LTE	NR	NSA 双连接在 LTE 网络上添加 NR 辅载波， LTE 重定向到 NR
NR	NR（同频或异频）	NR 系统内移动性， 载波聚合的主载波分量和辅载波分量为异频邻区关系
NR	LTE	仅存在于 SA 场景，当 NR 覆盖较差时，需要切换到邻近的 LTE 小区

8.4.2 PCI 规划

PCI 主要用于区分不同的物理小区。5G 网络共定义了 1008 个 PCI，由主同步信号（PSS）的 3 种取值和辅同步信号（SSS）的 336 种取值共同确定一个 0～1007 的物理小区标识。在实际组网中，小区数要远大于 1008，因此必须对这 1008 个小区标识进行复用，这就可能造成不同小区间的 PCI 冲突。而 PCI 规划的目的就是为每个小区合理地分配 PCI，确保同频同号的小区的下行信号之间不会产生干扰，避免影响 UE 对服务小区内导频信道的同步和解码。

5G 网络的 PCI 规划与 4G 系统有一定的差异，其中最主要的差别在于 PCI 总数量以及 PSS 和 SSS 的生成方式不同。4G 系统中，PSS 采用长度为 62 的 ZC 序列生成，SSS 采用 2 个长度为 31 的 m 序列生成，PCI 的取值区间为[0,503]；而 5G 系统的 PSS 和 SSS 均采用长度为 127 的 m 序列生成，PCI 的取值区间为[0,1007]。由于 ZC 序列相关性相对较差，因此 4G 系统的相邻小区间 PCI 模 3 的值应尽量错开，而 m 序列的相关性较好，因此 5G 系统没有该限制，在 PCI 规划上更加灵活。

在规划 5G 网络的 PCI 时，需要遵从下列基本原则：

- 相邻的同频小区不能使用相同的 PCI，否则会影响同步和切换。
- 原小区的邻区列表中，同频小区不能使用相同的 PCI，否则 gNB 不知道哪个为目标小区，会影响切换。
- 相同的 PCI 小区具有足够的复用距离。
- 邻小区 PCI 的模 3 值尽量错开，避免主同步信号使用相同的 m 序列，影响同步的成功率。同时，采用这种错开的方法，也有助于发挥干扰随机化算法性能。在 5G 网络和 4G 网络采用 1:1 建站的情况下，可以参考 4G 网络的 PCI 模 3 值。
- 邻小区 PCI 的模 30 值尽量错开，以提升上行信号的解调性能。
- 在初始规划时，需要为网络扩容做好准备，避免后续规划过程中频繁调整前期规划的 PCI。

8.4.3　PRACH 规划

PRACH 用于随机接入过程，包括初始接入、切换、RRC 连接重建、恢复上行同步等过程。关于 PRACH 的详细介绍可见 6.2.4 小节的第 3 部分，本节主要介绍 PRACH 的规划流程。

PRACH 的规划流程主要分为以下 6 个步骤[4]。

步骤 1：根据系统上行频点、双工方式、子帧配比、子载波间隔、小区类型、小区半径等因素可以综合确定前导格式和 PRACH 的子载波间隔。

步骤 2：根据配置的小区半径计算参数 N_{CS}。N_{CS} 表示对生成 Preamble 码的 ZC 序列进行循环移位的步长，该参数的选择和小区半径的大小、最大的时延扩展有关。

步骤 3：ZC 根序列产生的前导个数计算。每个原始 ZC 根序列经过循环移位后，可以产生一个新的前导。对于任意一个 ZC 根序列可以得到的 Preamble 码的个数为：$N_{Pre} = \lfloor 839/N_{CS} \rfloor$ 或 $N_{Pre} = \lfloor 139/N_{CS} \rfloor$。如果 N_{CS} 的值为 0，那么每个根序列只能产生一个 Preamble 码。

步骤 4：计算一个小区需要的根序列的个数。如果每个小区的 Preamble 数量为 64 个，那么每个小区需要的根序列个数为 $N_{root} = \lceil 64/N_{Pre} \rceil$。这里需要注意的是，为小区分配的 ZC 根序列个数必须是连续的，从 PRACH 根序列索引开始，连续的 N_{root} 个 ZC 根序列即为该小区使用的根序列。

步骤 5：计算可用的根序列组数，$N_{group} = 138/N_{root}$。

步骤 6：根据根序列组数进行根序列复用规划。需要尽量保证邻近的同频小区的 ZC 根序列不相同，并且 PRACH 的 ZC 根序列的复用隔离度尽可能大。

参 考 文 献

[1] 3GPP TR 36.873. Study on 3D channel model for LTE.

[2] 3GPP TR 38.901. Study on channel model for frequencies from 0.5 to 100 GHz.

[3] 3GPP TS 38.213. Physical layer procedures for control.

[4] 郑志刚，宋巍，宋磊，等. 5G PRACH 根序列规划[C]// 5G 网络创新研讨会（2019）论文集. 2019.

附录
缩略语

1G	The 1st generation	第一代移动通信
2G	The 2nd generation	第二代移动通信
3G	The 3rd generation	第三代移动通信
3GPP	Third Generation Partnership Project	第三代合作伙伴
4G	The 4th generation	第四代移动通信
5G	The 5th generation	第五代移动通信
5GC	5G Core Network	5G 核心网
5G-GUTI	5G Globally Unique Temporary Identifier	5G 全球唯一临时标识符
5GS	5G System	5G 系统
5G-S-TMSI	5G S-Temporary Mobile Subscription Identifier	5G 短格式临时移动订阅标识符
5G-TMSI	5G Temporary Mobile Subscription Identifier	5G 临时移动订阅标识符
5QI	5G QoS Identifier	5G QoS 标识符
AAA	Authentication Authorization Accounting	验证、授权、记账
AAU	Active Antenna Unit	有源天线单元
ADC	Analog to Digital Converter	模数转换器
AF	Application Function	应用功能
AKA	Authentication and Key Agreement	认证与密钥协商协议
AL	Aggregation Level	聚合等级
AM	Access Management	接入管理
AM	Acknowledged Mode	确认模式
AMBR	Aggregate Maximum Bit Rate	聚合最大比特速率
AMC	Adaptive Modulation and Coding	自适应调制编码
AMF	Access and Mobility Management Function	接入和移动性管理功能

AMPS	American Mobile Phone System	美国移动电话系统
AN	Access Network	接入网络
APN	Access Point Name	接入点名称
AR	Augmented Reality	现实增强
ARIB	Association of Radio Industries and Businesses	（日本）无线工业及商贸联合会
ARP	Allocation and Retention Priority	分配和保留优先级
ARPF	Authentication credential Repository and Processing Function	认证凭证存储库和处理功能
AS	Access Stratum	接入层
AUSF	Authentication Server Function	认证服务器功能
BBU	Baseband Unit	基带处理单元
BCCH	Broadcast Control Channel	广播控制信道
BCH	Broadcast Channel	广播信道
BFRQ	Beam Failure Recovery reQuest	波束恢复请求
BLER	Block Error Rate	误块率
BS	Base Station	基站
BSR	Buffer Status Report	缓存状态报告
BWP	Bandwidth Part	部分带宽
C & M	Control & Management	控制和管理
CBG	Code block group	码块组
CBGFI	CBG Flushingout Information	CBG 擦除信息
CBGTI	CBG Transmission Information	CBG 传输信息
CCCH	Common Control Channel	公共控制信道
CCE	Control-Channel Element	控制信道元素
CDM	Code Division Multiplexing	码分复用
CDMA	Code Division Multiple Access	码分多址接入
CM	Connection Management	连接管理
CMAS	Commercial Mobile Alert Service	商用移动预警系统
CN	Core Network	核心网
CORESET	Control Resource Set	控制资源集
CP	Control Plane	控制平面

CP	Cyclic Prefix	循环前缀
CPRI	Common Public Radio Interface	通用公共无线接口
CQI	Channel Quality Indicator	信道质量指示
CRB	Common Resource Block	公共资源块
CRC	Cyclic Redundancy Check	循环冗余校验
CRI	Contention Resolution Identity	竞争解决标识
CRS	Cell-specific Reference Signals	小区特定参考信号
CS	Circuit Switch	电路交换
CSFB	CS Fallback	电路域回落
CSI	Channel State Information	信道状态信息
CSI-IM	CSI Interference Measurement	信道状态信息干扰测量
CSI-RS	Channel state information Reference Signal	信道状态信息参考信号
CSS	Common Search Space	公共搜索空间
CU	Central Unit	中央单元
CU-CP	Centralized Unit Control Plane	中央单元控制面
CUPS	Control and User Plane Separation	控制和用户平面分离
CU-UP	Centralized Unit User Plane	中央单元用户面
DAC	Digital to Analog Converter	数模转换器
DAI	Downlink Assignment Index	下行分配索引
D-AMPS	Digital Advanced Mobile Phone Service	数字先进移动电话服务
DC	Dual Connectivity	双连接
DCCH	Dedicated Control Channel	专用控制信道
DCI	Downlink Control Information	下行控制信息
DCN	Dedicated Core Network	专用核心网
DHCP	Dynamic Host Configuration Protocol	动态主机配置协议
DL	Downlink	下行
DL-SCH	Downlink Shared Channel	下行共享信道
DMRS	Demodulation Reference Signal	解调参考信号
DN	Data Network	数据网络
DNN	Data Network Name	数据网络名称
DNS	Domain Name System	域名系统协议

DRB	Data Radio Bearer	数据无线承载
DRX	Discontinuous Reception	间断接收
DSCP	Differentiated Services Code Point	差分服务代码点
DSS	Dynamic Spectrum Sharing	动态频谱共享
DTCH	Dedicated Traffic Channel	专用业务信道
DU	Distributed Unit	分布式单元
EAP	Extensible Authentication Protocol	可扩展的身份验证协议
eCPRI	evolved Common Public Radio Interface	增强型通用公共无线电接口
eLTE	enhanced Long Term Evolution	增强型长期演进网络
eMBB	Enhanced Mobile Broadband	增强移动宽带
eMTC	LTE enhanced Machine Type of Communication	基于 LTE 的增强型机器通信
EPC	Evolved Packet Core	演进的分组核心网
EPRE	Energy Per Resource Element	每资源元素的功率
EPS	Evolved Packet System	演进的分组系统
eRE	eCPRI Radio Equipment	eCPRI 无线电设备
eREC	eCPRI Radio Equipment Control	eCPRI 无线电设备控制
ETSI	European Telecommunications Standards Institute	欧洲电信标准化协会
ETWS	Earthquake and Tsunami Warning System	地震和海啸预警系统
FDD	Frequency Division Duplex	频分双工
FDM	Frequency Division Multiplexing	频分多路复用
FDMA	Frequency Division Multiple Access	频分多址接入
FPGA	Field Programmable Gate Array	现场可编程门阵列
FQDN	Fully Qualified Domain Name	全限定域名
FR1	Frequency Range 1	频率范围 1
FR2	Frequency Range 2	频率范围 2
GBR	Guaranteed Bit Rate	保证比特率
GFBR	Guaranteed Flow Bit Rate	保证流比特率
gNB	gNodeB	5G 基站
GP	Guard Period	保护间隔
GPRS	General Packet Radio Service	通用无线分组业务

GPSI	Generic Public Subscription Identifier	通用公共订阅标识符
GSCN	Global Synchronization Channel Number	全局同步信道序号
GSM	Global System for Mobile Communications	全球移动通信系统
GSMA	GSM Association	全球移动通信系统协会
GTP	GPRS Tunneling Protocol	GPRS 隧道协议
GUAMI	Globally Unique AMF Identifier	全球唯一 AMF 标识符
GW	GateWay	网关
HARQ	Hybrid Automatic Repeat reQuest	混合自动重传请求
HARQ-ACK	Hybrid Automatic Repeat reQuest-Acknowledgements	混合自动重传响应消息
HFN	Hyper Frame Number	超帧号
HPLMN	Home PLMN	归属 PLMN
HR	Home Routed	归属地路由
HSPA	High-Speed Packet Access	高速分组接入
HSS	Home Subscriber Server	归属签约用户服务器
HTTP	Hyper Text Transfer Protocol	超文本传输协议
IAB	Integrated Access and Backhaul	接入回传一体化
IE	Information Element	信息元素
IMEI	International Mobile Equipment Identity	国际移动设备标识
IMEISV	International Mobile Equipment Identity Software Version	国际移动设备标识软件版本
IMS	IP Multimedia Subsystem	IP 多媒体系统
IMSI	International Mobile Subscriber Identity	国际移动订户标识
IMT	International Mobile Telecommunications	国际移动通信系统
IP	Internet Protocol	国际互联协议
I-RNTI	Inactive Radio Network Temporary Identity	非激活无线网络临时标识符
ITU	International Telecommunication Union	国际电信联盟
LADN	Local Area Data Network	本地数据网络
LBO	Local Break Out	本地疏导
LDPC	Low Density Parity Check Code	低密度奇偶校验码
LI	Lawful Interception	合法监听
LoS	Line of Sight	视距

LTE	Long Term Evolution	长期演进系统
MAC	Medium Access Control	媒体接入控制
Massive MIMO	Massive Multiple Input Multiple Output	大规模天线
MBR	Maximum Bit Rate	最大比特速率
MCC	Mobile Country Code	移动国家代码
MCG	Master Cell Group	主小区组
MCS	Modulation and Coding Scheme	调制编码方案
MEC	Mobile Edge Computing	移动边缘计算
MFBR	Maximum Flow Bit Rate	最大流比特速率
MIB	Master Information Block	主系统消息
MICO	Mobile Initiated Connection Only	仅移动端发起连接
MIMO	Multiple-Input Multiple-Output	多输入多输出
MM	Mobility Management	移动管理
MME	Mobility Management Entity	移动性管理实体
mMTC	Massive Machine Type of Communication	海量机器类通信
MNC	Mobile Network Code	移动网络代码
MPLR	Maximum Packet Loss Rate	最大丢包率
MSIN	Mobile Station Identification Number	移动台识别号
MSISDN	Mobile Subscriber International ISDN number	移动订户国际 ISDN 号码
MU-MIMO	Multiple User - Multiple input multiple output	多用户多进多出
MTC	Machine Type of Communication	机器类通信
N3IWF	Non-3GPP InterWorking Function	非 3GPP 互通功能
NAS	Non-Access Stratum	非接入层
NB-IoT	Narrow Band Internet of Things	窄带物联网
NDI	New Data Indicator	新数据指示
NE	Network Element	网元
NEF	Network Exposure Function	网络暴露功能
NF	Network Function	网络功能
NGAP	Next Generation Application Protocol	下一代应用协议
NGMN	Next Generation Mobile Networks	下一代移动通信网

NG-RAN	Next Generation Radio Access Network	下一代无线接入网
NLoS	Non Line of Sight	非视距
NMT	Nordic Mobile Telephone System	北欧移动电话系统
NOMA	Non-Orthogonal Multiple Access	非正交多址接入
NR	New Radio	新空口
NRF	Network Repository Function	网络存储库功能
NSA	Non－Standalone	非独立组网
NSI-ID	Network Slice Instance Identifier	网络切片实例标识符
NSSAI	Network Slice Selection Assistance Information	网络切片选择协助信息
NSSF	Network Slice Selection Function	网络切片选择功能
NUL	Normal UL	普通上行
O2I	Outdoor To Indoor	室外覆盖室内
O2O	Outdoor To Outdoor	室外覆盖室外
OAM	Operation Administration and Maintenance	操作维护管理
OCC	Orthogonal Cover Code	正交覆盖码
OFDM	Orthogonal Frequency Division Multiplexing	正交频分复用
OBSAI	Open Base Station Architecture Initiative	开放式基站架构联盟
PAPR	Peak to Average Power Ratio	峰均功率比
PBCH	Physical Broadcast Channel	物理广播信道
PCCH	Paging Control Channel	寻呼控制信道
PCF	Policy Control Function	策略控制功能
PCG	Project Cooperation Group	项目协作组
PCH	Paging Channel	寻呼信道
PCI	Physical-layer Cell Identities	物理小区标识
PCRF	Policy and Charging Rules Function	策略和计费规则功能
PDC	Personal Digital Cellular	个人数字蜂窝
PDCCH	Physical Downlink Control Channel	物理下行控制信道
PDCP	Packet Data Convergence Protocol	分组数据汇聚协议
PDR	Packet Detection Rule	数据包检测规则
PDSCH	Physical Downlink Shared Channel	物理下行共享信道

PDU	Protocol Data Unit	协议数据单元
PEI	Permanent Equipment Identifier	永久设备标识符
PFD	Packet Flow Description	数据包流描述
PGW	PDN Gateway	PDN 网关
PHR	Power Headroom Report	功率余量报告
PLMN	Public Land Mobile Network	公共陆地移动网
PMI	Precoding Matrix Indicator	预编码矩阵指示
PRACH	Physical Random Access Channel	物理随机接入信道
PRB	Physical Resource Block	物理资源块
PRG	Precoding Resource block Group	预编码资源块组
PS	Packet Switch	包交换
PSA	PDU Session Anchor	PDU 会话锚点
PSS	Primary Synchronization Signal	主同步信号
PT-RS	Phase Tracking Reference Signal	相位追踪参考信号
PUCCH	Physical Uplink Control Channel	物理上行控制信道
PUSCH	Physical Uplink Shared Channel	物理上行共享信道
QCI	QoS Class Identifier	QoS 类别标识符
QCL	Quasi Colocation	准共址
QFI	QoS Flow Identifier	QoS 流标识符
QNC	QoS Notification Control	QoS 通知控制
QoS	Quality of Service	服务质量
RAB	Radio Access Bearer	无线接入承载
RACH	Random Access Channel	随机接入信道
(R)AN	(Radio) Access Network	（无线）接入网
RAR	Random Access Response	随机接入响应
RAT	Radio Access Technology	无线接入技术
RB	Resource Block	资源块
RBG	Resource Block Group	资源块组
RDI	Reflective QoS flow to DRB mapping Indication	反射 QoS 流到 DRB 映射标识
RE	Resource Element	资源元素

RE	Radio Equipment	无线电设备
REC	Radio Equipment Control	无线电设备控制
REG	Resource-Element Group	资源元素组
Rel-15	Release 15	版本 15
RF	Radio Frequency	射频
RI	Rank Indicator	秩指示
RIV	Resource Indication Value	资源指示值
RLC	Radio Link Control	无线链路控制
RM	Registration Management	注册管理
RMa	Rural Macro cell	乡村宏小区
RMSI	Remaining Minimum System Information	剩余系统信息
RNA	RAN based Notification Area	基于 RAN 的通知区域
RNL	Radio Network Layer	无线网络层
RNTI	Radio Network Temporary Identity	无线网络临时标识符
ROHC	robust header compression	鲁棒性头压缩
RQA	Reflective QoS Attribute	反射 QoS 属性
RQI	Reflective QoS Indication	反射 QoS 标识
RRC	Radio Resource Control	无线资源管理
RRU	Remote Radio Uint	射频拉远单元
RSRP	Reference Signal Receiver Power	参考信号接收功率
RV	Redundancy Version	冗余版本
SA	Standalone	独立组网
SAP	Service Access Point	服务接入点
SCEF	Service Capability Exposure Function	业务能力暴露功能
SCG	Secondary Cell Group	辅小区组
SCTP	Stream Control Transmission Protocol	流控制传输协议
SD	Slice Differentiator	切片区分符
SDAP	Service Data Adaptation Protocol	服务数据适配协议
SDF	Service Data Flow	业务数据流
SDL	Supplementary DL	补充下行
SDU	Service Data Unit	服务数据单元

SEAF	SEcurity Anchor Functionality	安全锚点功能
SFI	Slot Format information	时隙格式信息
SFN	System Frame Number	系统帧号
SGW	Serving Gateway	服务网关
SI	System Information	系统消息
SIB	System Information Block	系统信息块
SIDF	Subscription Identifier De-concealing Function	订阅标识符去隐藏功能
SLIV	Start and Length Indicator Value	起始和长度指示
SM	Session Management	会话管理
SMF	Session Management Function	会话管理功能
SMS	Short Message Service	短消息业务
SMSF	Short Message Service Function	短消息服务功能
SN	Sequence Number	序列号
S-NSSAI	Single Network Slice Selection Assistance Information	单个网络切片选择协助信息
SR	Scheduling Request	调度请求
SRI	SRS Resource Indicator	探测参考信号资源指示
SRS	Sounding Reference Signal	探测参考信号
SRVCC	Single Radio Voice Call Continuity	单无线语音通话连续性
SSB	SS/PBCH block	同步广播资源块
SSC	Session and Service Continuity	会话和服务连续性
SSS	Secondary Synchronization Signal	辅同步信号
SST	Slice/Service Type	切片/业务类型
SUCI	Subscription Concealed Identifier	签约加密标识符
SUL	Supplementary UL	补充上行
SUPI	Subscription Permanent Identifier	签约永久标识符
TA	Timing Advance	时间提前量
TAC	Tracking Area Code	跟踪区代码
TACS	Total Access Communication System	全接入通信系统
TAI	Tracking Area Identity	跟踪区标识
TAU	Tracking Area Update	跟踪区更新

TB	Transport Blocks	传输块
TBS	Transport Blocks Size	传输块大小
TCI	Transmission Configuration Indication	传输配置指示
TCP	Transmission Control Protocol	传输控制协议
TDD	Time Division Duplex	时分双工
TDM	Time Division Multiplexing	时分多路复用
TIA	Telecommunications Industry Association	通信工业协会
TLS	Transport Layer Security	传输层安全协议
TM	Transparent Mode	透明模式
TNL	Transport Network Layer	传输网络层
TPC	Transmit Power Control	发射功率控制
TPMI	Transmit Precoding Matrix Indicator	传输预编码矩阵指示
TRS	Tracking Reference Signal	追踪参考信号
TTI	Transmission Time Interval	传输时间间隔
TxRU	Transceiver Unit	收发单元
UAC	Unified Access Control	统一接入控制
UCI	Uplink Control Information	上行控制信息
UDM	Unified Data Management	统一数据管理
UDP	User Datagram Protocol	用户数据报协议
UDR	Unified Data Repository	统一数据仓库
UDSF	Unstructured Data Storage Function	非结构化数据存储功能
UE	User Equipment	用户终端
UL	Uplink	上行
UL CL	Uplink Classifier	上行分类器
UL-SCH	Uplink Shared Channel	上行共享信道
UM	Unacknowledged Mode	无确认模式
UMa	Urban Macro cell	城市宏小区
UMi	Urban Micro cell	城市微小区
UP	User Plane	用户平面
UPF	User Plane Function	用户面功能
URLLC	Ultra Reliable Low Latency Communication	低时延高可靠通信

USS	UE-specific Search Space	UE 专用搜索空间
UTC	Coordinated Universal Time	协调世界时
VoLTE	Voice over Long-Term Evolution	LTE 语音
VoNR	Voice over New Radio	NR 语音
VPLMN	Visited PLMN	拜访 PLMN
VR	Virtual Reality	虚拟现实
VRB	Virtual Resource Block	虚拟资源块
WCDMA	Wideband Code Division Multiple Access	宽带码分多址
WTTx	wireless-to-the-x	无线固定宽带
ZP CSI-RS	Zero Power CSI-RS	零功率信道状态信息参考信号